U0232601

选题策划　何　龙　何少华
执行策划　彭永东
编辑统筹　彭永东
装帧设计　胡　博
督　　印　刘春尧
责任校对　蒋　静

中国科普大奖图书典藏书系

# 小宇宙与大宇宙

张端明◎著

长江出版传媒 湖北科学技术出版社

图书在版编目（CIP）数据

小宇宙与大宇宙 / 张端明著. — 武汉：湖北科学技术出版社，2017.12

ISBN 978-7-5352-9738-9

Ⅰ. ①小… Ⅱ. ①张… Ⅲ. ①微观系统－研究 ②宇宙－研究 Ⅳ. ①Q1②P159

中国版本图书馆CIP数据核字（2017）第249781号

小宇宙与大宇宙
XIAO YU ZHOU YU DA YU ZHOU

责任编辑：彭永东　　封面设计：胡　博

出版发行：湖北科学技术出版社　　电话：027-87679468
地　　址：武汉市雄楚大街268号　　邮编：430070
（湖北出版文化城B座13-14层）
网　　址：http://www.hbstp.com.cn

印　　刷：武汉立信邦和彩色印刷有限公司　　邮编：430026

710×1000　1/16　22.25印张　2插页　320千字
2018年3月第1版　2018年3月第1次印刷
定价：58.00元

# 目 录

# 总　序

ZONGXU

我热烈祝贺“中国科普大奖图书典藏书系”的出版！“空谈误国，实干兴邦。”习近平同志在参观《复兴之路》展览时讲得多么深刻！本书系的出版，正是科普工作实干的具体体现。

科普工作是一项功在当代、利在千秋的重要事业。1953年，毛泽东同志视察中国科学院紫金山天文台时说：“我们要多向群众介绍科学知识。”1988年，邓小平同志提出“科学技术是第一生产力”，而科学技术研究和科学技术普及是科学技术发展的双翼。1995年，江泽民同志提出在全国实施科教兴国战略，而科普工作是科教兴国战略的一个重要组成部分。2003年，胡锦涛同志提出的科学发展观既是科普工作的指导方针，又是科普工作的重要宣传内容；不是科学的发展，实质上就谈不上真正的可持续发展。

科普创作肩负着传播知识、激发兴趣、启迪智慧的重要责任。“科学求真，人文求善”，同时求美，优秀的科普作品不仅能带给人们真、善、美的阅读体验，还能引人深思，激发人们的求知欲、好奇心与创造力，从而提高个人乃至全民的科学文化素质。国民素质是第一国力。教育的宗旨，科普的目的，就是为了提高国民素质。只有全民的综合素质提高了，中国才有可能屹立于世界民族之林，才有可能实现习近平同志最近提出的中华民族的伟大复兴这个中国梦！

新中国成立以来，我国的科普事业经历了：1949—1965年的创立与发展阶段；1966—1976年的中断与恢复阶段；1977—

1990 年的恢复与发展阶段；1990—1999 年的繁荣与进步阶段；2000 年至今的创新发展阶段。60 多年过去了，我国的科技水平已达到“可上九天揽月，可下五洋捉鳖”的地步，而伴随着我国社会主义事业日新月异的发展，我国的科普工作也早已是一派蒸蒸日上、欣欣向荣的景象，结出了累累硕果。同时，展望明天，科普工作如同科技工作，任务更加伟大、艰巨，前景更加辉煌、喜人。

“中国科普大奖图书典藏书系”正是在这 60 多年间，我国高水平原创科普作品的一次集中展示。书系中一部部不同时期、不同作者、不同题材、不同风格的优秀科普作品生动地反映出新中国成立以来中国科普创作走过的光辉历程。为了保证书系的高品位和高质量，编委会制定了严格的选编标准和原则：一、获得图书大奖的科普作品、科学文艺作品（包括科幻小说、科学小品、科学童话、科学诗歌、科学传记等）；二、曾经产生很大影响、入选中小学教材的科普作家的作品；三、弘扬科学精神、普及科学知识、传播科学方法，时代精神与人文精神俱佳的优秀科普作品；四、每个作家只选编一部代表作。

在长长的书名和作者名单中，我看到了许多耳熟能详的名字，备感亲切。作者中有许多我国科技界、文化界、教育界的老前辈，其中有些已经过世；也有许多一直为科普事业辛勤耕耘的我的同事或同行；更有许多近年来在科普作品创作中取得突出成绩的后起之秀。在此，向他们致以崇高的敬意！

科普事业需要传承，需要发展，更需要开拓、创新！当今世界的科学技术在飞速发展、日新月异，人们的生活习惯和工作节奏也随着科学技术的进步在迅速变化。新的形势要求科普创作跟上时代的脚步，不断更新、创新。这就需要有更多的有志之士加入到科普创作的队伍中来，只有新的科普创作者不断涌现，新的优秀科普作品层出不穷，我国的科普事业才能继往开来，不断焕发出新的生命力，不断为推动科技发展、为提高国民素质做出更好、更多、更新的贡献。

“中国科普大奖图书典藏书系”承载着新中国成立60多年来科普创作的历史——历史是辉煌的，今天是美好的！未来是更加辉煌、更加美好的。我深信，我国社会各界有志之士一定会共同努力，把我国的科普事业推向新的高度，为全面建成小康社会和实现中华民族的伟大复兴做出我们应有的贡献！“会当凌绝顶，一览众山小”！

中国科学院院士
华中科技大学教授
杨叔子 二〇一二 九、廿八

# 第一章　大千世界，极微胜景

现在我们引领读者迈向探索宇宙本原的漫长的、兴趣盎然的旅途。我们发现从两个完全相反的路线出发：一个是迈向微观世界，深入到微观世界的各个层次，由分子而原子，而亚原子粒子，而基本粒子，一路繁花似锦，动人心扉，但处处弥漫着迷雾，有许多问题向我们袭来；另一路是迈向宇观世界，飞升于宇宙的各个层次，由地球而太阳系，而银河系，而本星系，而超本星系，而我们观测的宇宙，这一路更是火树银花、壮丽非凡，但疑窦丛生、玄机百出，令人激动而又费解。这两条路上许许多多奇怪的问题，最后我们发现居然是联系在一起的，其谜底居然是相通的。宇宙的这种层次结构，宛如深宅大院，帘幕重重。

下面两组图像分别为哈勃空间望远镜和显微镜拍摄的大宇宙（图 1-1～图 1-4）和小宇宙（图 1-5～图 1-10）的瑰丽画面。

图 1-1　哈勃拍摄的船底座星云景象。上半图为可见光情况下，下半图为红外光条件下

图 1–2　近 50 亿光年的星系 Abell 370。这是 Abell 370 星系团所形成的重力透镜效应

图 1–3　球状星云半人马座ω星团核心部分数以十万计的色彩纷呈的恒星

图 1-4 哈勃拍摄到的史蒂芬五重星系成员撞击的景象

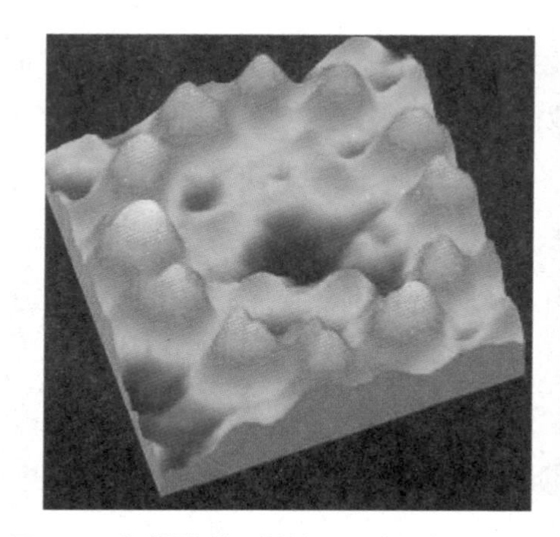

图 1-5 扫描隧道显微镜下排成环状的溴原子

图 1-6 锗硅量子点——量子森林

图 1–7　量子原子团纳米晶体

图 1–8　硫酸镁溶液中的结晶体

图 1–9　硅藻彩虹

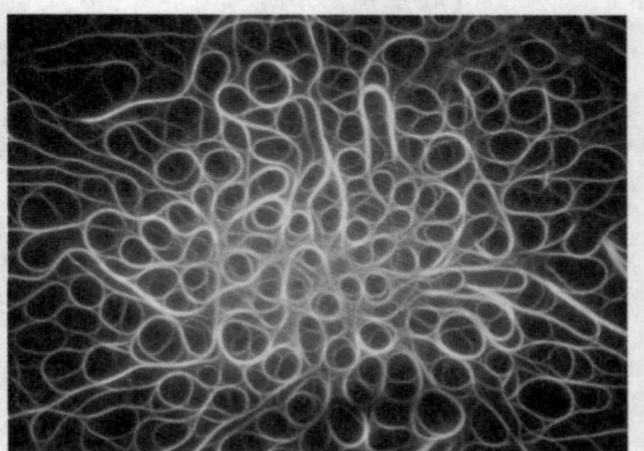
图 1–10　发光的动物肌蛋白丝

## 行行复行行，长亭接短亭——微观标尺

工欲善其事，必先利其器。我国战国时期著名思想家公孙龙（图 1-11）说得好：“一尺之棰，日取其半，万世不竭。”一尺长的木棍，每天取其一半，一万代也不能穷尽。微观世界的征途颇像这根木棍不断折断的过程。古代折断木棍主要靠斧头，斧头越锋利，木棍就越容易折断。现代剖分物质的主要工具是加速器，粒子通过加速器获得的能量越高，其剖分物质能力越强，就是说剖分物质的“刀口”越锋利。这是怎么回事呢？要回答这个问题，最好先熟悉一下这个世界的“规矩”（相当今日的圆规和直尺，校正圆形、方形的两种工具，即标准法度）和“沙漏”（古代计时仪器），也就是时间标度、空间标度和能量标度等术语。有趣的是，这些标度，往往关系密切。

图 1–11　公孙龙（约前 320—前 250）

这是什么原因呢？原来在极微世界中，粒子的运动规律呈现波动性，牛顿力学已不再适用，应该代之以量子论的方程。粒子波动性的一个主要表现就是海森堡不确定关系：波动的尺度（粒子位置的确定程度）$\Delta l$大致与能量的平方根（严格说是动量）成反比（由于相对论效应，此关系在能量越高时，偏移越大）。因此，如果要探测粒子的内部结构，分辨粒子内部精细构造，探测“针头”必须足够精密。用术语来说，就是波动的尺度越小，可分辨的空间尺度越小，当然所需要的能量也越大了。

在公孙龙所处的战国时代，剖分物体的利器是刀、斧，量度物体的工具是“规”“矩”。卢瑟福时代用α粒子作为剖分粒子（原子）的利器。之后，又有了不少近代测试仪器：气泡室、粒子计数器等。

现代高能物理学家用以剖分粒子、探测其内部结构的利器或探针是高能粒子，如加速后的电子、光子和中微子等。一般说来，作为“解剖刀”的探测粒子的能量越高，其刀刃就越锋利，能分辨的空间尺度就越小（参见表 1-1）。近代高能粒子加速器的规模越来越大，可达到的能量越来越高，原因就在这里。基本粒子物理学，往往又称高能物理，其中缘由读者至此必有所悟了。

表 1-1　能量与相应的可分辨的空间尺度

| 探测粒子具有能量 | 可分辨的空间尺度 |
| --- | --- |
| 约 1 电子伏 | $10^{-6}$ 米（分子、原子物理） |
| 约 1 兆电子伏 | $10^{-11}$ 米（核物理） |
| 约 100 兆电子伏 | $10^{-13}$ 米（亚原子粒子物理） |
| 约 1~10 吉电子伏 | $10^{-15}$ 米（夸克-轻子粒子物理与量子色动力学） |
| $10^{2}$~$10^{15}$ 吉电子伏 | $10^{-30}$~$10^{-17}$ 米（物理大沙漠，其间物理事件了解甚少） |
| 约 $10^{15}$ 吉电子伏 | $10^{-30}$ 米（可能是弱作用、电磁作用与强作用同一处） |
| 约 $10^{19}$ 吉电子伏 | $10^{-35}$ 米（普朗克长度，已知 4 种力可能在此处统一为超引力——量子引力） |

现代物理学告诉我们，随着探索极微世界的层次的深入，由分子而原子，而原子核，而强子（比如质子、中子就属于强子），直到夸克与轻子，越到后来，每揭开一层新世界的“幕布”，必须付出越来越沉重的“代价”——能量。

细心的读者可能有疑问，此间能量的单位不是通常大家熟悉的焦耳而用电子伏，原因何在呢？这实际上是一种习惯，在高能领域，大家都习惯这种能量标度，也许是因为加速器往往用高电压加速带电粒子。

为了对这些以电子伏为基础的单位有感性认识，我们试举几例。

1 电子伏=$1.6 \times 10^{-19}$焦耳，这是极小的能量单位。蚂蚁从地面搬运花粉，举高 1 厘米，所做的功相当 10000 亿电子伏。这个单位用于宏观世界很不方便，但是用于微观世界颇为恰当。例如要把一个电子从氢原子中敲出来，起码要做 13.6 电子伏的功。“打碎”一个氢分子，使之变为 2 个氢原子，要做 4 电子伏的功。但要使电子增加 1 电子伏的能量，如果通过加热，就得使其温度升高 10000K。可见，研究原子与分子物理中各种变化的时候，用电子伏比较方便。

1 兆电子伏=$10^{3}$ 千电子伏=$10^{6}$ 电子伏

通常对核物理中的现象，用兆电子伏作单位来计算。例如打碎一个原子核，需要的能量约 10 兆电子伏。1911 年，英国科学家卢瑟福（E. Rutherford）第一次用α粒子作为炮弹打开原子核宫殿的大门时（图 1-12），α粒子携带的能量就是 7.68 兆电子伏。一个铀原子核裂变时，释放的能量为 185 兆电子伏。我们知道，威力无比的原子弹与现已遍及全球的核能发电站，就是利用铀原子核裂变时所释放的能量。

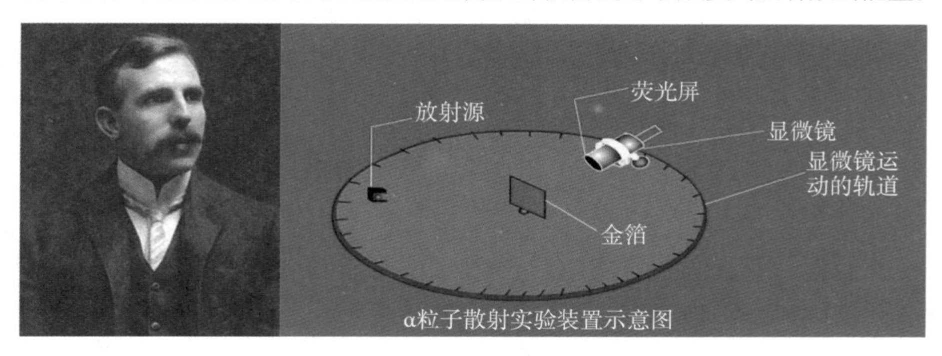


**图 1–12　卢瑟福及其α粒子散射实验**

要揭开基本粒子的秘密，廓清粒子王国的迷雾，必须研究亚原子粒子的相互转换，此时需要更高能量，其单位以吉电子伏为宜，甚至以太电子伏为佳。

$$1\text{ 吉电子伏}=10^3\text{ 兆电子伏}=10^9\text{ 电子伏}$$

$$1\text{ 太电子伏}=10^3\text{ 吉电子伏}=10^{12}\text{ 电子伏}$$

例如，我国的北京正负电子对撞机的设计能量便是 2 × 2.8 吉电子伏（对撞的两束电子，携带能量均为 2.8 吉电子伏），目前实际达到 1.55~2.2 吉电子伏。由于有爱因斯坦的质量与能量转换公式：

$$E = \Delta m \cdot c^2$$

式中　$E$——能量；

　　$\Delta m$——转化的质量；

　　$c$——光速。

因此在粒子物理中，往往把质量单位与能量单位混合使用，如吉电子伏/（光速）$^2$ 就记作吉电子伏。理论物理学家往往选取自然单位制，其中令光速为 1。因此，中子与质子的质量往往写作 0.939 吉电子伏与 0.938 吉电子伏，大致相当1吉电子伏，但用普通质量单位表示分别是 $1.6726 \times 10^{-27}$千克与 $1.6728 \times 10^{-27}$千克。注意到这一点，就不会觉得混乱了。1.5 吉电子伏能量，足以将 100 克乒乓球举高 2 微米（$10^{-6}$米），并不是一个很小的数字了！

在微观世界物质结构的不同层次，相应的两个标尺可以形象地用图 1-13 表示。由图 1-13 中可以看出，目前我们研究的最小空间尺度大概在$10^{-18}$~$10^{-16}$

厘米。我国古代伟大哲人惠子说："至小无内。"从哲学上，这句话反映对于微观世界的探索是永无止境的；从数学上来看，这句话是极限概念的绝妙写真。妙哉斯言！但是从科学的探索来说，限于加速器和探测设备的能力，探索的空间尺度与能量尺度，在任何时候总是有所限制的。

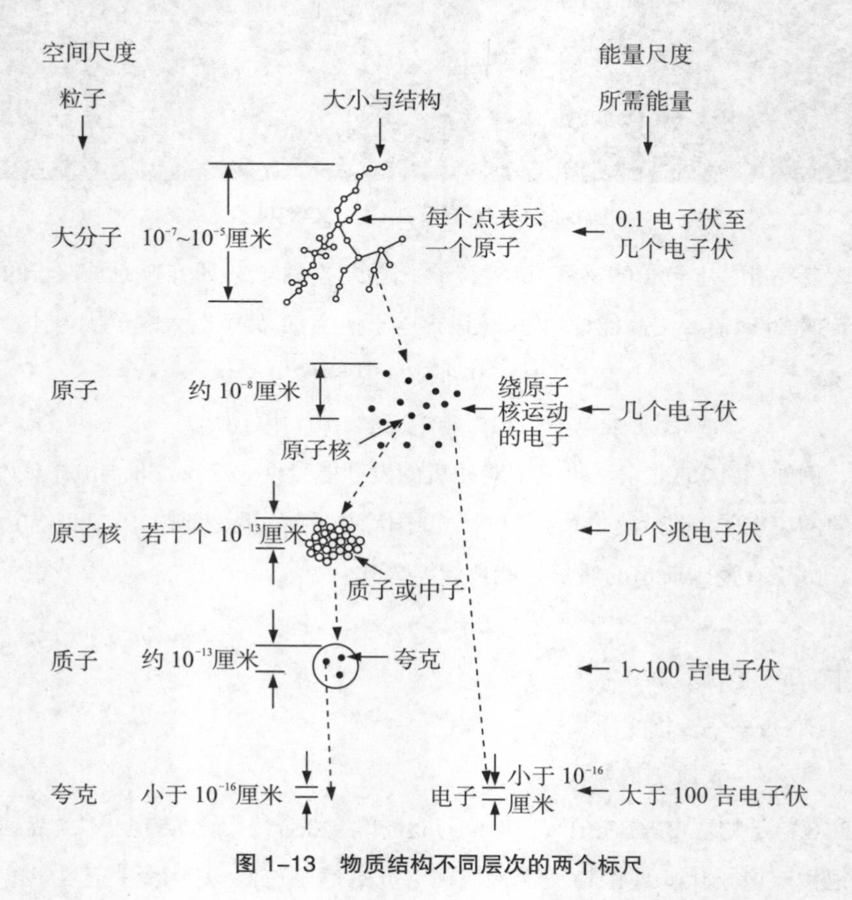


图 1-13　物质结构不同层次的两个标尺

## 星河欲转千帆舞——奇妙的星际之旅

让我们暂别微观世界，返身看看我们观测的宇宙的现状大致的样子。

我们现在开始宇观世界——大宇宙的旅行。我们人类生活在地球上，奇妙的星际之旅第一站就是太阳系。

**图 1-14　太阳系（最左侧是太阳，向右依序为水星、金星、地球、火星、木星、土星、天王星、海王星与矮行星冥王星）**

太阳系（solar system）就是我们现在所在的恒星系统。如图 1-14，它是以太阳为中心，和所有受到太阳引力约束的天体的集合体：8 颗大行星（水星、金星、地球、火星、木星、土星、天王星和海王星）、至少 165 颗已知的卫星和数以亿计的太阳系小天体。这些小天体包括小行星、柯伊伯带的天体、彗星和星际尘埃。广义上，太阳系的领域包括太阳、4 颗像地球的内行星、由许多小岩石组成的小行星带、4 颗充满气体的巨大外行星、充满冰冻小岩石被称为柯伊伯带的第二个小天体区。在柯伊伯带之外还有黄道离散盘面、太阳圈和依然属于假设的奥尔特云。现已辨认出 5 颗矮行星：冥王星、谷神星、阋神星、妊神星和鸟神星。其中冥王星原来一直被列为九大行星之一，但 2006 年 8 月 24 日国际天文学联合会将其“开除”出大行星行列，认定为矮行星。

太阳系的主角是位居中心的太阳，它是太阳系中唯一自己发光的恒星。拥有太阳系内已知质量的 99.86%，大约为 $2 \times 10^{30}$ 千克（而地球的质量不过 $6 \times 10^{24}$ 千克），并以引力主宰着太阳系。木星和土星，是太阳系内最大的两颗行星，又占了剩余质量的 90%以上。

在星际旅行中，我们必须提到两个空间量度单位：光年和天文单位。所谓光年就是光在一年时间跑过的距离。我们都知道，光在一秒内要跑 30 万千米，就是说要绕地球七圈半。折合为千米，很容易得：

1 光年=299776 千米/秒（光速）× 31558000 秒（1 年）=$9.46 \times 10^{12}$ 千米，就是说，大约 10 万亿千米，或 1 亿亿米。这自然是一个庞大的数字。

光华万丈的太阳距离地球约 1.5 亿千米。如果我们坐特快火车以每小时 80 千米的速度昼夜行驶,足足需要 210 年。但是光从太阳传播到地球,不过 8 分钟而已。

天文单位(Astronomical Unit,简写 AU)是一个长度的单位,约等于地球跟太阳的平均距离,天文常数之一。一天文单位约等于 1.496 亿千米。1976 年,国际天文学联合会把一天文单位定义为一颗质量可忽略、公转轨道不受干扰而且公转周期为 365.2568983 日(即 1 高斯年)的粒子与一个质量约为一个太阳的物体的距离。当前被接受的天文单位是(149597870691 ± 30)米(约 1.5 亿千米或 9300 万英里)。

在太阳系中,金星在水星之外约 0.33 天文单位,而土星与木星的距离是 4.3 天文单位,海王星在天王星之外 10.5 天文单位。

我们的太阳系有多大?估计太阳的引力可以控制 2 光年(125000 天文单位)的范围。奥尔特云向外延伸的程度,大概不会超过 50000 天文单位。尽管发现的塞德娜小行星,范围在柯伊伯带和奥尔特云之间,仍然有数万天文单位半径的区域是未曾被探测的。对水星和太阳之间的区域人们还在持续的研究中。在太阳系的未知地区仍可能有所发现。

我们航行的第二站是银河系。银河系(the Milky Way 或 Galaxy)是太阳系所在的恒星系统,包括 1200 亿颗恒星和大量的星团、星云,还有各种类型的星际气体和星际尘埃。它的直径约为 100000 光年,中心厚度约为 12000 光年,形状很像一个扁平的大铁饼,总质量是太阳质量的 1400 亿倍,其中 90%的质量集中在恒星,只有 10%弥散于星际物质。银河系是一个旋涡星系,具有旋涡结构,即有一个银心和两个旋臂,旋臂相距 4500 光年。太阳位于银河一个支臂猎户臂上,至银河中心的距离大约是 26000 光年。太阳绕银心一圈要花 2 亿多万年。

自从伽利略首先用望远镜观察银河,人们已知道,银河是由许多像太阳一样的恒星组成的天体系统。但是在古代,晴朗的夜空、美丽的银河,勾起人们无穷的遐思和梦幻。唐代大诗人李贺的著名诗句:“天河夜转漂回星,银浦流云学水声。玉宫桂树花未落,仙妾采香垂珮缨。”写得何等瑰丽多彩,灵气活现!

银河在英语中是 milky way(图 1-15)。20 世纪 30 年代,一位颇负盛名的翻译家直译银河为牛奶路,被鲁迅先生嘲笑。在希腊神话中,横贯天际璀璨夺目的银河,乃是古希腊神话中万神之王宙斯的妻子、天后朱诺的乳汁形成的。话虽如此,那位翻译家也太“死板”了。

图 1–15　银河系

康德在 1755 年指出,银河系在宇宙中绝不是孤立集团。广漠的天空,必定有大大小小的天体系统星罗棋布,宛如无垠的海洋中飘浮的岛屿,成群成团,数不胜数。这就是所谓宇宙岛,或称岛宇宙。我们的银河系是其中一个,其他的则称银河外星系。

法国物理学家郎伯特(J. Lambert)在 1761 年提出阶梯宇宙结构模型。他在其名著《宇宙论书简》中写道,太阳系是宇宙结构的第一级,星系中的庞大星团是第二级系统,银河系是第三级天体系统,许许多多像银河系一样的星系构成第四级,如此等等,以至无穷。

我们现在也已查明,宇宙中大约分布着数以百亿计的像银河系一样的星系。美国天文学家埃德温·哈勃提出的星系类体系迄今仍为人们广泛应用。它将星系划分为旋涡星系(图 1-17)、椭圆星系(图 1-18)、棒旋星系(图 1-19)和不规则星系(图 1-20)几大类。椭圆星系是卵状的,其大小可达我们银河系的三倍。像我们银河系这样的旋涡星系都有若干条旋臂，它们沿着一个半圆弧往外甩出去。棒旋星系有棒状的核，并从棒的末端弯出两条旋臂。图 1-16 中未画出不规则星系，不规则星系外形不规则，没有明显的核和旋臂，没有盘状对称结构或者看不出有旋转对称性的星系，所包含的恒星数目也较少。

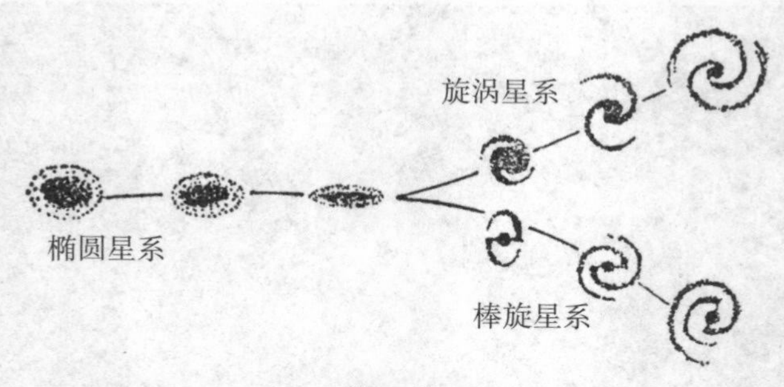


图 1–16　哈勃的星系分类图

银河系是典型的旋涡星系。最大的旋涡星系质量可达太阳系的 4000 亿倍，小的却不过 10 亿个太阳系而已。所谓不规则星系，其实就是小的涡旋系。因为质量太小，以致无法保持旋盘和旋臂的稳定规则形状，外貌显得“蓬松”。

椭圆星系外观呈球形和椭球形，其中的恒星是在星系形成的时候一起产生的。最大的椭圆星系可拥有 1 万亿个恒星，小的则不足 100 万个。

图 1–17　旋涡星系

图 1-18　椭圆星系

图 1-19　棒旋星系

图 1-20　不规则星系

星际旅行的第三站是本星系群（图 1-21）。本星系群是包括地球所处之银河系在内的一群星系。这组星系群包含大约超过 50 个星系，其重心位于银河系和仙女座星系中的某处。本星系群中的全部星系覆盖一块直径大约 1000 万光年的区域。本星系群的总质量为太阳系的 6500 亿倍，银河系和仙女星系二者质量之和占了绝大部分。本星系群是一个典型的疏散群，没有向中心集聚的趋势。但其中的成员三五聚合为次群，至少有以银河系和仙女星系为中心的两个次群。本星系群又属于范围更大的室女座超星系团。

图 1-21　本星系群

星际旅行的第四站是本超星系团(如图1-22,又叫室女座超星系团)。本超星系团(Local Supercluster,简称LSC或LS)是个不规则的超星系团,其核心部分包含银河系和仙女座星系所属的本星系群在内,至少有100个星系团聚集在直径1.1亿光年的空间内,是在可观测宇宙中数以百万计的超星系团中的一个。本超星系团的核心浓密部分,直径约为2亿光年,周围呈纤维状延伸,其长度有5亿光年。

近10年天文观察资料表明,类似于本超星系团这样的庞大超星系团,至少超过100万个以上。在后发星座方向,约4亿光年之遥处,便存在一个巨大的超星系团,包含的星系比本超星系团还要多10倍以上。仔细地观察清楚显示,超星系团呈细胞脉络状或蜂窝状,其结构在不断膨胀。超星系团是迄今发现的最大的宇宙结构。

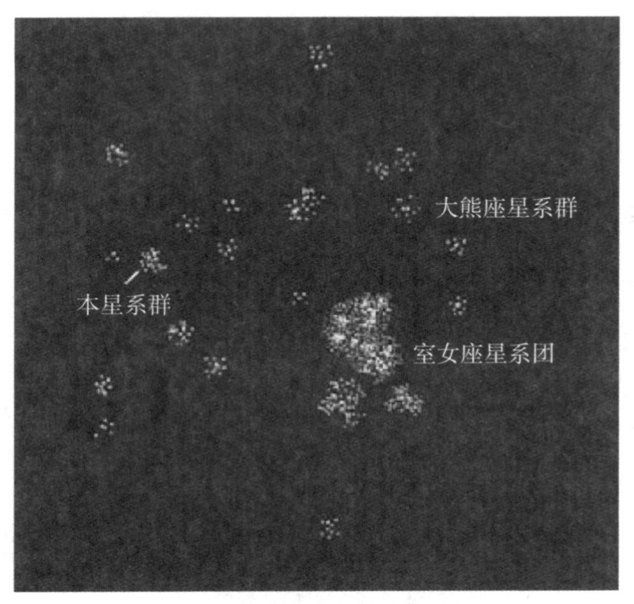


**图1-22 本超星系团分布略图**

最新的观测资料表明,我们观测的宇宙是有限的,其线度大约为137.8亿光年。我们的星际旅行表明:我们的宇宙呈现梯级型结构,可以说是三级宇宙模式,即

星系(如银河系) 第一级

星系群或星系团(如本星系群、室女座星系团) 第二级

超星系团(如本超星系团)　第三级

其中星系群或星系团虽归于同一等级,但一般来说,前者包含的星系不过几十个星系,后者则指含较多星系的天体系统,其中可达几千个星系。

超星系团尽管庞大,数目众多,但就整个观测宇宙来说,也只占空间的1/10。其余浩瀚的太空竟然没有星星分布,空空如也!

## 路漫漫其修远兮——求索场景

读者刚刚进行的微观世界和宇观世界的旅行,实际上穿越了小宇宙和大宇宙,确实“路漫漫其修远兮”。我们明白了宇宙探源的对象包括最大和最小、最重和最轻,我们的任务就是通过探索,寻找所有这些物质世界的种种纷繁的事物背后隐藏的普遍的动力学规律和结构规律。表 1-2 和表 1-3 就是我们打交道的若干对象。

**表 1–2　最轻和最重**

| 名　称 | 质量(千克) | 名　称 | 质量(千克) |
|---|---|---|---|
| 电子 | $9.1 \times 10^{-31}$ | 彗星 | $1.0 \times 10^{15}$ |
| 氢原子 | $1.7 \times 10^{-27}$ | 小行星 | $1.0 \times 10^{19}$ |
| 红细胞 | $2.0 \times 10^{-14}$ | 月球 | $7.3 \times 10^{22}$ |
| 宇宙尘埃 | $1.0 \times 10^{-12}$ | 地球 | $6.0 \times 10^{24}$ |
| 米粒 | $2.0 \times 10^{-6}$ | 太阳 | $2.0 \times 10^{30}$ |
| 小流星 | $1.0 \times 10^{-1}$ | 星系 | $1.0 \times 10^{41}$ |
| 人体 | $6 \times 10$ | 星系团 | $1.0 \times 10^{43}$ |
| | | 观测宇宙 | $>1.0 \times 10^{51}$ |

**表 1–3　最小与最大**

| 名　称 | 线度(直径) | 名　称 | 线度(直径) |
|---|---|---|---|
| 电子 | $<10^{-17}$ 米 | 泰山高度 | $1.5 \times 10^{3}$ 米 |
| 原子核 | $10^{-15}$ 米 | 地球 | $1.3 \times 10^{9}$ 米 |
| 红细胞 | $7.3 \times 10^{-6}$ 米 | 日地距离 | $1.5 \times 10^{12}$ 米 |
| 芝麻 | $1.0 \times 10^{-3}$ 米 | 银河系 | $1.0 \times 10^{5}$ 光年 |
| 人 | 1.7 米 | 观测宇宙 | $1.5 \times 10^{10}$ 光年 |

试看图 1-23，图的底部为空间尺度最小，但能量最高的极微世界；图的顶端则是茫茫宇宙、浩浩太空。两者一个最小，一个最大，乍看起来，南辕北辙，风马牛不相及。我们讨论的就是这两个看似毫不相关的世界。然而天下的事，无奇不有。我们马上就会看到，大、小宇宙的物质运动规律竟然殊途同归，大有合二为一的趋向呢!这正印证了中国的古语：相反相成。人们感到，极微世界的许多难解之谜的谜底，也许要在茫茫宇宙的重重迷雾中找到呢。

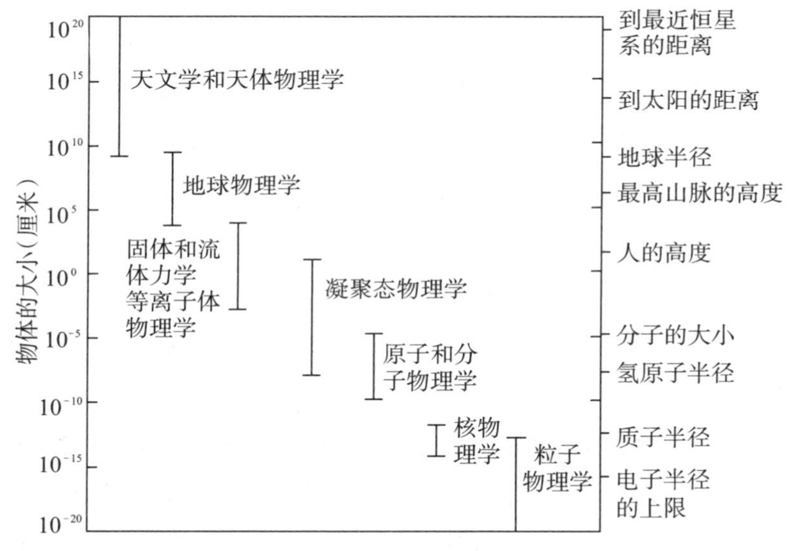


**图 1–23　物理学的各分支与相应结构尺度**

现代宇宙学的所谓大爆炸标准模型原来就是建立在现代粒子物理的基础上。大爆炸瞬间（极早期宇宙）为我们提供超高能、超高压、超高温的极端条件，是现代高能物理实验基地、加速器不可能达到的。早期宇宙实际上就是粒子的天下。我们可以毫不夸张地说，对于高能物理的研究，就是对宇宙的“考古学”研究。越是追溯到更早期的宇宙，就能探索到更高能量（因而是尺度更小）的现象。我们观察许多遥远天体（远至 100 多亿光年）的信息，不就是进行宇宙学考古吗?

幸运的是，茫茫宇宙不仅在其早期经历了超高能、超高温、超致密、超高压的大爆炸阶段，而且时至今日还不断闪现许多奇异的“爆发”，达到的能量则让人类的加速器望洋兴叹。1979 年 3 月 5 日，一颗人造卫星探测到大麦哲伦星云中发生的一次特大γ射线爆发，持续时间为 0.15 秒，相当于太阳在 1000 年的辐射能量。辐射能量超过 10 万亿亿亿亿焦耳。如果折合成煤，相当于燃烧掉 5 万个地球质量的煤!

我们也许不会忘记，从 20 世纪 30 年代起，人们就从宇宙深处的神秘来客——宇宙射线中，发现正电子、μ介子、中微子以及许许多多奇异粒子，给极微世界的探索送来阵阵春风。对于在微观世界遨游的勇士，“上帝”是从来不吝惜“天机玄旨”的。

我们已经知道，物质的结构在尺度上和能量上呈现不同的层次。我们还知道，这种层次的划分，空间尺度与能量尺度存在确定的对应关系。我们主要关心的极微世界，空间尺度最小的大约只有 $10^{-18}$~$10^{-15}$ 米，对应能量尺度相当于几兆电子伏到 100 吉电子伏。目前加速器探测的最高能量是 14000 吉电子伏，相当的空间尺度为 $10^{-20}$~$10^{-19}$ 米，参见图 1-23。这就是研究极微世界的科学，基本粒子物理学（physics of elementary particles）又称高能物理学（high energy physics）的原因了。

随着空间尺度加大或能量减少，依次是原子核物理学、原子物理学和分子物理学研究的领域。原子或分子聚集起来，就会构成我们常见的聚集相：称为物质三态的气相、液相和固相，以及液晶（你见过液晶手表吗？）、复杂流体与聚合物等软物质。研究物质这些形态的物理学分支，称为凝聚态物理学（condensed matter physics）。

等离子体是主要由带电的正、负粒子构成另一类气相物质，在整体上、宏观上是电中性的，相应的物理学分支称为等离子物理学（plasma physics）。固体力学与液体力学研究的是大尺度的固体与液体运动的规律。

继续扩大物质研究的空间尺度，就进入地球物理学、空间物理学和行星物理学的领域。进而扩展到太阳、银河星系、本星系群、本超星系团，乃至整个宇宙，这就是天体物理与宇宙学的领地了。宇宙的结构和演化也是我们关注的重点。

奇妙的是,我们的宇宙,不管是大宇宙还是小宇宙,都是呈现梯级式结构的。大宇宙第一级是星系,第二级是星系群或星系团,第三级是超星系团。小宇宙第一级是基本粒子,第二级是亚原子粒子,第三级是原子和分子。这种结构不禁使我们想起了哲人老子的名言:“一生二,二生三,三生万物。”总之,我们观赏的就是茫茫宇宙、大千世界和袖里乾坤、极微胜景。从学术的角度来说,大致关注的是粒子宇宙学。

# 第二章　庭院深深深几许，帘幕无重数

## ——小宇宙一览

### 端，体之无厚而最前者也——宇宙的最小砖石

我们眺望周围世界，一切都是那样美好：灿烂的星空，皎洁的月光，鲜艳的花朵，啁啾的小鸟；同时大自然的变幻又是那样神秘莫测，那么绚丽纷繁：四季的更始，雷电的壮观，陨石雨的辉煌，物种的更替。自古以来，这一切都激发着先民难以遏制的好奇心和永难满足的求知欲：

我们的宇宙（天地等）是从哪里来的？是如何演化的？

我们的大地（地球）构造如何？为何有那么多沧海桑田的变化？

生命如何起源？人类如何起源？怎样进化为今天的人类？

对于这些问题的追索与探求，导致宇宙学、天文学、天体物理学、地学、生命科学、人类学等学科的诞生与发展。但是，一个最基本、最重要的问题却是：

我们周围的物质世界是如何构成的？构成物质世界的砖石中到底有没有最小的砖石（即再也不能剖分它们）存在？

一种意见是，没有。我国古代名家学派代表、战国时代的哲学家公孙龙就是其中的典型代表。他认为一尺长的木棍，每天取木棍的一半，永生永世也不能取完。这种意见，实质上认为物质是无限可分的。

另一种意见是，物质世界存在最小的砖石，世界上万物均由这些不可分割的“微粒”构成。用我们战国时代著名哲人惠施的话就是“至小无内，谓之小一”(《庄子・天下》)，即最小的物质单元没有内部结构，叫做“小一”；古希腊哲学家德谟克利特(Democritus)继承老师留基伯(Leukippos)的思想，创立了著名的“原子论”(图2-1)。原子(atom)，希腊文的原意是不能再分。

德氏原子论认为，自然界存在土、水、气和火四种元素，相应于4种形状、大小都不同的原子(如火原子是球形的)。这些原子的不同组合与运动，似乎可以合理地解释许多自然现象，如水的蒸发，香气的弥散，乃至宇宙的形成，等等。

**图2-1　惠施(左)(前约370—前310)和德谟克利特(右)(前460—前370)**

大约比希腊原子论稍后，《墨子》中关于“小一”“原子”的思想，说得更明确，更生动了。这些最小砖石为“端”，宣称“端，体之无厚而最前者也”(《墨子・经上》)，“端，是无间也”(《墨子・经说上》)；宣称原子具有“非半”的性质，“非半弗新，则不动；说在端”(《墨子・经下》)。即是说“端”是物质不能剖分的始原质点，其本身是没有大小的。这不就是惠施的“小一”、德氏的“原子”么？不就是今日的基本粒子的定义么？必须说明，古代所谓原子论只是天才的科学臆测、哲学的思辨，是没有实验基础的。

“基本粒子”一词，就是拉丁语“elementary particle”，其原义，就是始原、不可分、最小和最简单的物质单元，实际上是“原子”、“小一”和“端”的同义词。不过随着岁月的流逝，科学的发展，“小一”与“端”没有被采用为科学名词，“原子”一词已演化为一个特定的物质层次，其本义倒渐渐隐没在历史的烟尘中，而原来的“小一”、“端”和“原子”的角色，倒是由“基本粒子”一词来承担了。

然而，随着岁月的流逝，尤其是近代科学的兴起，人类社会文明的不断推进，人们感到上述两种观念似乎都有道理，但都有所不足。

就人类认知能力而言，对微观世界的求索是无止境的。而微观结构呈现的是“梯级结构”模式。借鉴著名的英国物理学家戴维斯（R. Davis）的话：“物质是由分子构成的，分子是由原子构成的，原子是由电子和原子核构成的，原子核是由中子与质子构成的。”

现在我们知道，中子与质子等是由“夸克”（quark）构成的。许多人相信，随着实验手段的改进，有可能发现更为基本的微观层次。这种认识的深化和递进，永远不会有终结的。这不就是公孙龙所说的“万世不竭”么？

然而，就一个时代，限于实验手段和其他种种局限性，人类的认识是有阶段性的。就这个意义上说，每个时代都会有为数不多的真正基本粒子，被认为浑然一体，不可再分，是一切物质的建筑砖石。

如果说“原子”作为基本粒子的桂冠，直到19世纪末才卸下来，持续2000余年，而中子和质子一类强子有此桂冠都不过半个世纪而已。今日基本粒子的桂冠由谁戴着的呢？

答曰：“主要是两类：中微子与电子一类的轻子（lepton）与夸克。也许还包括光子一类的媒介粒子，术语叫规范粒子。”（图2-2）至于还有许多理论预言的，但尚未发现的粒子，我们都置而不论。

粒子物理，或对于“始原”粒子的探索，始终是自然科学尤其是物理学中最重要、最富于挑战性的课题。20世纪与21世纪的世纪之交评选有史以来最伟大的物理学家，经过世界范围认真评选，上榜名单是：爱因斯坦、牛顿、伽利略、麦克斯韦、卢瑟福、狄拉克、玻尔、海森堡、薛定谔、费曼（次序是作者任意排定的）。大家可以看到，其中至少有7个人与粒子物理有关，或者就是现在粒子物理学的鼻祖。基本粒子物理学在物理学乃至整个自然科学中所占的地位，由此可见一斑。

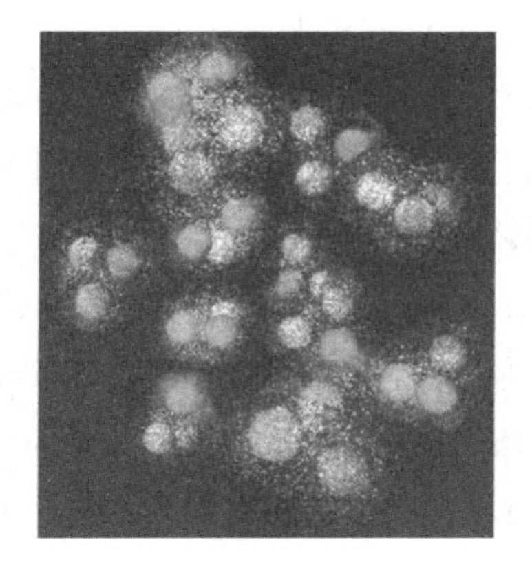

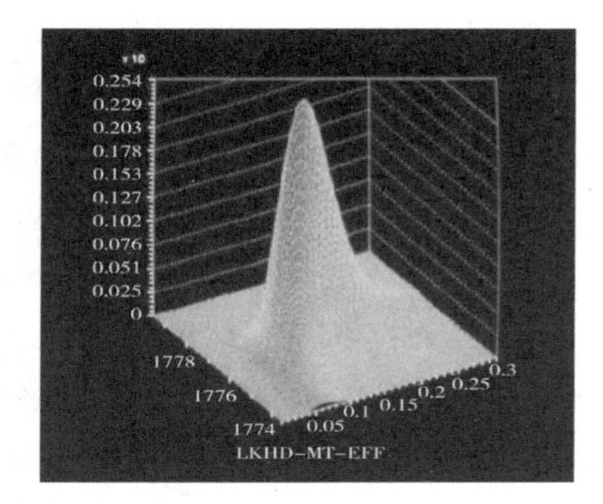


图 2–2　夸克及探测轻子

图 2–3　1927 年第五届索尔维会议参加者的合影

在图 2-3 中几乎汇聚了 20 世纪前半叶所有伟大物理学家。世界上没有第二张照片，能像这张一样，在一幅画面内集中了如此之多的、水平如此之高的人类精英。索尔维是一个诺贝尔式的人，本身既是科学家又是家底雄厚的实业家，万贯家财都捐给科学事业。诺贝尔设立了以自己名字命名的科学奖金，索尔维则是提供了召开世界最高水平学术会议的经费。这就是索尔维会议的来历。

照片中前排左起。左二：马克斯·普朗克（Max Planck，1858—1947）；左三：居里夫人（Marie Curie，1867—1934）；左四：亨德瑞克·安图恩·洛伦兹（Hendrik Antoon Lorentz，1853—1928）；左五：爱因斯坦（Albert Einstein，1879—1955）；左六：保罗·朗之万（Paul Langevin，1872—1946）。

中排左起。左一：彼得·德拜（Peter Debye，1884—1966）；左三：威廉·亨利·布拉格（W. H. Bragg，1862—1942）；左五：保罗·狄拉克（Paul Adrien Maurice Dirac，1902—1984）；左六：康普顿（Arthur Holly Compton，1892—1962）；左七：德布罗意（Louis Victor de Broglie，1892—1987）；左八：马克斯·玻恩（Max Born，1882—1970）；左九：尼尔斯·玻尔（Niels Bohr，1885—1962）。

后排左起。左三：埃伦费斯特（Paul Ehrenfest，1880—1933）；左六：薛定谔（Erwin Schrödinger，1887—1961）；左八：沃尔夫冈·泡利（Wolfgang Pauli，1900—1958）；左九：海森堡（Werner Heisenberg，1901—1976）。

照片的第一排，坐着的都是当时老一辈的科学巨匠。中间那位就是爱因斯坦，他其实应该算一个“跨辈分”的人物。左起第三位那个白头发老太太就是居里夫人，她是这张照片里唯一的女性。在爱因斯坦和居里夫人当中那位老者是真正的元老级人物洛伦兹，电动力学里的洛伦兹力公式，是与麦克斯韦方程组同等重要的基本原理，爱因斯坦狭义相对论里的“洛伦兹变换”也是他最先提出的。前排左起第二位则是量子论的奠基者普朗克，他在解释黑体辐射问题时第一次提出了“量子”的概念。这一排里还有提出原子结合能理论的朗之万、发明云雾室的威尔逊等，个个德高望重。

第二排右起第一人是与爱因斯坦齐名的“哥本哈根学派”领袖尼尔斯·玻尔，玻尔第一个提出量子化的氢原子模型，后来又提出过互补原理和哲学上的对应原理，他与爱因斯坦的世纪大辩论更是为人们津津乐道。玻尔旁边是德国大物理学家玻恩，他提出了量子力学的概率解释。再往左，是法国“革命王子”德布罗意，他提出了物质波的概念，确立了物质的波粒二象性，为量子力学的建立扫清了道路。德布罗意左边，是因发现了原子的康普顿效应而著称的美国物理学家康普顿。再左边，则是英国杰出的理论物理学家狄拉克，他提出了量子力学的一般形式以及表象理论，率先预言了反物质的存在，创立了量子电动力学。这一排里，还有发明粒子回旋加速器的布拉格等。中排左一是彼得·德拜，美国物理化学家，1884 年出生于荷兰，1901 年进入德国亚琛工业大学学习电气工程，1905 年获电子工程师学位，因他通过偶极矩研究及 X 射线衍射研究对分子结构学科所做贡献而于 1936 年获诺贝尔化学奖，1966 年逝世。

第三排右起第三人，就是量子力学的矩阵形式的创立者海森堡，测不准原理也是他提出来的。他的左边，是他的大学同学兼挚友泡利，泡利是“泡利不相容原理”和微观粒子自旋理论泡利矩阵的创始人。两人同在索末菲门下学习时，经常不按老师的要求循序渐进，而是独辟蹊径，老师竟也完全同意并鼓励他们这样做。右起第六人，就是量子力学的波动形式的创立者薛定谔，量子力学薛定谔方程，就像经典力学里的牛顿运动方程一样重要，薛定谔还是最早提出生物遗传密码的人 。

威廉·亨利·布拉格，现代固体物理学的奠基人之一，他早年在剑桥三一学院学习数学，曾任利兹大学、伦敦大学教授，1940 年出任皇家学会会长。由于在使用 X 射线衍射研究晶体原子和分子结构方面所做出的开创性贡献，他与儿子劳伦斯·布拉格分享了 1915 年诺贝尔物理学奖。父子两代同获一个诺贝尔奖，这在历史上恐怕是绝无仅有的。同时，他还作为一名杰出的社会活动家，在 20 世纪二三十年代是英国公共事务中的风云人物。

保罗·狄拉克，英国物理学家。1930 年，他用数学方法描述电子运动规律时，发现电子的电荷可以是负电荷、也可以是正电荷的。狄拉克猜想，在自然界中可能存在一种“反常的”带正电荷的电子；他还预言反粒子和反世界的存在。

以上这些人物，是 20 世纪物理科学的最杰出代表，他们都先后获得过诺贝尔物理学奖。他们在量子论和相对论等方向上所做的贡献，不仅彻底改变了人们的物质生活，而且改变了人类的思维方式和时空观念。

# 至小无内，谓之小一——基本粒子桂冠

基本粒子的桂冠并不容易戴上。基本粒子必须具有三要素：不能再剖分；未发现内部结构；没有大小。更确切地说，用现代仪器测量，无法测出其尺度，可以作为类点粒子（point-1ike particle，可视为质点一类的粒子）处理。用惠施的话来说，基本粒子的特征是，"至小无内，谓之小一"。

因此，判断一个粒子是否可以进行基本粒子的加冕，必须核查它是否可剖分，内部有无结构，其大小如何。

分子不是基本粒子，因为用加热或其他方法，很容易使它分裂为原子。可以测出最大分子的尺度有 $10^{-9}$~$10^{-8}$ 米。

原子，尽管最初给它命名的希腊人并无科学的实证根据——这一命名完全是哲学思辨的智慧结晶，但是十分幸运，"基本粒子"的桂冠它居然戴了2400余年。尽管几经沉浮，有亚里士多德、柏拉图的异议，也有伊壁鸠鲁的执着宣扬；有漫长的中世纪的冷落，也有17世纪法国思想家伽桑狄（P. Gassendi）原子论的复兴。古典原子论坚强地挺立在科学的庙堂中。

牛顿和英国科学家玻意耳赋予原子论近代科学底蕴。经过拉瓦锡、罗蒙诺索夫、里希特（J. B. Richter）和普鲁斯特（J. I. Proust）的辛勤耕耘，原子论完成了科学的洗礼。科学的原子论终于在1803年10月21日诞生了。

图 2–4　道尔顿（J. Dalton，1766—1844）

这一天，英国科学家道尔顿（图2-4）在曼彻斯特的一次学术会议上，宣读论文《论水对气体的吸收作用》，首次公布科学原子论的内容，其中还包括人类历史上第一张原子量表。他傲然讲道:“探索物质的终极质点,即原子的相对重量,到现在为止还是一个全新的问题。我近来从事这方面的研究,并取得相当的成功。”

这是作为基本粒子的“原子们”大放异彩的时代,当时原子的存在性、不可分割性以及不变性得到公认。

19 世纪伊始,人们知道的元素有 28 种,到了 1869 年,元素发现已跃升为 63 种,就是说,自然界存在 63 种原子(此时尚没有同位素的发现)。原子论在化学研究中成果累累,令人侧目。

但是,门捷列夫元素周期表的发现——元素性质随原子量周期性的变化,分明暗示原子具有内部结构,而且呈现周期性变化,大大动摇原子的基本粒子宝座了。

1869 年,英国科学家希托夫(J. Hittorf)在他制造的玻璃管的阴极,发现绿色荧光(即阴极射线)。1897 年,英国卡文迪许实验室主任汤姆逊(J. J. Thomson, 1856—1940)经过精密实验(图 2-5),首先判定射线带的是负电荷,然后将带电粒子的荷质比(电荷与其质量的比值)与氢离子的荷质比相比较,前者比后者要大 2000 倍。就是说,带负电粒子的质量只有氢原子的 1/2000。这种粒子即为电子。原子的基本粒子桂冠自此摇摇欲坠。

图 2-5 汤姆逊和卡文迪许实验室

电子是我们发现的物理新层次的第一个粒子。实际上,用能量较大的一束光或另一个原子轰击原子时,它就会分裂为原子核与电子。1911 年,年轻的物理学家卢瑟福利用粒子(氦原子核)作为大炮,轰击铝箔,发现绝大部分粒子都毫无阻碍地穿过箔片，只是飞行方向略有偏移，散射角不过1°而已；但有少数α粒子有大角度偏转，有的甚至偏转180°，即似乎反被弹射回来（术语叫背向散射）。由此他明白，原子中有一个集中其绝大部分质量的原子核，因而才会有背向散射；原子核一定只占据原子体积的很小部分，否则大角度散射与背向散射的事例就会很多了。

现在已弄清楚，原子核的直径只有原子的万分之一，大约 $10^{-15}$ 米。如果原子的体积放大到直径为1千米的大圆球，原子核只不过像苹果那么大罢了。原子既然有大小，有内部结构，那么，原子基本粒子的桂冠自此坠落。



原子核也非基本粒子，存在内部结构。人们利用高能粒子，或高能光子（即γ射线）轰击原子核也会分裂为中子和质子。前者则是通常裂变的主要方式，后者现在称为光致裂变。

事实上，从历史上看，1938—1939年间，居里夫人的长女约里奥—居里夫人（Madame Joliot-Curie）及其助手萨维奇（P. P. Savitch），利用中子轰击铀，使其裂变。德国科学家哈恩（O. Halm）、施特拉斯曼（P. Strassman），奥地利杰出女物理学家梅特勒（L. Meitner）也进行了类似的实验。精细化学分析（包括利用传统载体法和放射化学分析法）表明，铀核吸收中子后分裂几大块，如钡（Ba）、镧（La）和铈（Ce）等。在裂变时有大量能量释放，这就是原子弹和原子能发电站能源的来源。

大概有半个世纪之久，物理学家一直把中子、质子视为基本粒子，20世纪60年代初，类似的“基本粒子”数目甚至增加到50余种了。但是，很快人们发现，中子、质子以及此类被称为强子（hadron）的基本粒子都是有结构的，均由现在我们称为夸克的粒子构成。在20世纪60年代前后，物理学家利用加速器和现代检测仪器对所有“基本粒子”进行一场最严格的“甄别”审查，其中最著名的就是高能电子深度非弹性散射实验。从此中子、质子等强子就称为亚原子粒子。只有电子、中微子等轻子经受住考验，既无法将它们粉碎，也没有发现任何证据表明它们存在结构。

这样一来，基本粒子的桂冠，从中子、质子一类强子头上纷纷坠落下来。只有轻子们头上的鲜艳桂冠依然耀人眼目。尤其是电子自1897年被发现以来，整整一个世纪过去了，其桂冠依然不可动摇，可谓老牌基本粒子。

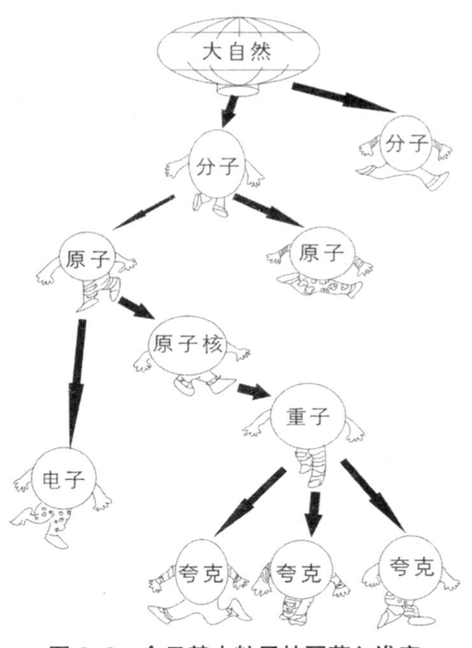

图 2–6　今日基本粒子桂冠落入谁家

当然，新贵骄子“夸克们”风头正健，基本粒子的桂冠，自然“非君莫属”（参见图 2-6）。目前已发现的轻子和夸克有 12 种。英格兰脍炙人口的英雄史诗“亚瑟王的 12 个圆桌骑士”，一直引人入胜。新时代粒子王国正好也是 12 位骑士（参见图 2-7）：上夸克（u）、下夸克（d）、粲夸克（c）、奇异夸克（s）、顶夸克（t）、底夸克（b），以及电子（e）、电子型中微子（$\nu_e$）、μ子（$\mu^-$）、μ子型中微子（$\nu_\mu$）、τ子（$\tau^-$）、τ子型中微子（$\nu_\tau$）。

图 2–7　基本粒子王国的 12 骑士

# 春花秋月何时了，往事知多少——粒子王国的“兴亡”

翻开基本粒子的王国史，探索基本粒子的道路漫长而又曲折，可谓路漫漫其修远兮（图2-8）。从古希腊时期到公元10世纪左右，大多数人还相信构成物质的基本元素是泥土、空气、火和水；直到19世纪和20世纪之交，100种左右的化学元素被认为是物质的基本构成；在20世纪60年代，人们普遍认为中子、质子、π介子等几百个强子和少数轻子是所谓基本粒子；夸克模型提出以后，多年的实验表明，基本粒子的类型有12种，即三代轻子和夸克（每代有两种轻子和两种夸克）。

公元前2500—前2400年间，希腊人断言自然界基本元素（element）只有4种（亦即相应的原子——斯时的基本粒子）：泥土、空气、火和水。稍后有人又加了以太（aether），原意是高空，据说是一种弥漫整个宇宙的做旋涡运动的球形的无重物质。引入以太，是为了显示全能的上帝的作用。其后的炼丹术士们，如1330年波努（P. Bonus）在其著作《新宝珠》中又加进一种新的元素硫磺，并称之曰“土的脂肪”。

图2-8 粒子王国千古“兴亡”

在炼丹士看来，水银应是所谓控制性元素，赋予物质以金属化的各种属性，例如在贱金属“铅”中加进适量的水银，铅就会变为昂贵的“金”了。中外炼丹术士们，从我国的魏伯阳（东汉）、葛洪（东晋）到阿拉伯的贾比尔（Geber，约 720—800）和中世纪欧洲的炼丹术士，所孜孜追求的就是这种“点石成金”术，他们相信硫磺有此奇妙功能。16 世纪，近代科学黎明曙光初现的时候，瑞士医生（也是杰出的炼丹家）巴拉塞尔苏士（Paracelsus），最后添上一种控制元素——盐，认为盐赋予物质以抗热性。

当然，从今天看来，这是一幅错误的图画，然而，这凝聚了人们对于微观世界结构及其变化规律认识的努力。我们确实看到，对于基本粒子的讨论，已渐渐从哲学家的思辨论题转变为实际物质研究的现实课题。基本粒子的概念在古代和中世纪带有许多神秘色彩，笼罩在炼丹炉的袅袅青烟中。随着近代科学的昌明，终于到了揭开它们的层层神秘面纱的时候了。

英国化学家玻意耳（图 2-9）在 1661 年发表的《怀疑的化学家》一书，第一次对“元素”给予了明确的界定，元素是“基质”，可以与其他元素相结合而形成化合物，而元素本身不可以再分解为更为简单的物质了。这是科学史上重要的一年，被称为近代化学诞生的年代。1789 年，法国大革命爆发的那年，法国科学家拉瓦锡（图 2-10）出版了历时 4 年写就的《化学概要》，列出了第一张元素一览表，元素被分为四大类，汇编了当时已知的 33 种元素。当然其中也有错误，如认为石灰与镁灰为元素，而实际上，前者为钙与氧、后者为镁与氧的化合物，如此等等。然而，他在科学实验基础上提出了化学元素的概念，被认为是近代化学之父。他的悲剧在于因为其包税官的身份而在法国大革命期间被处死。

图 2-9　玻意耳（Robert Boyle，1627—1691）

门捷列夫（图 2-11）元素周期表发表时（1869），已发现 63 种元素。到了 1914 年，发现元素的数目已达 85 种。现在我们发现的元素有 118 种。19 世纪人们不知道元素都有同位素，认为一种元素对应一种原子，元素的数目就是原子的种类数，就是当时所谓基本粒子的数目。

图 2–10　拉瓦锡（A. L. Lavoisier，1743—1794）

图 2–11　门捷列夫（D. I. Mendeleev，1834—1907）

电子的发现，是基本粒子研究史上的里程碑。可以毫不夸张地说，今天基本粒子中资格最老的成员就是电子。1897 年英国科学家汤姆逊在阴极射线中发现电子。当时汤姆逊先生才 41 岁，不过已是蜚声四海的科学家了，时任卡文迪许实验室主任，沉着、稳健，精通牛顿等创立的经典物理。他没有想到，他发现的电子，破灭了原子"不可分割"的神话，导致经典物理的整个哲学体系的崩溃。

电子发现以后，尤其是卢瑟福的实验以后，所谓太阳系的原子模型慢慢地取得世人公认。在开始时大多数物理学家是以极其冷淡和漠视的态度对待这一模型，像安德雷德（E. N. da C. Andrade）所评述的，这"似乎是一个很难碰到的，在另一个星球上发生的，遥远的理论问题"。1914 年，人们讨论原子核的构造时，想到 100 年前英国化学家兼医生普劳特（W. Prout）的一个推断，即所有原子（元素）均由氢原子组成，将氢原子核命名为质子（proton，源于希腊文，意为基础，同时也有 prout 谐音）。

人们设想每一种化学元素由唯一的原子所组成，原子核由质子构成，周围有电子。这实际上是物理学中微观结构的革命性变化。现在呈现在人们面前的是一幅多么和谐而简洁的结构图像:所有物质均由两种基本粒子——电子与质子所构成。基本粒子王国发生戏剧性的“精简”:由济济一堂的85种元素转眼间变成两种粒子。一切令物理学家、哲学家十分惬意。

好景不长。在1920年,卢瑟福构想了中子的存在。卢瑟福察觉到:如果原子核也由电子与质子构成,原子核似乎难以稳定,而且原子核的总自旋并不等于组成原子核的电子与质子的总自旋(spin,参阅第五章)呀!因此,卢瑟福推测,自然界还存在一种质量与质子相近的不带电的粒子,他甚至给这个尚在未知之天的粒子,赐予佳名“中子”(neutron)。

1930年,德国物理学家玻特(W. W. G. Bothe)及其学生贝克(H. Becker)用α粒子轰击铍(Be),发现不带电的极强的辐射。法国物理学家约里奥–

居里夫妇用玻特发现的辐射轰击石蜡,发现有质子被打出来,说明辐射能量极高,甚至铅块也无法屏蔽这一辐射。但是,约里奥–居里夫妇不约而同地得到结论:这是高能γ辐射(光子束)。

一个伟大的发现,与他们失之交臂,擦肩而过。实际上,只要他们稍加分析,就会发现他们的结论与动量守恒矛盾,这是中学生也不会犯的常识性的错误呀!难道他们没有听说卢瑟福的中子假说么?或许听说了,但没有认真对待?

值得一提的是,我国“原子弹之父”、杰出物理学家王淦昌,当时(1930)正在柏林大学的梅特勒女士(她深受爱因斯坦推崇,被认为其才华甚至超过居里夫人)手下工作。他听说玻特的实验后,印象极为深刻,认为这个贯穿力极强的辐射未必就是γ辐射,并提出改进实验的建议,请求梅特勒重新进行实验,以核查自己的猜想。可惜梅特勒女士没有同意王淦昌的建议。

查德威克(Sir L. Chadwick)与他的老师卢瑟福,获知约里奥–居里夫妇得到的结果,十分激动。当时他们正在利用其他实验手段寻找“中子”,于是,他们重做约里奥–居里夫妇的实验和其他相关实验,经过严格而认真的验证工作,终于在1932年2月,给英国《自然》杂志去函,宣告:“铍的辐射是由质量与质子相等但不带电的粒子构成。”

查氏采用卢瑟福的叫法,依然称这个新发现的粒子为中子。1932年,前苏联科学家伊凡宁柯(D. D. Ivanenko)与德国科学家海森堡分别独立提出新的核结构模型:原子核是由中子与质子构成。这个模型立即被科学家所接受,也为尔后的核物理实验所证实。模型的基本图像是令人满意的,大体是正确的。

这样一来,基本粒子王国的成员,增加到3个了。至此,我们确定自然界绝大部分物质由电子、质子与中子构成。大自然似乎已经给予我们足够的建造宇宙的砖石了。



出乎人们意料的是,接二连三的粒子如亚原子粒子(subatomic particles)猛然闯入我们的眼帘:1932年,美国物理学家安德逊(C. D. Anderson)发现正电子;1936年,安氏与尼德迈耶尔(S. H. Neddermeyer)发现μ子,除了质量比电子大200余倍以外,其性质几乎与电子完全相同,它的发现是这样"不受欢迎",以致著名实验物理学家拉比(L. Rabi)惊呼:"是谁要这μ子?"然后是1947年鲍威尔(C. F. Powell)发现π介子。新粒子发现的热潮延续到20世纪50年代末。一大批亚原子粒子:π介子、K介子、Λ超子(hyperon,其质量大于中子)、Σ超子($\Sigma^+$、$\Sigma^-$、$\Sigma^0$)、Ξ超子($\Xi^-$、$\Xi^0$)等等陆续发现,这样一来,基本粒子数目达到30余种。以后,还有一些寿命极短(约$10^{-23}$~$10^{-22}$秒)的所谓共振态粒子不断进入我们的眼帘,总数为300~400个。自然界会存在如此之多的基本粒子吗?

1964年,夸克模型的问世,提出数目庞大的中子、质子一类的强子是由3种夸克(u、d和s)构成,其中u夸克又称上夸克,d夸克又称下夸克,s夸克又称奇异夸克。实验很快证明,数以几百计的强子确实由3种夸克构成。连同当时知道的4种轻子($e^-$、$\mu^-$、$\nu_e$、$\nu_\mu$),基本粒子的总数猛然减少到7种。40多年过去了,人们又发现2种轻子($\tau^-$和$\nu_\tau$)与3种夸克(c、b和t),其中c夸克又叫粲夸克,b夸克又叫底夸克,t夸克又叫顶夸克。这样一来,人类公认的基本粒子数目是12种。就大多数粒子物理学家而言,觉得似乎不会有更多的轻子与夸克发现了,以致有许多人称这种6夸克—6轻子模型为标准模型(standard model)。

图2-12总结了近3000年来人们对于基本粒子种类数目认识的大体变化

情况。可以说基本粒子桂冠的“鼎革兴亡”，由于概念内涵变化导致的种类数目的涨涨落落，此图便一目了然了。图 2-12 给我们提供的一部近 3000 年的“基本粒子”变迁沧桑史，虽然比不上人类历史的波澜壮阔，却也充满王冠代谢、婉转曲折呢。

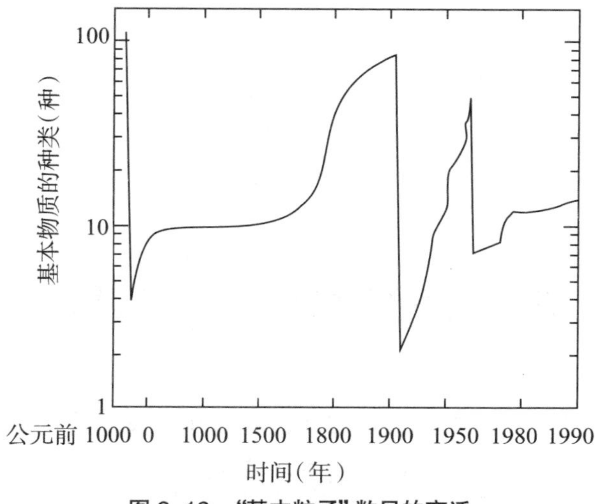


**图 2-12 “基本粒子”数目的变迁**

# 第三章 象喜亦喜，象忧亦忧

## ——“粒子王国”美的韵律

### 谈天论地织经纬——相互作用

物质世界纷繁的变化，天体的演化，星星的颤动，沧海桑田，花香鸟语，飞禽走兽，千头万绪，但归根结底，取决于物质间的相互作用。天鹅绒般红地毯，婆娑而舞的芭蕾，那动人心弦的舞姿是由音乐的韵律导引的。一部精彩的芭蕾，离不开音乐大师们动人的乐章。我们井然有序的物质世界，梯级式的宇宙构造：星系—星系团—超星系团；层递式的微观结构：分子、原子—亚原子粒子—基本粒子；等等。到底什么是“把这一切编织在一起”的“经纬”呢？相互作用。

时至今日，物质世界的基本相互作用只发现四种：引力、电磁力、弱相互作用和强相互作用。前两种力人们早就发现，并且很熟悉了。万有引力与电磁力都是我们肉眼所及的宏观世界随时可以查知其存在的。日常生活与天体（宇宙）运行中，引力所起的作用是尽人皆知的了，尤其是在日、月、星辰的运行，宇宙的演化中，引力扮演主要角色。在日常生活中，与人类衣、食、住、行密切相关的一切，电磁相互作用则起着更为重要的作用。电动机、发电机以及电灯、电话、电视、互联网等电子设备，其基本原理都导源于电磁作用。

在微观世界，基本粒子大多数都带电，因此它们之间有电磁相互作用，亦如每个粒子就是一个电荷和小块磁铁，遵循的原理跟我们在课本上学过的电磁原理并没有什么不同。但由于质量很小，基本粒子之间的引力相互作用，比较电磁力或其他的作用是微不足道，实际上在微观世界是完全可以忽略不计的。

强相互作用与弱相互作用均在 20 世纪被发现。它们迟迟未被人们发现，原因在于它们的作用范围异常小。强作用的作用范围不过 $10^{-15}$ 米，而弱相互作用范围更小，只有 $10^{-18}$~$10^{-16}$ 米，因此两者又称短程力。引力与电磁力的作用强度，都是随作用距离的平方而减少的，比短程力减弱的趋势要慢得多，故两者称为长程力。

四种相互作用力（图 3-1），如果均在 $10^{-15}$ 米处比较它们的强度，强相互作用最强，我们用 1 表示其相对强度，则电磁作用、弱相互作用和引力的相对强度依次为 $10^{-2}$、$10^{-13}$、$10^{-39}$。$10^{-15}$ 米大致与中子、质子的大小以及原子核的尺寸数量级相当。不难想象，强相互作用在核物理与粒子物理中要起主要作用。事实上，原子核之所以如此坚固，就是由于强相互作用的束缚。

**图 3–1　四种相互作用力（从左至右依次表示引力、弱相互作用、电磁作用和强相互作用）**

原子与分子尺寸约为 $10^{-10}$ 米，即超过强相互作用有效范围有 10 万倍，因此讨论原子、分子的运动变化规律时无需计及强相互作用，遑论弱相互作用了。

与强相互作用相比较，弱相互作用力程更短，而且微弱得多。但在粒子物理中，它扮演的角色却是万万不可忽视的。有的基本粒子，例如轻子（电子、中微子等）就不受强力影响，却受弱力影响。至于中微子（$\nu_e$、$\nu_\mu$和$\nu_\tau$）及其反粒子则只受弱力作用。以后我们欣赏中微子种种奇特的“表演”，就会对于弱力的韵律的微妙之处有更深的认识。中子和原子核的放射性的衰变（我们不会忘记贝克勒尔（A. H. Becquerel）、居里夫妇等的伟大发现吧！）以及基本粒子的衰变，都是通过弱相互作用发生的。因此从某种意义上说，弱相互作用比强作用还具有普遍性。

表 3-1 总结了以上四种基本力的大致情况。当然，20 世纪多次传来发现

其他力的消息，如超弱力等，但都经不起时间的检验。可见，尽管宇宙大舞台上，物质运动形态千变万化，但"支配"或"控制"其变化的节拍和经纬，就只有四种基本相互作用。19世纪以前，电力和磁力被认为是完全不同的两种作用力。但法拉第和麦克斯韦的研究表明，在本质上它们是一种力，现在统称为电磁力。这是人类第一次成功地将表面上看来不同的两种力统一起来。自从20世纪20年代以来，以爱因斯坦为代表的许多科学家，一直致力于实现这样一个梦想：将各种不同的力统一在一个普遍的理论中。最早的设想是统一引力与电磁力，但一直没有成功。20世纪60年代，关于电磁力与弱力的统一理论成功建立，并经受住实验检验。换言之，电磁力和弱力实际上是同一种力——弱电力（electroweak force）的不同表现而已。我们以后还要谈到弱电统一理论。

表3–1 四种基本力

| 性质 \ 类型 | 引力 | 弱力 | 电磁力 | 强力（核力） |
|---|---|---|---|---|
| 力程（有效作用范围） | 延伸到极远，可视为无穷远 | 大致限于 $10^{-18}$～$10^{-16}$ 米 | 延伸到极远，可视为无穷远 | 大致限于 $10^{-15}$ 米 |
| 相对强度（$10^{-15}$ 米处） | $10^{-39}$ | $10^{-13}$ | $10^{-2}$ | 1 |
| 由此力引起的典型强子的衰变时间 | | $10^{-10}$ 秒 | $10^{-20}$ 秒 | $10^{-23}$ 秒 |
| 传递此力的粒子（规范粒子） | 引力子（没有发现） | 中间玻色子 $W^+$、$W^-$、$Z^0$ | 光子γ | 胶子 |
| 规范粒子种类 | 不知道 | 3种 | 1种 | 8种 |
| 规范粒子质量 | 不知道 | 约90吉电子伏 | 静止质量为0 | 静止质量为0 |

# 镜花水月奈何天——对称性

艺术家，如莎士比亚、贝多芬、屈原、李白、杜甫、汤显祖等，他们是探求人间与社会的真、善、美的使者，并将这一切展示在我们的面前。科学家、物理学家，则是在自然界的纷繁多变中寻求"规律"与"秩序"，他们寻求自然与宇宙的真谛。但是，随着探索的日渐深入，他们在纷繁中看到了单纯，在变化中捕捉到永恒，在紊乱中梳理出秩序。在无穷地追求和探索中，他们为真理的朴素和单纯的光辉而陶醉而痴迷，为沉浸在大自然中无所不在的真理的韵律而欢欣而雀跃。

20 世纪物理学的发展，我们的世界，不管是大宇宙还是小宇宙，设计它们的以及洋溢在宇宙的“经纬”——相互作用中的方程，是和谐、韵律，而这韵律、和谐就是对称性（symmetry）。

分形是 20 世纪 80 年代出现的一门新兴的数学科学，其中蕴含的自相似性就是一种对称性。图 3-2 就是科学家用软件绘制的分形图案。难道我们不为其艺术魅力而倾倒吗？

**图 3–2　分形图案**

什么是对称性呢？按照英国《韦氏国际大辞典》的定义，“对称性乃是相对于分界线或中央平面两侧物体各部分在大小、形状或相对位置的对应性”。这个定义实质上是指大家所熟知的空间几何对称性。现在科学家把对称性分为两大类：与时间、空间有关的对称性（时空对称性）；与时间、空间无关的对称性（内禀对称性）。

对称性的概念在现代科学中已经泛化了，几乎就成了规律与和谐的同义语，极难准确定义。《韦氏国际大辞典》还谈到“对称性是适当或协调的比例，以及由这种和谐产生的形式美”，倒是告诉我们，这个概念的引申含义，及其美学属性。

人们进入 20 世纪后逐渐明白，原来这些对称性与自然界最基本的物理定律是紧密联系在一起的。例如，物理规律的空间平移对称性（或称不变性）导致物理系统的动量守恒。什么是空间平移不变性？就是说，我们把观察者在空间平移一个地方，物理规律是不会改变的，如牛顿三定律无论在地球还是在天狼星都不变。这种对称性又称空间的均匀性。

与此类似的，还有时间的均匀性，或称物理规律随时间平移（无论是唐朝，还是现代，乃至 1000 年以后的 31 世纪）具有不变性，与能量的转换守恒定律相关；空间的各向同性，或称物理规律相对于空间各个方向具有不变性，与角动量守恒定律相关。

动量守恒、能量守恒与角动量守恒是自然界最基本守恒定律，迄今尚未发现有任何破坏这些定律的迹象。这就导致物理定律在自然界的普适性和可重复性，即无论宇宙中何时、何地和何方向，这些规律都不会变化，都有效。

迄今为止，我们讨论的对称性都称为连续对称性，因为它们可以用无穷小运动如无穷小的空间平移、空间转动或时间移动等而实现。几何对称最为常见，在几何对称性中最有趣的也许要算镜像对称，或左右对称性了，如图 3-3 所示。图 3-4 显示的是具有轴对称性的碳纳米管。图 3-5 则显示的是具有空间平移对称性的立方晶格。

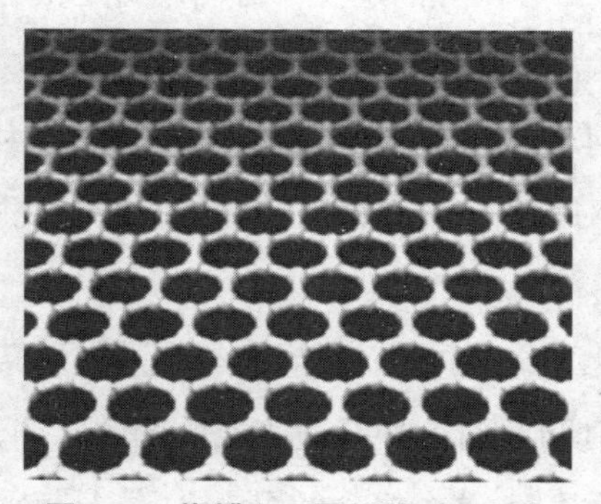

图 3–3　蝴蝶和石墨烯的对称图像

图 3–4　碳纳米管轴对称图

图 3-6 所显示的泰姬陵显然有一个中轴面。建筑左、右两部分相对于中轴面显然是对称的。因此称为左右对称。同时，如果以水面为中轴面，泰姬陵建筑的本身与其在水中的像，相对于水面也是完全对称的，因此称为镜像对称。实际上，整个画面，如果把中轴面想象为一面镜子，左边（或右边）建筑物在此镜中的像，正好与右边（或左边）建筑物完全一样。

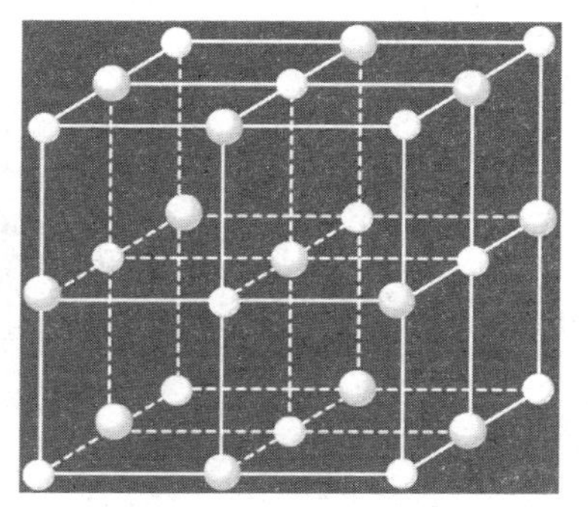

**图 3–5　立方晶体结构图**

**图 3–6　泰姬陵图**

可见左右对称，实质上就是镜像对称。这种对称，只要一次变换，即以中轴面为镜子，镜像与原物就具有镜像对称。这种对称是以可数的分立变换（分立变换就是跳跃性的变换）实现的。镜像对称性只需要一次变换就可以了。图 3-7 中的四个叶片的风车，具有所谓四重对称性（图 3-7 中黑点表示风车的轴，它是垂直于纸面的）。就是说，风车在绕轴转动 90°、180°、270°和 360°后，其形状与未转动时的形状一样，即图形不变。显然，正五角星具有五重对称

图 3–7 四个叶片的风车

性。由此看来，对称性往往导致不变性。反之，不变性往往蕴藏某种对称性。

值得注意的，还有时间反演不变性。什么是时间反演呢？就是让时间倒流，比如将电影片倒过来放，所看到的就是时间反演后发生的事。许多物理过程，尤其是微观现象都具有时间反演对称性。图 3-8 中左图表示在电场中运动的电子，右图表示在时间反演后（即所谓T变换），只是运动倒转方向，轨迹依然不变。换言之，时间反演前后两者运动轨迹相同（运动方向则反向），我们叫该过程具有时间反演不变性。实际上，经典力学和经典电动力学的规律，既具有镜像对称，又具有时间反演的不变性。

直到 1956 年，物理学家一直理所当然地认为自然界的规律，应该是不会有“偏爱”左或者右的情况发生。难道用右手坐标系描写物理现象，会比用左手系描写的有所不同吗？在量子物理诞生以后，镜像对称性会得到一个新的守恒律——宇称（parity）守恒。

简单地说，宇称守恒要求自然界所发生的一切，在镜像世界对应的过程也应该真实存在，如图 3-8 所示。上帝总不是左撇子或右撇子吧，宇称守恒简直

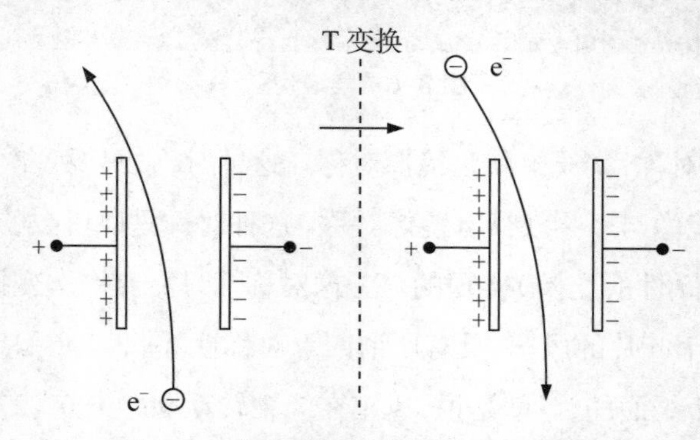

图 3–8 在电场中运动的电子及其反演

被视为神圣的戒条。

1956年6月，中国人杨振宁、李政道发表一篇历史性的论文，对于宇称守恒的普遍性提出质疑，并且提出了解决有关问题的实验构想(图3-9)。我国著名的物理学家吴健雄很快就用巧妙的实验证实了他们的质疑的正确性。换言之，在微观世界涉及弱相互作用的现象，例如β衰变等，宇称就是不守恒的。或者说，弱相互作用有关的物理现象是左右不对称的，而且上帝确实偏爱“左撇子”。消息传来，犹如晴天霹雳，轰动物理学界。进入新世纪前后，发现有可能存在为数极少的右旋中微子，但这并不改变现象的左右严重不对称。这里澄清一个问题，杨、李在撰写论文，以及次年荣膺诺贝尔物理学奖时，并未加入美国籍。

图3-9 杨振宁(左)、李政道(中)、吴健雄(右)

## 石破天惊起惊雷——上帝竟然是左撇子

20世纪50年代以后，人们发现的强子越来越多，其中有两种粒子当时称为τ(切勿与今天的$\tau^-$轻子混淆)和θ，其质量和寿命完全一样，照理说应为同一种粒子。但前者衰变为3个π介子，后者衰变为2个π介子。根据量子理论，τ与θ的宇称应相反，即一为负一为正，似乎又像是两种粒子。这就是当时著名的θ-τ之谜。1956年4月，在美国纽约州的罗切斯特召开的国际高能物理会议上，针对这个问题，众说纷纭，莫衷一是。

李政道、杨振宁高瞻远瞩，灵思飞扬，终于“参透”玄机。他们分析，以前认为是镜像对称——宇称守恒的物理现象，要么是属于电磁相互作用过程，如原子的光发射和吸收；要么是强相互作用支配的过程，如原子核的碰撞、核反应等。实际上弱相互作用过程中，宇称守恒并没有经过实验验证。τ与θ粒子的衰变正好是弱相互作用过程。也许弱作用中宇称不守恒吧！

李、杨两人找到当时誉称“实验核物理的无冕女王”吴健雄女士，验证他们的大胆设想。吴健雄与其夫袁家骝博士以及华盛顿国家标准局一批低温物理学家合作，终于在 1956 年 12 月证实弱相互作用过程中宇称不守恒。随后，哥伦比亚大学的莱德曼（L. Lederman）、IBM公司的加尔文（R. L. Garwin）等各自在相关实验中证实吴健雄的发现。原来θ与τ介子就是同种粒子，现在称为 K 介子，其寿命只有 $10^{-19}$ 秒。既然衰变时宇称不一定要求守恒，那么既可以衰变成 2 个π介子，也可以是 3 个π介子。

吴健雄在约 $10^{-2}$K 的极低温度下，研究了 $^{60}$Co 的β衰变，

$$^{60}\text{Co}\rightarrow{}^{60}\text{Ni}+e^{-}(\text{电子})+\bar{\nu}_e$$

反中微子$\bar{\nu}_e$难以测量。由于温度低，钴核的热运动极其微弱，吴健雄用螺旋线圈中电流产生强磁场，比较容易地使钴核的自旋方向沿磁场方向整齐排列起来（用术语说叫做极化）。这是实验成功的关键之处（参见图 3-10）。

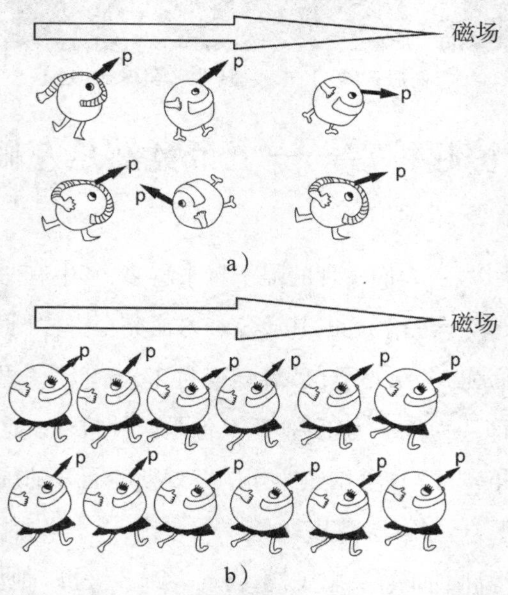


图 3–10 吴健雄在低温下用强磁场使得钴核自旋沿磁场方向整齐排列——极化
a）在常温下 b）在低温下

吴健雄发现，衰变时所发射的电子的运动方向是有规律的，大多集中在与钴核自旋相反的方向发射。这意味着什么呢？镜像对称性的破坏，宇称不守恒。试看图 3-11，左边表示的是吴的实验结果，其中β粒子的动量方向 p 是电子发射集中的方向，此方向飞出的电子数目比相反方向飞出的电子数目大致要多 1 倍，说明电子的发射大多集中于钴核自旋相反的方向。图 3-11 的右边是其镜像世界（即镜像对称成立时的情况），$^{60}Co$ 核的自旋方向不变，但电子运动方向相反，也就是说，此时电子大多将集中朝着与 $^{60}Co$ 核自旋方向相同方向发射。我们知道，真实情况正好相反。现实世界与镜像世界的物理规律发生变化。换言之，实验证实宇称并不守恒。

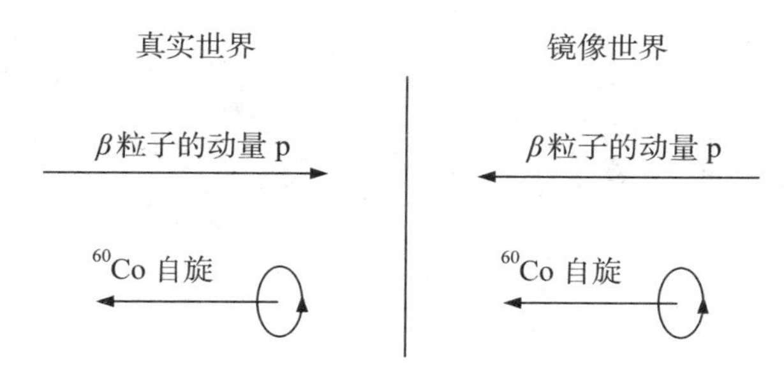


**图 3-11　吴健雄关于验证弱作用宇称不守恒的实验原理图**

宇称不守恒的发现，轰动一时。学术界激动非常，著名理论物理学家戴逊（Freeman Dyson）说，这是在物理学中发现的整个新的领域!我们还要加一句，吴健雄准备了半年，实际实验时间不过 15 分钟，这一短短时间却改变了人类对自然界许多根本看法！一时间，家喻户晓，妇孺皆知。著名物理学家徐一鸿（A. Zee）在 20 世纪 80 年代中期回忆，当时他还是一个小孩，就听到父亲的一个朋友以讹传讹：两个中国人推翻了爱因斯坦的相对论。尤有甚者，当时以色列的总理本－古里安（D. Ben-Gurion）莫名其妙地请教吴健雄宇称与瑜珈有什么关系。

我们知道，李政道和杨振宁因为弱相互作用中宇称不守恒的工作得到 1957 年诺贝尔物理学奖。我们更应该知道，那位美国物理学会第一任女会长，实验原子核物理学的女皇，姿容雅丽、仪态万方的吴健雄女士的卓越贡献！

溯本穷源，发现中微子本身就是宇称不守恒的根源之一。中微子静止质量为零，永远以光速运动，其自旋为$\frac{1}{2}$。但自然界只存在左旋中微子，即中微子的运动（动量）方向与自旋方向永远可用左手法则表示。图 3-12 上图中猫跑的方向表示动量方向，螺旋箭头表示中微子的自旋方向，猫运动的方向与电流旋转方向构成所谓左旋。与左旋中微子的自旋方向一样，其镜像则是右旋中微子。图 3-12 下图表示在镜像电流改变了方向，磁场的方向仍然不变，则螺旋性反向，左旋变右旋，容易看出其镜像是右旋中微子。但是自然界并不存在右旋中微子，正是宇称不守恒的表现。因此，凡是与中微子有关的现象，宇称均不守恒难道不是意料之中的事么？

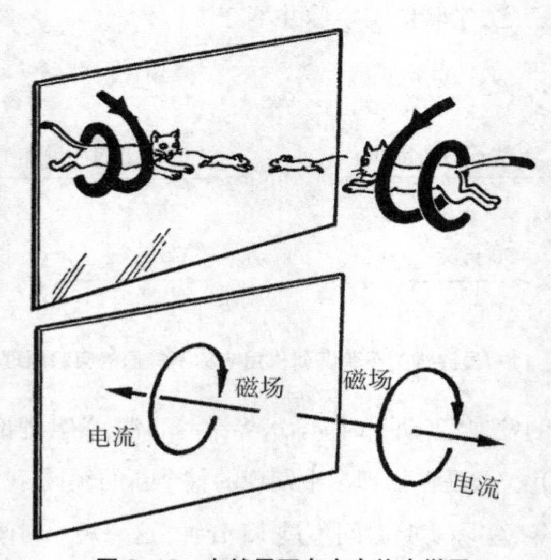


**图 3–12　自然界不存在右旋中微子**

最近传来中微子有少许质量的消息，并不改变以上论述。因为少许质量只容许自然界可能存在极少量的右旋中微子，其数目远小于左旋中微子，还是不对称，左旋占优势。

物理学家把这种左旋性，又称为左手征性（1eft-handed）。手征者，手的纹络也。左手征与右手征并不是镜像对称。手征性、螺旋性还有正式的术语：chirality 和 helicity，后者可是世界物理学的顶级权威杂志《物理评论》所认可的呀！

著名的物理学家泡利幽默风趣，曾调侃问道："我不相信上帝竟然会是一个左撇子！"看来，他竟不幸而言中了！

## 城门失火，殃及池鱼——余波殃及反物质世界

20 世纪 20 年代中期，量子力学的基本方程——薛定谔方程以及海森堡矩阵方程已经建立起来了，但是美中不足的是，这些理论都是非相对论的。他们建立的方程不满足相对论的要求，就是说，在所谓相对论洛伦兹变换下，方程所描述的规律会发生变化。用更通俗的话说，这意味着不同的惯性系物理系统的动力学规律会不一致，光速不变原理（在任何惯性系，光速保持不变）也遭到破坏。这些方程描写低速运动的粒子问题不大，但对于高速运动的粒子，不考虑相对论效应不能不说是一个重大缺点。

除此之外，这些方程在处理带电粒子（如电子、质子等）之间的电磁相互作用，是当作库仑力来处理的。我们知道，所谓库仑定律描述电磁作用，就像牛顿引力定律描述引力作用一样，作用力的传递是"瞬间"实现的，完全不花费时间，这当然属于经典"超距"论，与相对论的基本原理相违背。相互作用的传递，与任何信号的传递一样，都是需要时间的。

美国戈登（E. U. Condon）与克莱因（O. B. Klein）最早尝试把狭义相对论与量子力学结合起来，时间在 1926—1927 年。但是由于他们的方程本身的一些问题，如存在负概率（有 −0.3 的"机会"，意义何在），再加上当时没有发现方程对应的微观粒子，戈登-克莱因方程并未引起人们重视。

图 3-13 狄拉克（Paul Adrien Maurice Dirac，1902—1984）

1928 年，英国物理大师狄拉克（图 3-13）时年 26 岁，刚荣获剑桥大学物理学博士学位不久，已发表《量子力学的基本方程》《量子代数学》等蜚声科坛的论文多篇，于 1928 年又建立了满足相对论

要求的量子力学方程,即今天广为人知的狄拉克方程。这个方程的奇妙之处在于,电子只要满足相对论要求,必然具有自旋,即必然有一个很小的磁矩——自旋。更加奇怪的是,方程除一个解就是我们熟知的电子以外,还有一个所谓"负能解"。负能有什么意义呢?

1928 年 12 月,狄拉克提出所谓"空穴"理论解释。狄氏称,"真空"应理解成负值的能级完全被电子占据的状态。这种真空态中处于负能级的电子观察不到,而且永远也不能观察到。因此这种真空又称狄氏海洋。但是,如果我们用足够能量的光子,如其能量超过 2 × 0.51 兆电子伏的光子碰撞(电子质量为 0.51 兆电子伏),就能"产生"1 个普通电子和 1 个"空穴"。真空中的"空穴",怪哉!"无中之有"吗?

这里"无"空穴代表电子占据负能级的状态。但是,难道"有"空穴代表电性与电子相反(即带正电)的某种粒子占据正能级的状态么?当时知道的带正电的粒子只有质子,因此狄拉克认为"空穴"就是质子。1931 年,德国大数学家、物理学家魏尔(C. H. H. Weyl)与美国年轻物理学家奥本海默(J. R. Oppenheimer,后来的"原子弹之父")分别指出,"空穴"质量应该与电子质量相同,不可能是质子。1931 年 9 月,狄拉克从善如流,改而大胆预言,所谓"空穴"乃是尚未发现的一种新粒子,其质量、自旋等性质与电子完全相同、唯独带正电的新粒子,命名为反电子。他进而断言,质子也有反粒子存在。电子与反电子、质子与反质子相遇,会全部转化为能量,以高能光子的形式,辐射出去。

狄拉克悲观地预计,反电子的发现要等待 24 年! 1932 年 8 月,美国物理学家安德逊利用云雾室拍摄宇宙射线照片,发现反电子。他在《科学》上发表的论文最后写道:"为了解释这些结果,似乎必须引进一种正电荷粒子,它具有与电子质量相当的质量……"1933 年 5 月,安德逊称这种新粒子叫正电子("正"是正负电荷的正),英文"positron",就是 positive(正)与 electron(电子)的混合。这样,狄拉克提出自然界中还存在正反粒子对称或电荷共轭(C)对称的理论得到实验证实,尽管安氏当时并不知道狄氏预言。

随着亚原子粒子发现得越来越多,其相应的反粒子也相继发现,人们终于领悟到所谓电荷共轭原理是极其普遍的原理。所有的亚原子都存在相应的反粒子(一般是电荷相反),这些反粒子可以构造反原子、反分子,形成一个反物质世界。

1995 年 5 月,欧洲核子中心利用氙原子与反质子对撞,成功产生 9 个反氢原子,这是世界上首次人工合成反物质。

1996 年,美国费米国立加速器实验室成功制造出 7 个反氢原子。

1997 年 4 月,美国天文学家宣布他们利用伽马射线探测卫星发现,在银河系上方约 3500 光年处有一个不断喷射反物质的反物质源,它喷射出的反物质形成了一个高达 2940 光年的"反物质喷泉"。

1998 年 6 月 2 日,美国发现号航天飞机携带阿尔法磁谱仪发射升空。阿尔法磁谱仪是专门设计用来寻找宇宙中的反物质的仪器。然而这次飞行并没有发现反物质,但采集了大量富有价值的数据。同年,费米实验室产生了 57 个反原子。

2000 年 9 月 18 日,欧洲核子研究中心宣布成功制造出约 5 万个低能状态的反氢原子,这是人类首次在实验室条件下制造出大批量的反物质。

2004—2007 年,美国费米实验室 RHIC-STAR 实验装置采集到大量的反超氚核,这是人工制造的反奇异夸克物质。我国上海应用物理研究所的科学家参加了相关的研究工作。

2010 年 11 月下旬,阿尔法国际合作组宣布,反氢原子研究成功。他们声称将 38 个反氢原子俘获在阱中长达 170 毫秒之久。从而为反氢原子的光谱特性的研究提供了坚实的实验条件,尤其是充分的测量时间。几周以后,CERN 的 ASACUSA 合作组宣布在制备反氢原子束流方面获得重要突破。此前人们还只能说"看到"反粒子,现在凭着自己的智慧"创造出"反物质,并且逐步探索和研究反物质的特性。

正电子是世界上第一个被理论预言并迅即在实验中发现的粒子,也是庞大的反粒子世界中第一个闯入我们眼帘的使者。可以毫不夸张地说,正是狄拉克用笔尖发现魅力无穷的"反世界"。无怪乎,英国皇家学会将这一发现誉为"20 世纪最重大的发现之一"。物理大师海森堡则宣称:"我认为反物质的发现也许是我们世纪中所有跃进中最大的跃进。"

在天文学史上，23 岁的英国大学生亚当斯（J. C. Adams）与法国的青年助教勒威耶（U. J. J. Le Verrier）在 1845—1846 年，借助于牛顿力学预言太阳系中还应存在第八个行星，并经过德国天文台的卡勒（Karrer）的观察发现海王星的佳话，流传至今 170 余年，人们百谈不厌。相形之下，比起“笔尖下发现海王星”，更加动人、更有价值的狄拉克“在笔尖下发现反世界”的故事，反倒不大为一般人知道，莫非是“阳春白雪，和者盖寡”，自古而然。

关于反物质问题，下面还要叙及。我们所关心的是宇称不守恒怎样殃及反世界。原来电荷共轭对称，更具体地说，是将一切粒子换为反粒子（反之亦然）物理规律不变，相应的物理过程也有一个守恒定律，即电荷共轭宇称守恒。实验证明，凡是电磁相互作用和强相互作用引起的物理过程，不仅宇称守恒，电荷宇称也守恒。如图 3-14，其中电子$e^-$变为正电子$e^+$，正、反电极也互换了。显然电荷共轭变换（C 变换）前后，$e^-$与$e^+$的运动轨迹完全相同。这表明电磁作用与牛顿力学确实具有电荷共轭不变性。

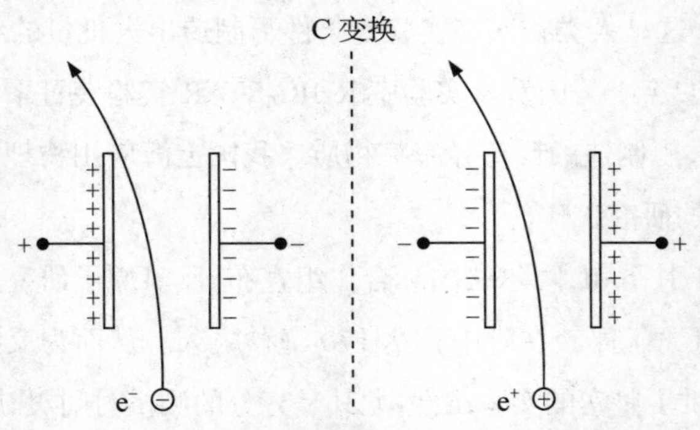


图 3-14　电磁相互作用过程遵从 C 变换对称

但是考虑弱相互过程，电荷共轭不变性就有问题。我们已经知道，与中微子有关的弱过程的宇称不守恒。事实上，左旋的中微子，如$\nu_e$，在 C 变换下（参见图 3-15），应变为左旋的反中微子$\bar{\nu}_e$。但自然界尚未发现左旋的反中微子这一事实有力证明，弱作用过程中电荷共轭宇称不守恒，即变换对称性被破坏了。

事实上，早在 1956 年夏天，李政道和杨振宁已收到美国芝加哥大学奥默（R. Oehme）的一封信，信中就鲜明地提出了这个问题。

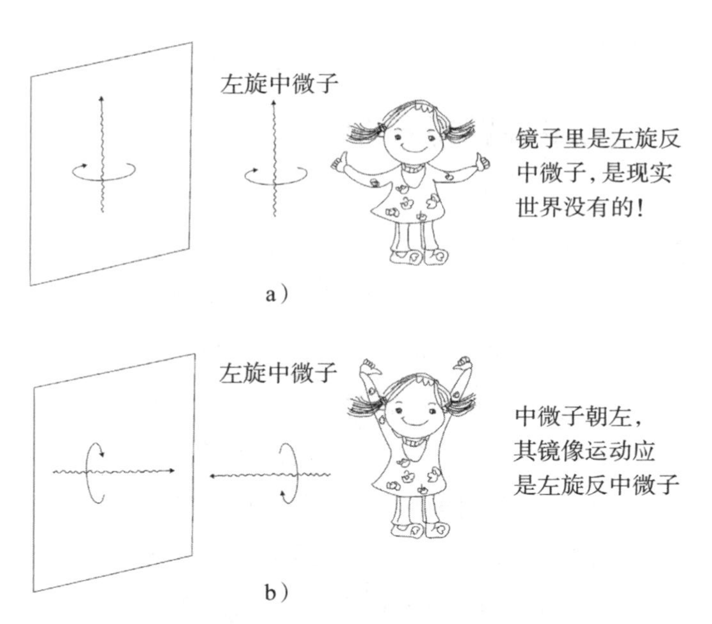


**图 3–15　C 变换下左旋的中微子变成左旋的反中微子**

你看，原来是左、右对称王国中发生的风波，弱相互过程中宇称不守恒，就这样殃及正、反粒子对称王国，导致相应的弱过程中电荷共轭宇称守恒也被破坏了。要知道，C 变换尽管与镜像对称变换一样属于所谓分立对换性，但是却与时间、空间无关，是一种内禀对称性。

图 3-16 就是用C变换作为镜子的若干亚原子粒子的镜中影像（限于版面未画第三代轻子$\tau^-$、$\nu_\tau$及其反粒子）。当然，我们应记住，这里的镜像与物是相对而言的。

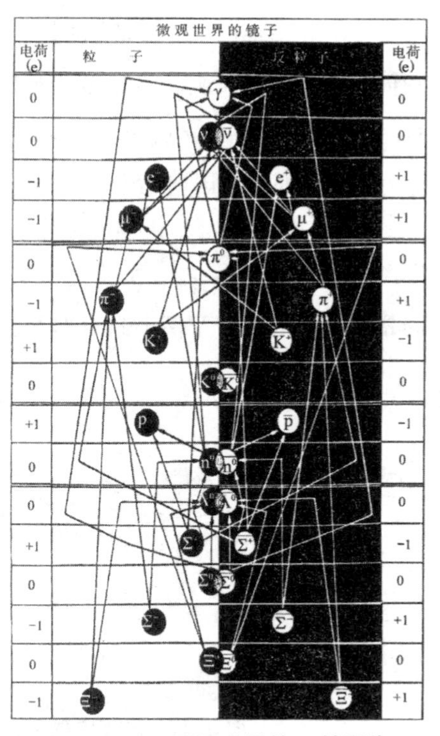


**图 3–16　亚原子世界的 C 镜图像**

# 佛国香界说天堂——CPT 定理

李政道与杨振宁在 1956 年圣诞节前夕，提出所谓 CP 联合对称原理：满足该原理的物理过程，遵从 CP 宇称守恒。实际上，他们提出了一种神奇的 CP 魔镜。在这个镜子中，粒子的像，是其反粒子的像；反之，反粒子的镜像就是粒子的像。换言之，所谓 CP 变换，要先将相关的反粒子变换为正粒子，然后再进行镜像变换。他们当时设想，弱相互作用在 CP 变换下，应具有对称性。事实上，左旋的中微子经 CP 变换不正好变为右旋反中微子吗？自然界存在的反中微子不正好具有右手征性么？参见图 3-17。后来的实验表明，一般的弱相互作用过程中，CP 宇称确实是守恒的。我们试以加尔文等的$\pi$介子衰变为例加以说明。实验可写作：

$$\pi^{+}(\text{静止}) \rightarrow \nu_{\mu} + \mu^{+}(\text{左旋}),$$

测得的$\mu^{+}$全部是左旋。这个过程如图 3-18a 所示。如进行 P 变换（对应于图 3-18a），则应有右旋$\mu^{+}$放出。这与实验结果不符，即此时不存在镜像对称。如进行 CP 变换，则相应的反应为：

$$\overline{\pi}^{+}(\text{静止}) \rightarrow \overline{\nu}_{\mu} + \mu^{-}(\text{右旋}),$$

用图 3-18b 可表示之。实验上证实$\overline{\nu}$的衰变放出的$\mu^{-}$全部右旋。这表明对于弱相互作用在 CP 变换下具有对称性。

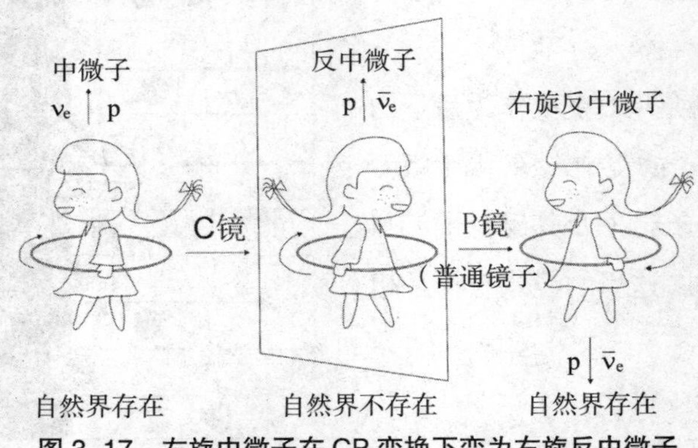


图 3–17　左旋中微子在 CP 变换下变为右旋反中微子

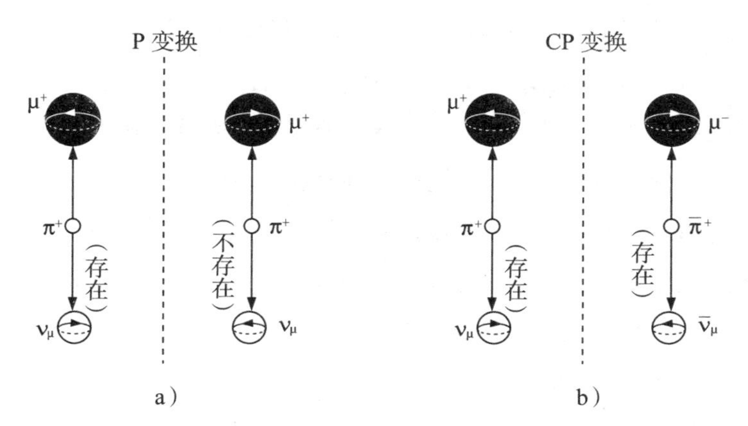


图 3–18 $\pi^{\pm}$ 衰变遵循 CP 对称性

如果引入 CP 魔镜（对称性）以后，大自然似乎又恢复了这种"特殊左、右对称性"。为了公道起见，应该指出 CP 宇称的引入中，苏联科学家朗道（L. D. Landau）与巴基斯坦科学家萨拉姆（A. Salam）都做出过贡献。

正当大家沉浸在对 CP 魔镜的赞美之中，杨振宁于 1959 年 11 月在普林斯顿大学一次演讲中，甚至还兴致勃勃地举出荷兰错觉图形大师埃舍尔（M. C. Escher，1898—1972）一件出色的作品（参见图 3-19 右下）。这幅画本身与其镜像并不相同，但是把镜像中的两种颜色互换一下，两者就全相同了。联系到以后夸克模型中，"互补"的两种颜色代表正、反两种夸克。这种颜色互换颇有 C 变换意味呢。

图 3–19 荷兰画家埃舍尔及其蕴藏 CP 组合对称作品

但是，好景不长，1964 年普林斯顿大学的菲奇（V. L. Fitch）与克罗宁（J. W. Cronin）宣布，他们发现 K 介子的一种特殊衰变，违反 CP 不变性。原来按照 CP 对称性要求，K 介子将衰变为 2 个π介子。但是，普林斯顿小组却发现为数不多的 3 个π介子事例，大致占总衰变事例数的 0.3%。

情况变得更加微妙了，就是说，“自然”在绝大多数情况是正常的保持 CP 守恒，但是偶尔也忽然干一点违背 CP 守恒的事，弄得追求完美的物理学家们不知所措。几十年过去了，实验物理学家们，除在 K 介子衰变以外，几乎没有发现其他 CP 不守恒的事例。

关于 CP 破坏的根源一直是一个谜。许多人认为，可能存在一种新的超微弱力，导致 CP 破坏。1988 年，欧洲核子中心的实验表明，这种超微力不存在。但 1990 年美国费米国家实验室的科学家则宣称，他们的实验表明，不排除超弱力存在。

由于事例稀少，实验很难做，大家继续测量所谓 CP 破坏参数，但欧洲人与美国人的实验结果不一致。“官司”几乎年年打，一直到 1999 年 3 月 1 日，美国费米国家实验室宣布，他们测得的此参数为 $10^{-4}$~$10^{-3}$，与欧洲同仁的一致。这是 CP 研究的重大进展，至少我们可以排除超弱力的存在。这样一来，CP 破坏到底根源何在，谜底至少减少一点不确定性。

1980 年，由于实验上发现复合 CP 宇称不守恒这一重大贡献，菲奇和克罗宁分享了当年诺贝尔物理学奖。尽管 CP 破坏起源依然笼罩在迷雾之中，但是宇宙学家普遍认为，我们宇宙的演化中，CP 破坏扮演过十分重要的角色。目前宇宙中物质与反物质分布如此不对称，也许正是 CP 破坏在宇宙演化的某个阶段起作用的原因。苏联著名科学家、氢弹之父萨哈罗夫（A. D. Sakharov）在这方面就有过贡献。

在微观世界中，通常“T 反演对称性”是成立的。所谓 T 对称性，表示如果让时间倒流（电影倒放），物理规律保持不变。在宏观世界，时间是不可能“逆转”的，你不能“起死回生”“返老还童”，也不能将倒掉的水收回来，所谓“门前流水尚能西”，无非诗人的浪漫情怀而已。但是在微观世界，“时间的方向性”就失去了绝对的意义了，只存在过程的彼此平等的正、反方向。

我们试看图3-8电子通过正、负极板中的电场。T变换使终点变成起点，但是电子运动仍沿原来的路径反方向运动。这说明，通常力学与电磁学规律具有T不变性。强相互作用与绝大多数弱相互作用过程，都未发现T对称破坏的情况。

但是菲奇、克罗宁等CP不守恒的发现，终于使物理学家领悟到，这实际上也意味着T对称性的轻微破坏。就这样，物理学家“自愿”放弃T守恒定律。到此为止，我们发现在自然界中不但单纯地宇称不守恒，就是CP联合变换也不完全守恒，是否还存在普遍的分立守恒定律呢？或者可以问，是否可以找到某种神秘的魔镜，使自然界的所有现象对于魔镜来说其镜中的影像都是存在的呢？答案是有！

所幸的是，物理学家还有“最后的天堂”没有失去，这就是“CPT”定理。这个定理是泡利和小玻尔（A. N. Bohr）在1955年提出的。它是现代高能粒子物理理论的基石之一。顾名思义，CPT定理就是将CP变换再与T变换组合起来，在这种复合变换之下，物理规律保持不变。CPT用术语说也是分立变换，形象地说，这是物理学家特别“发明”的一面神奇魔镜，镜中的“像”就是将物理过程相继进行T变换、P变换和C变换所得到的结果。图3-20就是向上运动的左旋中微子经过CPT魔镜，最后变成向下运动的右旋反中微子。我们知道，自然界确实存在右旋反中微子。在这面魔镜中，微观世界的“对称性”恢复了。感谢上帝，至今尚未发现破坏CPT对称性的实验事实。物理学家们总算还固守着对称王国的这面魔镜。

CPT定理有许多重要结论，如粒子与反粒子的质量和寿命应该完全相等，而它们的电磁性质（如电荷及内部电磁结构）相反。现代实验表明中性K介子$K^0$与其反粒子的质量在精度$7\times10^{-15}$之内是相等的，μ子与其反粒子$\bar{\mu}$的寿命在精度0.5%之内是相等的，π介子与其反粒子$\bar{\pi}$的寿命在精度0.027 5% ± 0.355%之内是相等的，K介子与其反粒子$\bar{K}$的寿命在精度0.045% ± 0.39%之内是相等的。现代实验资料以极高精确度证明CPT对称性是成立的。这就是我们赖以暂憩的最后天堂吧。

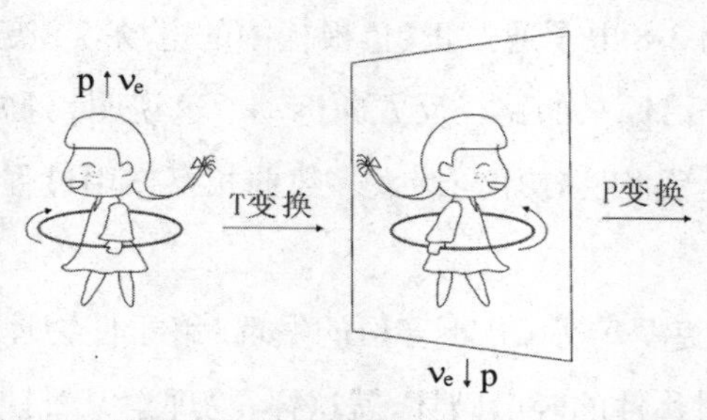


（向上运动的左旋中微子）（向下运动的左旋中微子）

（向下运动的右旋中微子）（向下运动的右旋反中微子）
自然界不存在

**图 3–20　物理学家的 CPT 魔镜**

但是，在更精确的测量时，正反物质其质量寿命等性质是否完全相同，正是 21 世纪物理学面临的重要挑战。最近，在 2010 年希腊雅典召开的中微子研讨会，费米实验室的 MINOS 实验组宣布了一个可能表明中微子与其反粒子之间的重要差别的结果。这一令人惊奇的发现，如果被进一步的实验所证实的话，会有助于物理学家探索物质与反物质之间的某些基本差别。MINOS 实验组对粒子加速器产生的中微子束的振荡问题，进行了高精度的测量。在离产生中微子加速器约 7.5 千米的 Soudan 矿井中的探测器测量结果表明，$\mu$ 子反中微子与 $\tau$ 反中微子的（$\Delta m^2$）值为 $3.35 \times 10^{-3}$eV$^2$，比中微子的要小 40%。2006 年费米实验室测量得到上面两种中微子质量本征态之差的平方（$\Delta m^2$）为 $2.35 \times 10^{-3}$eV$^2$，这个结果的置信度为 90%~95%。这一结果如果能够得到进一步的证实，将对局域相对论的量子场论和标准模型产生重大影响，但为了证实这一差别不是由于统计涨落误差所造成的，还需要更高的置信度。大自然对于正物质和反物质似乎同样眷顾，两者许多性质相同；但似乎又表现出偏好，两者在宇宙中分布的巨大差异和性质上的可能的微小差异都说明这种微妙的情况。

话说回来，就目前的实验数据来看，CPT定律依然应该视为是自然界的普遍守恒定律。在更精细的程度上有没有定律破坏的情况，尚有待证实。总而言之，我们的世界在概貌上是简单的，须知一切简单的东西都是具有对称性的。自然界中许许多多对称性就是世界简单性的反映，大至宇宙小到微观世界，处处具有对称性的反映。然而许许多多的对称性往往在更精确的测量下，显示出稍微的破坏，就是说在细节上却处处显示异常的复杂性。许许多多对称性的“破缺”，对称魔镜的“失明”，就是这种复杂性的生动写照。在探索微观世界的征途中，对称性及其破缺的问题实际上是我们面临的最关键的问题，在某种意义上来说，它们是指路明灯。

# 第四章　轻子世界漫游

## 踏遍青山人未老，轻子家族留晚照——轻子家族素描

现在我们开始基本粒子王国的漫游。这个王国真是神奇奇特的地方，因为王国的一半——轻子世界，我们早就与之打过交道，但是王国的另一半——夸克世界，却是我们直接观察不到的“隐形世界”，所谓空山不见人，但闻人语响。我们先从轻子世界启程。

轻子世界的臣民有电子、μ子和τ子，以及相应的三种中微子。可以毫不夸张地说，今天基本粒子中资格最老的成员就是电子。正如我们在第二章所说，1897年汤姆逊就在阴极射线中发现电子。当时汤姆逊先生才41岁，已是蜚声四海的科学家了，时任卡文迪许实验室主任，沉着、稳健，精通牛顿等创立的经典物理。他没有想到，他发现的电子，破灭了原子“不可分割”的神话，随之经典物理的整个哲学体系崩溃了。

他的学生卢瑟福又发现原子核、质子，以后人们又发现中子。有一段时期，人们认为电子、质子和中子，就是所谓基本粒子，由它们这些“砖块”堆砌成宏观世界的金字塔。质子与中子构成原子核，又统称核子。核子几乎比电子的质量大2000倍。电子与质子带的电量是相等的，但是电荷的符号相反：电子带负电，而质子带正电。实际上，我们周围的世界，几乎完全由这三种粒子构成。

1934 年 11 月，日本大阪市一位 28 岁的理论物理学家汤川秀树（Hideki Yukawa）为了解决中子与质子之间相互作用问题，提出应有一种传递核力的媒介粒子——介子(meson)(参见图 4-1)。

图 4-1　核力靠交换“介子”而传递

根据海森堡的测不准关系，汤川估计这种介子的质量是电子质量的 200 多倍。海森堡关系：

$$\Delta E \cdot \Delta t \sim h,$$

其中$h$是普朗克常数。如果认为$\Delta t$是介子传递时间，并且设介子传递速度为光速 $c$，其数值应为$\Delta t \approx \frac{\Delta l}{c}$，大致等于核力范围（$10^{-15}$米）与光速的比。容易估算“介子”质量大致等于$\frac{\Delta E}{c^2}$（爱因斯坦质能关系$\Delta E = mc^2$），即 200~300 电子质量。

1936 年，经过 3 年努力，安德逊和尼德迈耶尔利用云雾室在宇宙射线中发现一种质量与汤川预言相近的带电粒子，都以为那就是汤川介子。但经过测量发现，这种粒子的寿命很长，约 2 微秒（$2 \times 10^{-6}$ 秒），完全不参加核力作用，当然也就不会是汤川预言的“介子”。换言之，它是物理学家以前不知道，而且谁也没有想到的不速之客。这种新粒子后来定名为μ子（记作$\mu^-$），其物理性质与电子完全一样，仅质量稍大一点，以致有人又称它们为重电子。μ子是我们发现的第二种轻子。

一个电子与一个质子结合为氢原子。如果用μ子换上电子，会形成特别的原子——μ氢原子。我国已故高能物理学家张文裕在1948年首先发现这种特别的原子。

所幸的是，汤川预言的介子，总算在1947年由英国物理学家鲍威尔（C. F. Powell）等利用他们发明的照相乳胶技术在宇宙射线中找到了。其质量为电子的273倍，寿命只有$2 \times 10^{-8}$秒，后定名为π介子。

电子与μ子质量较小，因此统称为轻子（lepton），lepton系由希腊文leptos衍生而来，有小、细和轻的意思，又有最不值钱的硬币之意。然而世界上的事，无奇不有。1975年美国斯坦福加速中心（SLAC）的马丁·佩尔（Martin L. Perl）领导的研究组（简称SLAC/LBL）利用SPEAR正负电子对撞机发现第三种带电的轻子，质量为质子的1.9倍。根据拉比迪斯（P. Rapidis）建议，新粒子用希腊字母$\tau^-$表示，取意为第三之义，即第三种带电的轻子。1977年，欧洲科学家在德国正负电子对撞机上进一步提供$\tau^-$存在的证据，打消了人们此前存在的种种疑虑。

必须指出，美籍华裔科学家蔡永时（Y. S. Tsai）对于τ轻子的发现做出过杰出贡献。他在1971年撰文题为《在$e^+e^- \to L^+L^-$过程中重轻子的衰变的相关性》，预言有重轻子存在的可能性，质量应为1.8吉电子伏（后来发现$\tau^-$的质量为1.777吉电子伏），并指出发现该粒子的可能途径以及相应的各种衰变模式。建立了一整套的相关理论体系。其时蔡也在SLAC工作，他的建议完全被佩尔等接受、采用。以致以后在轻子的研究中，几乎无人不引用蔡的文章。所谓“无$\tau^-$不蔡”的佳话，就此流传天下。

$\tau^-$的性质，几乎与$e^-$、$\mu^-$完全一样。让人吃惊的是，其质量却是异常的大，几乎是质子的2倍，电子的4 000倍!其寿命只有$10^{-13}$秒，通过弱相互作用衰变，如：

$$\tau^- \to e^- + \bar{\nu}_e\text{（电子型反中微子）} + \bar{\nu}_\tau\text{（}\tau\text{子型反中微子）},$$

就其性质，应归于$e^-$、$\mu^-$类的轻子家族，但其质量又是如此大，于是便有“超重轻子”这样自相矛盾的称呼。但是，此类不合逻辑但已约定俗成的表述，在物理学或在科学中又何止一处呢!

我国北京正负电子对撞机（BEPL）对τ轻子质量的测量是具有领先世界水

平的杰出工作。自 1991 年 11 月起，我国学者郑志鹏等与美国学者合作，利用对撞机对$\tau$轻子的质量进行了测量，其结果为：

$$m_{\tau}=1776\ \pm\frac{0.5}{0.4}(\text{统计误差})\pm\ 0.2(\text{统计误差}),$$

这个值比原来国际上公认的数值下降了 7.2 兆电子伏，即降低了两个标准误差，精度大约提高了 5~6 倍。这一结果消除了当时学术界的一些分歧，被李政道先生誉为当时 1~2 年间高能物理学界的最大进展。

我们一般称电子$e^-$及其反粒子$e^+$为轻子族的第一代（generation），$\mu^-$及其反粒子$\mu^+$为第二代，$\tau^-$及其反粒子$\tau^+$为第三代。它们的性质极类似，不参与强相互作用，都有自旋，其值为$\frac{1}{2}$，是费米子，遵从泡利不相容原理。奇怪的是，其质量一代比一代大，而且大许多。更加奇怪的是，每个轻子还有一个窈窕玲珑的伴侣——中微子（图 4-2）。轻子家族最老的成员电子发现已有 100 年了，可谓踏遍青山人未老。看来我们得好好交代此前已涉及过多次的这种粒子了。

**图 4–2　三代轻子的合影**

# 梨花一枝春带雨，悠悠梦里无觅处
## ——笔尖下冒出来的幽灵粒子

中微子也许是微观世界中最奇特、最富于浪漫色彩的粒子了。有位俄罗斯的女诗人吟诵道："我爱那被人们满怀着希望预言的、在喜悦中诞生、在温柔中受洗礼的中微子。我爱那能穿透一切的天之骄子——中微子，它能够微笑着穿过银河，哪怕用混凝土来把银河浇铸。我爱中微子!"确实，中微子有着不平凡的身世。

20世纪30年代伊始，英国物理学家艾利斯(C. D. Ellis)在研究β衰变时，发现似乎有一部分能量失踪了：电子从原子核中带走的能量，似乎比它们可能带走的要少；并且每次带走的能量也不相同。重复实验，结果依然如故。艾利斯在第一次世界大战中曾被德军监禁，其物理学知识是同为难友的查德威克在监禁营中亲授(我们知道查氏发现了中子)，自然是名师出高徒。他因祸得福，从此成为著名高能物理学家。

β衰变中"能量失窃案"震动学术界，众科学家议论纷纷。量子论的奠基人之一、哥本哈根学派鼻祖玻尔大胆建言，或许在核反应这样的微观过程中，能量守恒定律也像牛顿力学一样不再成立了。玻尔先生作风民主，思想解放，学生中荣获诺贝尔奖者数以十计。他的学生瑞士人泡利是个富于幽默感的乐天派(其时已由于提出"泡利不相容原理"等重大建树名满天下)，不同意玻尔的看法。泡利认为，有一种至今未发现的粒子，在原子核衰变时，与电子一道逸出。因此总能量是在电子、原子核与未知粒子三者之间任意分配，就像火药的能量在出自火枪的散弹(数量很多)之间任意分配一样。

这种神秘的未知粒子就像"巴格达窃贼"一样，"带走"一部分能量后，消失在浓黑的夜幕中。可是人们，包括像艾利斯此类精明的物理学家在设计精巧的实验中，怎么会让这些"窃贼"在不知不觉中安然漏网呢？泡利解释，这是因为这种粒子不带电，既不参与强相互作用，也不参加电磁相互作用，通常的测试仪器对它根本无法检测，后来该粒子取名为“中微子”(neutrino)，意大利语，原义为小的中性粒子，以有别于中子(neutron)——原义为大的中性粒子。据说中微子的称呼，是费米接受蓬蒂科尔沃(B. Pontecorvo)的建议后正式提出的。

由于中微子只通过弱相互作用，它们与遇到的电子或原子核相互作用极其微弱。泡利推断这种粒子穿过地球就像旷野行军一样，几乎完全不会受到阻碍。除此之外，按泡利的设想，中微子没有静止质量，换言之，它们像光子一样，永远以光速翱翔在宇宙之中。中微子有自旋，像电子一样是费米子，自旋值为1/2。

美国小说家约翰·阿普代克(John Updike)在《宇宙的时刻》中歌咏道：

> 中微子啊多么小，
> 无电荷来无质量，
> 完全不受谁影响。
> 对它们，
> 地球只是只大笨球，
> 穿过它犹如散步，
> 像仆人来往客厅，
> 如日光透过玻璃。

盖尔曼(M. Gell-Mann)认为诗中第三句的“完全”改为“几乎”就更妥了。在这首几乎是唯一关于亚核粒子的诗中，你可以感到诗人的对大自然的迷恋和对探索的执着。

泡利关于中微子的设想是早在1930年12月给一个研讨会的信中提出的，他呼吁：“研究放射性的女士们、先生们，建议你们审议我的意见。”由于中微子太难捕捉，物理学家许久未能发现其踪影，尽管泡利对其特征已有充分描述。在长时期的期待而始终不见中微子踪影后，泡利失望了，在一封信中，泡利痛心疾首地追悔道：“我犯下了一个物理学家犯下的最大的过错，居然预测存在一种实验物理学家无从验证的粒子。”

泡利过于悲观了，1952年阿仑(J. S. Allen)与罗德拜克(G. W. Rodeback)用实验初步证实中微子存在，1956年雷尼斯与柯万终于利用核反应堆俘获到中微子。雷尼斯等利用核反应堆作为极强的中微子的"源":每秒钟通过1平方厘米的中微子竟达5万亿之多。为了抓获中微子,他选用氢核作靶核。将200升醋酸镉溶液,装入两个高7.6厘米、长15.9厘米、宽10.8厘米的容器,夹在3个液体闪烁计数器中。闪烁液体在射线作用下,能发出荧光。

雷尼斯等在1956年俘获的有关中微子反应是:

$\bar{\nu}_e$(反电子型中微子)+ p(质子)→ n(中子)+ $e^+$(反电子),

该反应的计数率是每小时2.88 ± 0.22个。就是说,1小时捕捉到的中微子不到3个,可以说,绝大部分的中微子都"安然"脱网了。感谢上帝,幽灵粒子总算抓住了。泡利先生真是洞若神明,在笔尖下侦破β衰变能量失窃案,准确地查明了巴格达窃贼——中微子的踪迹。经过26年,"窃贼"被验明正身归案了(严格说是反中微子)。

与此同时,戴维斯在长岛的布鲁克海文实验室验证,中微子与反中微子有无区别,会不会像光子、$\pi^0$介子一样,其反粒子就是其自身。精密的实验表明,中微子与反中微子是不同的粒子。

1958年,美国人凡伯格(G. Feinberg)分析了当时有关中微子的实验,其中包括我国学者肖健在20世纪40年代末有关μ子衰变谱的工作。肖健先生首先正式提出有两种中微子($\nu_e$,$\nu_\mu$,电子型与μ子型)的假说。此前日本著名物理学家坂田昌一亦有类似的说法。

1962年,美国物理学家莱德曼(L. M. Lederman)、许瓦兹(M. Schwartz)和斯坦伯格(J. Steinberger)在长岛的布鲁克海文实验室33吉电子伏的加速器上证实$\nu_e$与$\nu_\mu$确实是两类不同粒子。他们因此荣获1988年诺贝尔物理学奖。

20世纪70年代佩尔等发现重轻子$\tau^-$后,人们立即察觉到有第三类中微子——$\nu_\tau$(τ子型中微子)存在的实验事实。20世纪90年代初,巴里什(B. C. Barish)和斯特诺衣诺夫斯基(R. Stroynowski)在《物理报告》上发表长篇综述,分析对τ子寿命的测量,以及许多相关实验。中国高能物理研究所组织编写,广西科学技术出版社1998年出版的《北京谱仪正负电子物理》一书,载有大量关于粒子物理的最新实验数据和研究成果,其中也有关于τ子型中微子的许多具有国际领先水平的工作。

现在用氘的β谱尾端拟合，得电子型中微子，$m_{\nu_e} < 2.2\text{eV}$，双β衰变得到 $m_{\beta\beta} < 0.35\text{eV}$，宇宙学给出中微子质量0.7~1.8eV，威尔金森微波各向异性探测器给出 $m_\nu < 0.23\text{eV}$。进入新世纪以后，尤其是中微子振荡的发现，确定中微子静止质量大于零，如以$\nu_1$、$\nu_2$和$\nu_3$表示第一、二和第三代味本征态，相应质量为$m_1$、$m_2$和$m_3$，$\theta$则表示混合角。目前测量结果为：

$\tan\theta_{12} = 0.40$；$\sin^2 2\theta_{23} = 0.30$；$\Delta m^2_{12} = 8 \times 10^{-2}\text{eV}$；$\Delta m^2_{23} = \Delta m^2_{13} = 2 \times 10^{-3}\text{eV}$，这里$\nu_3$与$\nu_\tau$之间存在密切关系，他们之间由所谓质量矩阵联系。我们不去考虑测量的技术细节，用通俗的话来说，新的实验确凿无疑地证实了$\nu_\tau$的存在，而且确定了它的质量。

2000年夏美国费米实验室的DONT协作组正式宣布，直接观察τ中微子。欧洲核子中心的大型正负电子对撞机的实验资料与理论预测完全一致，τ中微子的存在完全证实。

就这样，与三代轻子$e^-$、$\mu^-$与$\tau^-$对应，我们又发现与之对应的三代中微子$\nu_e$、$\nu_\mu$与$\nu_\tau$。当然，相应的反粒子$e^+$、$\mu^+$与$\tau^+$也有同样对应关系。总而言之，轻子大家族总计12个成员，至今就完全团圆了。迄今为止所有的高能物理实验，精确到$10^{-18}$m，尚未发现它们具有内部结构，用术语说，就是它们都是类点粒子。它们均为名副其实的基本粒子。其中电子已发现100余年了，基本粒子的王冠稳定如故，堪称目前“在位”的基本粒子诸君之首了（图4-3）。

**图4–3　资格最老的基本粒子——电子**

## 语小，天下莫能破焉——轻子是基本粒子

1990年2月，美国《科学》杂志发表一篇令人感兴趣的文章，文章题目叫

《单个基本粒子结构的探索》，作者迪迈尔特（H. G. Dehmelt）系华盛顿大学教授，素以对基本粒子的精密测量闻名于世。此文轰动一时的原因之一，是该文报道迪氏成功捕捉到一个正电子，居然成功地将它保存长达3个月之久，这是前所未有的技术成就。我们知道，正电子与自然界处处皆是的电子相遇，立刻就会湮灭，转化高能光子辐射，从而消失得无影无踪。因此，从来没有人保存正电子超过3秒钟，如今"成活期"竟然达到3个月。迪氏钟爱之至，赐予该正电子芳名"普里希娜"（Priscilla）。

他说："这个基本粒子被赋予的种种特性，大体上完全是新的，因此应该像为宠物取名一样，赐伊以芳名，并希望得到世人承认。"（图4-4）

图4-4 普里希娜小姐安然无恙

Priscilla为英语中淑女名字。迪氏为这个正电子取这个名字，足见其宠爱之深。迪氏使用的技术就是诺贝尔物理学奖获得者、美籍华裔朱棣文等发明的"激光冷却与囚禁"技术，兹不赘述。

我们现在说电子之所以是类点粒子，是因为现代的所有实验事实，都没有实验发现电子的有限大小有任何影响。迄今为止，没有发现将电子视为点粒子的量子电动力学与实验之间有任何不符之处。量子电动力学的理论预测，如兰姆（Lamb）能级移动（考虑到所谓真空极化后类氢原子光谱的一种超精细移动）、反常磁矩（由于所谓辐射修正，使得电子的磁矩与狄拉克预言的稍有差异，即比玻尔磁子稍大），以及电子碰撞深度非弹性结构函数（电子的周围也有许多虚粒子云，因此有电磁结构，在高能非弹性碰撞时得到的结构函数可以反映电子的电磁结构）无标度性的发现（是电子类点性的直接反映），在实验精度 $10^{-12}$~$10^{-9}$ 之间，实验与理论完全一致。从这些实验来看，所谓带电轻子的半径至多不过 $10^{-20}$ 米。

从间接实验事实推断，轻子的半径即使不为零，也小到难以想象的地步。例如，迄今未能发现反应

$$\mu^- \rightarrow e^- + \gamma$$

的事例；从某些理论估算，轻子的半径也许要小到 $10^{-26}$ 米。总之，我们目前无妨把轻子看成质点。

话再说回来，迪迈尔特宣布测得所谓回转磁因子 $g$=2.000000 000116 ± 6 × $10^{-11}$，实验精度提高到 $10^{-12}$。此时理论值与实验值有点差异了，大致为 1.16 × $10^{-10}$。所谓回转磁因子就是粒子的固有磁矩与其自旋比。狄拉克预言电子的回转磁因子为 2。

此处的出入为所谓电子的有限大小造成的。容易估算出，相应电子（正电子）的半径约为 $10^{-20}$ 厘米。

如果迪氏测量正确无误，则意味着电子内部极有可能有更小的组分粒子存在。根据量子力学的测不准原理估计，它们组分粒子的相互作用至少是现在强相互作用的 $10^7$ 倍。不难想象，这是何等巨大的新能源。新世纪以来，2010 年以波尔（R. Pohl）为首的瑞士保罗・谢勒研究所的国际团队选择奇特μ氢原子来测量其兰姆能级位移图 4-5，进一步提高了测量的精度。应该指出领导这一测量的科学家叫做迪麦尔特，于 1989 年荣获诺贝尔物理学奖，同时获奖的还有哈佛大学的拉姆齐（N. Ramsey）和波恩大学的保尔（W. Paul）。瑞典科学院宣称获奖的原因是表彰他们在发展高精度原子光谱中所做的巨大贡献。这些工作是对狄拉克反粒子理论的支持，尤其是对于所谓 CPT 对称理论的巨大

支持。看来魔镜对称王国最后的天堂确实固若金汤！

图 4-5　波尔研究组采用的关键性激光设备

目前公认的看法是，轻子是没有内部结构的类点粒子，其中半径至多不过 $10^{-20}$~$10^{-18}$ 米。迪氏分别测量了电子的回转磁因子（记作$g^-$）与正电子的回转磁因子（记作$g^+$），发现在误差范围之内，两者完全相等：

$$\frac{g^+}{g^-}=1+(0.5\pm2)\times10^{-12}$$

图 4-6　狄拉克之海

我们在研究兰姆能级位移时，提到了“真空极化”和“辐射修正”。但是，什么叫“真空极化”“辐射修正”呢？

原来一切都归因于真空。

现代物理学家发展了狄拉克的真空理论。他们认为，真空并非真正的虚空，而是充满消长、光怪陆离、变化莫测的所在。所有的粒子、粒子－反粒子对等不断地在其中蓦然出现，而又瞬间消失，其中有光子、电子、正电子、μ子、τ子以及介子、重子等等。我们不禁想起“狄拉克海洋”，不过现在更加不可思议、更加包罗万象。原来“无”即是“有”，虚空（真空）包含着自然界存在的“粒子”。这真是一个妖怪的海洋呀！（图 4-6）

但是，我们不要忘记所有在妖怪海洋中像泡沫一样，蓦地涌起，须臾消失

的粒子，都是所谓“虚粒子”。量子理论允许（就是海森堡测不准关系式）质量为 $m$ 的粒子，可以在时间

$$\Delta t \sim \frac{h}{c^2}（c 为光速）$$

内存在。在此时间内，虚粒子不能用仪器直接查知它们的存在。

图 4–7　现实中的电子都是穿了衣服的“文明”粒子

然而，虚粒子确实存在，而且其作用绝不能忽视。举例说吧，一个电子处于真空中，妖怪海洋中的虚粒子立刻像着了魔法一样，聚集在周围，云环雾绕。我们把这种处于虚粒子云包围的电子叫穿衣的电子，而没有穿衣的电子则称裸电子。现实中的电子都是穿了衣服的“文明”粒子（图 4-7）。

所有粒子都接受这种“文明洗礼”，有虚粒子云包围。这种“文明洗礼”的产生机制，可以用电介质中电场的“极化效应”相比拟。原来似乎不带电的电介质，在电场作用下正、负电荷会聚集于物体两端，这是我们常见的静电极化（或感应）。因此，我们往往也把粒子在真空中穿衣的现象称为真空极化。

图 4-8 表明，所谓电子真空极化效应，可以视为电子周围被正电子云所包围，这样，电子的电荷部分地被屏蔽起来了。只有利用复杂的现代量子场论，这种效应才能算出。前面谈到的兰姆能级移动、反常磁矩等，都是这种极化作用的反映。由于量子场论，如量子电动力学，都认为基本粒子的尺度为零，即点粒子模型作为出发点的。我们不难明白，实验值如果与场论预期完全相符，就是点模型的证明。反之，根据误差的大小，也可估算出粒子的大小了。

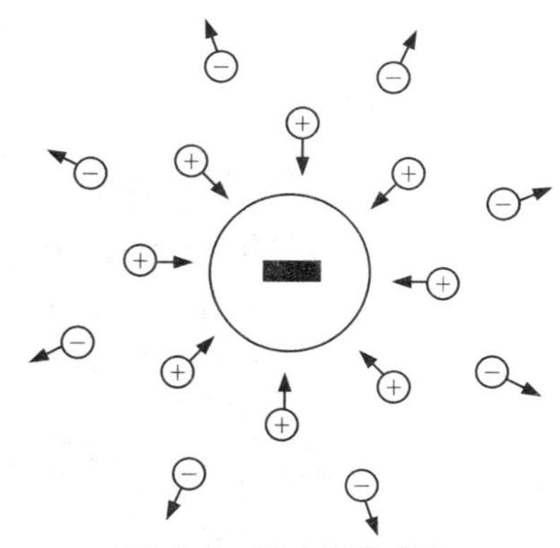
图 4–8　真空极化效应

到此为止，我们可以有把握地说，轻子家族都可视为基本粒子。

但是对于中微子我们似乎还得多着笔墨，因为这些身世不凡的小家伙，对于太阳的演化，星系的稳定，乃至宇宙最后的归宿都起着举足轻重的作用，因此它们的性质，尤其是质量问题一直牵动着物理学家的心。

## 忽兮恍兮，其中有象，恍兮忽兮，其中有物
## ——中微子振荡

20 世纪 80 年代以前，人们普遍认为中微子的静止质量为零，但是 1998 年一声惊雷从国际高能物理会议上传来。1998 年 5—6 月，日本与美国的科学家组成所谓超级神冈协作组（The Super-Kamiokande）在学术会议（如 6 月 27 日召开的国际高能物理会议）和学术杂志（如 1998 年 6 月的《科学》）上宣布，他们通过 500 余天的观测，发现中微子具有静止质量（图 4-9）。这件事立刻震动科学界，被许多世界传媒，如通讯社、报社、杂志社、电视台等，评为当年的十大科学新闻。严格地讲，他们在不到 1 吉电子伏（大致相当中子质量的能量）的所谓亚吉电子伏能区一直到 100 吉电子伏的高能区，测量大气中的中微子，发现μ子型中微子$\nu_\mu$和τ子型中微子$\nu_\tau$之间的振荡现象。所获得的物理数据表明，μ子型中微子$\nu_\mu$有静质量，大致为 0.03~0.1 电子伏，相当于电子质量的$2\times10^{-10}$~$1.6\times10^{-6}$倍。

图 4–9　超级神冈协作组中微子检测器

实际上，中微子具有静质量与中微子振荡现象密切相关。中微子振荡的原因是三种中微子的质量本征态与弱作用本征态之间存在混合。中微子的产生和探测都是通过弱相互作用，而传播则由质量本征态决定。换言之，我们仪器检测到的中微子的质量是弱作用本征态，实际上是三种中微子的质量本征态的混合。所谓质量本征态，就是三种中微子显示的固有质量的状态。由于存在混合，产生时的弱作用本征态不是质量本征态，而是三种质量本征态的叠加。三种质量本征态按不同的物质波频率传播，因此在不同的距离上观察中微子，会呈现出不同的弱作用本征态成分。当用弱作用去探测中微子时，就会看到不同的中微子。这种现象就是所谓中微子振荡。

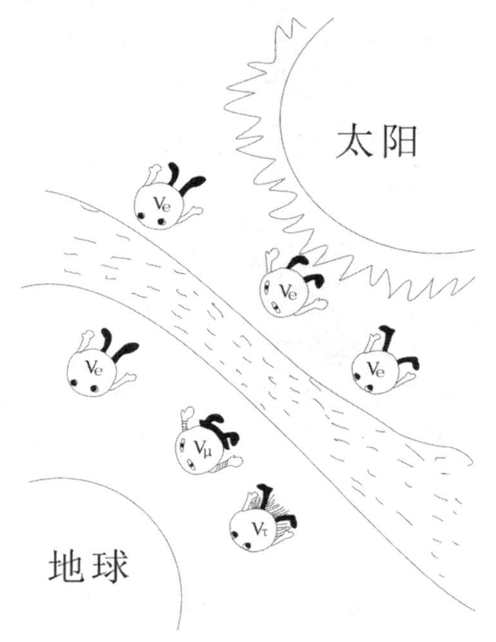


**图 4–10　太阳中微子在到达地球途中有许多伙伴改头换面**

我们以太阳中微子振荡为例说明之。原来太阳中的核聚变与中微子密切相关。我们知道，太阳是地球生命的源泉。到达地球的阳光的热辐射功率大约是 $1.7 \times 10^{14}$ 千瓦，其中有 30%被大气层反射到太空，余下的 1/3 被大气吸收，2/3 被陆地和海洋吸收（图 4-10）。迄今为止，我们人类利用的能源，主要还是古代和现代的太阳能。不要忘记，到达地球的辐射能，只有太阳总辐射量的 $4.5 \times 10^{-10}$ 倍。

太阳能——造福我们的普罗米修斯的天火从何而来（图 4-11）？如此巨大能量，1 秒钟要烧 $1.3 \times 10^{16}$ 吨煤炭！即令太阳全部由煤炭组成，至多也只维持几千年罢了。可是太阳已存在了 50 亿年，它在不断地辐射光和热，不断地散发生命的光辉。

1937 年，魏莎克尔（C. F. Weizsäcker）找到"天火"之源，就是质子与质子的核聚变。通俗地说，太阳在不断地进行核爆炸。据估计，1 年核聚变损耗的氢的质量约 $1.8 \times 10^{12}$ 吨，约为太阳质量的 $8.2 \times 10^{-11}$ 倍。

图 4–11 普罗米修斯盗窃"天火"

在太阳核聚变中有大量中微子释放出来，估计每平方厘米每秒钟应有 6.6 个中微子穿过。估计方法是采用标准太阳模型，即假定太阳内部密度是每立方厘米 150 克、温度 $1.5 \times 10^{7}$K，并且含有等量的氢与氦。但是科学家反复探测，发现每秒钟到达地球的太阳中微子为每平方厘米 2 个左右。问题何在？

许多科学家相信，"失窃案"的谜底就是中微子三代之间不断地改变身份，忽而 $\nu_e$ 忽而 $\nu_\mu$，而后又是 $\nu_\tau$，周而复始。这就是意大利科学家蓬蒂科尔沃的中微子振荡理论，文章最早发表在苏联的学术杂志上，时间是 1967 年。蓬氏也非等闲之辈，乃科学大师费米的高足，戴维斯测量中微子的方法，就是他在 1946 年提出的。中国科学家王淦昌于 1945—1946 年也独立提出中微子测量方法。1964 年，他利用中微子与 $^{37}$Cl（氯 37）的反应捕捉到中微子，并记录到它。大概每 $1.8 \times 10^{15}$ 氯原子可以捕捉到 1 个中微子。戴氏利用同样的方法测量太阳中微子，实验进行 49 次，为时 4 年，结果发现 2/3 的太阳中微子不翼而飞。

按蓬氏理论很简单就可解释中微子的失踪之谜。由于中微子振荡，我们记录的电子型中微子$\nu_e$,在到达地球的8分钟内,有一部分变成$\nu_\mu$,另一部分变为$\nu_\tau$。戴维斯测量的只是$\nu_e$,自然比预测的少。“谜底”原来就这么简单。

2001年，加拿大的萨德伯里中微子天文台发表了测量结果，探测到了太阳发出的全部三种中微子，证实了太阳中微子在达到地球途中发生了相互转换,三种中微子的总流量与标准太阳模型的预言符合得很好,基本解决了太阳中微子缺失的问题。必须指出,科学家已发现大气层中微子振荡、核反应堆中微子振荡和粒子束中微子振荡。例如：2000年，K2K实验也证实了加速器产生的中微子$\nu_\mu$在飞行中丢失，发生振荡；神冈探测器和IMB合作组还在1987年观察到了1987A超新星爆发时产生的中微子，为天体物理、宇宙学的研究提供了重要信息;2002年KamLAND实验也观察到了反应堆中微子($\nu_e$)的振荡。这些表明中微子振荡是一种普遍存在的现象。

2002年,雷蒙德·戴维斯和小柴昌俊因在中微子天文学的开创性贡献而获得诺贝尔物理学奖。

值得指出的是，我国科学家近年在大亚湾核电站的中微子实验地发现了中微子的第三种振荡模式(参阅第十三章)。

# 第五章 千呼万唤始出来，犹抱琵琶半遮面

## ——初探夸克宫

现在让我们开始夸克王国的漫游。但是这一次不同于轻子世界的漫游，因为夸克王国是一个隐形世界，对夸克的探索必须经过强子王国，这是条迂回漫长的征途。千呼万唤始出来，犹抱琵琶半遮面。透过强子王国的种种奇异的景象，我们可以窥探出夸克小姐们的芳容。

## 大小相含，无穷极也——曾经辉煌的强子王国

20世纪20年代，物理学家多么惬意呀!对始原物质的探测，似乎已经到达光辉的终极了。人们已发现电子、质子与光子。就通常的物质世界而论，电子与质子就是构造原子核、原子和分子的全部材料。

原子核由质子与电子构成，当时的大多数物理学家笃信无疑。你看在放射性元素核的β衰变中，不就放出了质子与电子么?

但是，那位幸运的战俘查德威克于1932年发现了中子，立刻轰动世界。天啊！平白多了一个新粒子，这岂不是大自然中多余的“砖石”么？约里奥-居里夫妇实际上在1年前“发现”了中子的存在，但他们不知道卢瑟福早就预言“中子”的存在，更不相信自然界除电子、质子以外，还有什么多余的“砖石”，而将中子辐射误认为强烈的γ辐射。

但是，物理学家很快从惊愕中清醒过来。中子并非多余的“第三者”，实际上没有中子原子核就不会稳定，尤其是重核。

原来核中的质子都带正电，相距甚近，只有 $10^{-16}$~$10^{-15}$ 米，可以想象其静电斥力异常强大。电磁力是长程力，即其中某个质子会受到所有核中质子对它的电磁作用。不难估算，重核中一个质子受到排斥力，往往达到几十千克！静电斥力有撕裂原子核的强烈趋向。

后来人们认识到，原子核中的粒子——中子和质子（统称核子）之间存在一种以前人们不知道的力，后来称之为核力（即前述的强相互作用），其强度极大，大致是电磁力的 100 倍，但力程短，起着束缚、维持核稳定的作用。每个核子只能影响邻近的核子。

在核中，就是这样依靠强而影响短的核力，与弱但影响长的电斥力相抗衡。谢天谢地，大部分原子核中，两者势均力敌，旗鼓相当，因此原子核是稳定的。核中的中子，由于不带电，既不产生电斥力，也不受电斥力影响，但是能增加核力的束缚。换言之，在电斥力与核力的对峙中，中子起着制衡的关键作用。

可见，没有中子，就不会有稳定的大自然，尤其是纷繁多样的中、重元素无从存在，我们今天就不会安详地沐浴大自然和煦的阳光，欣赏如此美丽动人的景色，领悟丰富多彩的人生。

中子除不带电以外，其他所有性质均与质子一样，质量略大于质子。质子与电子是稳定的，中子在核中也是稳定的或基本稳定的。但是离开核的自由中子却是不稳定的，其寿命大约 15 分钟。这里寿命的意思是统计意义上的，即在此期间有半数中子衰变。实际上，自由中子是除电子与质子以外，寿命最长的粒子。

中子在原子核电斥力与核力的抗衡中，起着至为关键的作用。在这场搏击中，中子强化核力，帮助原子核的稳定，维系大自然的祥和与繁荣。中子的“参战”，导致在这场至关紧要的拳击赛中，核力不至于居下风。由此可见，中子绝非上帝在构造宇宙中多余的砖石，或科学筵席上贫困潦倒的乞丐，而是科学大厦中尊贵、重要的贵宾。

20 世纪 30 年代，先后发现正电子、μ子。前者掀开了反物质世界的帷幕，关于后者我们在第三章已经知道了μ子及其后τ子的发现。人们不仅在当时没有心理准备，而且至今尚未清楚它们在小宇宙的构成中有什么作用。它们均属轻子，暂时不是我们关心的对象。

1947 年π介子的发现证明了汤川理论的合理性。π介子与核子、电子之类的费米子不一样，是玻色子（boson），其自旋为 1，有$\pi^+$、$\pi^-$、$\pi^0$三种。它的发现也是具有重要意义的，在定性解释核力的产生机制方面，扮演着极为重要的角色。

但是，自此以后，一批不速之客联翩而至。它们的存在是物理学家原来完全未估计到的。其数量之多，行为之古怪，使得人们瞠目结舌，只得连声说："奇怪！奇怪！"原来简洁的基本粒子图像完全被破坏了。

这些新粒子包含两大类：比π介子重，但比核子轻的 K 介子，如$K^0$、$\overline{K^0}$（中性 K 介子的反粒子）、$K^+$、$K^-$；还有一类比核子更重的粒子，人们后来称之为超子，如$\Lambda$、$\Sigma^+$、$\Sigma^0$、$\Sigma^-$、$\Xi^0$、$\Xi^-$超子等。这些粒子的反粒子以后也相继发现。核子和超子质量一般比较大，统称为重子（baryon）。其中Λ超子和Σ超子，是英国人罗切斯特（G. D. Rochester）和巴特勒（C. C. Butler）于 1947 年在宇宙射线中发现的，K 介子则是 1949 年由布利斯特尔（P. M. S. Blackett）小组在上述工作基础上发现的。Ξ超子则是美国加利福尼亚小组在 1954 年发现的。所有的超子寿命都很短，在 $10^{-11}$~$10^{-10}$ 秒之间，其质量则为 2183~2585 倍电子质量。

物理学家们，像发现新大陆的哥伦布一样，好奇地观察"新大陆"的子民们——这批新粒子的古怪行为：它们毫无例外地都是在强相互作用过程中产生的，而且都成双成对出现（即所谓并协产生），如：

$\pi$（介子）+ p（质子）→ $\Lambda + K^0$，

但是其衰变则一律通过弱相互作用过程。其寿命均为 $10^{-11}$~$10^{-10}$ 秒，正好说明这一点。它们的寿命虽然短暂，却是它们产生相互作用过程的 $10^{14}$ 倍！（图 5-1）

**图 5–1　超核肖像**

20 世纪 40—50 年代，物理学家为这些问题伤透脑筋，赐予这些不速之客佳名：奇异粒子（stranger particle）。其中的超子与核子性质相近（都是费米子等），看来像有血缘关系。原子核内可以容纳取代核子的超子，相应的核叫超核。例如中性的Λ超子就可以取代 1~2 个中子，形成所谓超Λ核。

奇异粒子里的 K 介子，更加离经叛道，简直就是亚原子粒子中的无政府主义者。我们已经知道，关于 K 介子中宇称不守恒的故事，后来还听说 CP 对称性破坏的悲剧。它们还有许多稀奇古怪的逸事。例如，有两种中性的 K 介子 $K^0$ 与 $\overline{K^0}$ 互为反粒子。这从它们产生的强作用过程完全不同就可以判别。但在弱作用衰变时，$K^0$ 与 $\overline{K^0}$ 中都包含长寿命的 $K_L^0$ 与短寿命的 $K_S^0$，只是成分不同罢了。$K_L^0$ 的寿命是 $K_S^0$ 的寿命的 581 倍。

1960 年，人们知道的轻子、介子与重子的数目将近 30 种。大自然的无限慷慨，却令人不知所措，平添许多哀愁。

还有没有基本粒子？这不断膨胀的清单，何时“了”？

正当物理学家为奇异粒子煞费苦心的时候，不料更多的寿命更短的粒子——共振态粒子如雨后春笋般涌现。

原来早在 20 世纪 50 年代初，费米、斯泰因伯格（J. Steinberger）在芝加哥大学就观察到这种粒子的迹象：π介子与核子碰撞，其碰撞概率（碰撞概率就是碰撞的机会或碰撞的频率，也称碰撞截面）随π介子能量有明显上升。袁家骝与灵顿鲍（J. Lindenbaum）进一步提高π介子的能量，概率上升，呈现险峻的峰值后就下降了。这种现象颇像振荡器的辐射频率与发射天线的调谐频率发生共振时，电磁波的强度急剧上升的情况。实际上，π介子在极短时间滞留于质子周围，形成新的复合粒子，但在很短的时间，又衰变为质子与π介子。人们后来称这个短命粒子为 $\Delta^{++}$，参见图 5-2，图中纵坐标可以理解为碰撞概率。

依量子理论，一般容易计算出共振粒子的质量与寿命。质量就是 $\pi^+$ 与 p 的质心能量，$\Delta^{++}$ 的质量为 1236 兆电子伏（图 5-2 中第一共振态）。至于寿命可根据共振峰的宽度估算，一般宽度小（尖锐、峻峭）则寿命长，反之则寿命短。$\Delta^{++}$ 的宽度 $\Gamma$ 约为 115 兆电子伏，相当于寿命 $\tau = 5.7 \times 10^{-24}$ 秒。袁家骝等发现的$\Delta^{++}$是人类发现的第一个共振态粒子。共振态粒子的典型寿命是$10^{-24}$秒。

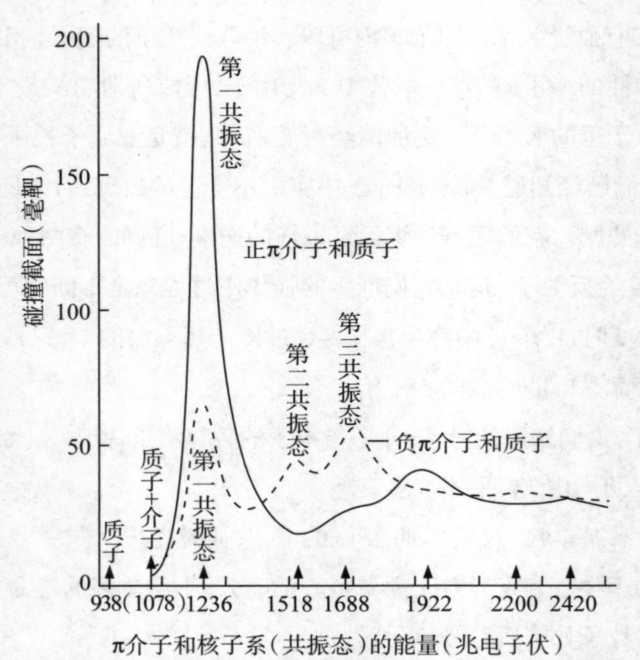

**图 5-2 π介子与质子碰撞的概率随电量变化的规律**

20 世纪 50 年代末，人们改进了寻找强相互作用过程中的共振粒子的方法,加上加速器能量不断提高和技术的改进,以及分析、测量仪器的精度提高和改良，共振态粒子大量涌现，让人目不暇接。强子的数目在成倍增长……

最初发现的共振态粒子是两个粒子的复合体，后来发现还有更复杂的复合体。到 20 世纪 60 年代末,共振态粒子的种类早就突破 100 个了。到 20 世纪 80 年代初,共振态粒子已有 300 多个,其中介子共振态 100 多个,重子共振态有 200 多个。目前共振态粒子恐怕超过 400 大关了吧。

20 世纪 60 年代以后还发现几个寿命在$10^{-19}$秒以上的粒子:寿命为$10^{-19}$秒的η介子,以及寿命为$0.82 \times 10^{-10}$秒的Ω超子。这一类长寿命粒子,包括轻子、重子、光子大约 30 个,但共振态粒子就有约 400 个。人们称重子、超子和种种共振态粒子等参与强相互作用的粒子为强子。

难道会有500种基本粒子吗？20世纪50年代开始就有人发出疑问并提出所有强子都是由更基本的粒子构成。各种各样的基本粒子的结构模型，如费米-杨振宁模型、坂田昌一（Shyoichi Sakata）模型、核子的π原子模型、超子的哥德哈伯（M. Goldhaber）模型、福里斯（D. H. Frisch）对称模型、施温格（J. Schwinger）双重模型等不断问世。强子王国的黄金时代过去了，它们头上的基本粒子王冠摇摇欲坠（图5-3）。

**图5-3 新发现的共振态粒子漫天飞舞**

更准确地说，人们怀疑强子是否够资格戴上基本粒子的桂冠。然而对于强子的基本粒子的资格致命的冲击来自于加速器。

## 流水落花春去也，天上人间<br>——强子的基本粒子桂冠被摘下



1954年，美国斯坦福大学新的电子直线加速器投入运转。霍夫斯塔特（R. Hofstadter）踌躇满志，准备用电子陆战队猛攻核子——质子和中子，看看它们有没有大小，有没有结构。他实际上是重复1911年卢瑟福用α粒子轰击原子核的实验。不过因为核子即令有大小，也比原子核小得多，因此必然用更精细的探针、更锋利的解剖刀，这意味着必须有更高能量的电子束，当时电子束能

量高达 550 兆电子伏。参见图 5-4。

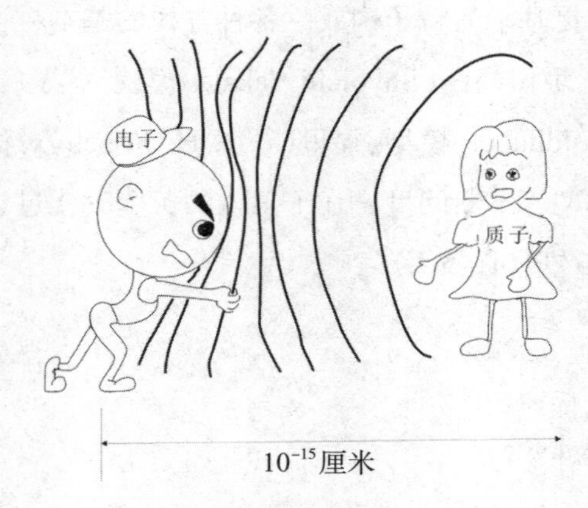


**图 5–4　电子"冲击"质子**

经过不懈的努力，电子陆战队首批战报传来，电子对核子的弹性散射（在这种碰撞中，碰撞后粒子内部结构不变，只是动量变化）的大量数据表明，质子的周围有电磁结构，其电荷分布在 $0.8 \times 10^{-15}$ 厘米的范围。中子虽然不带电，但具有磁性，其磁矩的分布范围与质子的差不多。这个结果很重要，它表明核子既有大小，又有结构。他的工作，大受人们嘉奖。霍氏因而获得 1961 年诺贝尔物理学奖。

1967—1968 年间，斯坦福加速器中心（图 5-5），在 24 吉电子伏的更高能量下，用电子更猛烈地轰击了质子和中子，反应后质子就不存在了，而会变成其

**图 5–5　斯坦福加速器中心**

他的强子：

$$e + p \rightarrow e + X(\text{强子}),$$

这时反应就不是弹性碰撞了，而称深度非弹性碰撞。此时电子的波长极短，可以分辨质子电荷分布的细节了。实验数据的分析异常复杂，但结果却极为简单。对中子亦进行类似的深度非弹性碰撞的实验，结果基本相同。

斯坦福中心的实验首先发现中子与质子都有三个带电的类点结构（中子总电荷为 0），费曼（F. P. Feynman）称之为部分子（parton），但它们只携带核子总动量的一半，另外一半动量为其中的中性部分子（连续分布）所携带。现在一般认为，类点结构即所谓价夸克，而中性部分子则是胶子和由胶子产生的夸克与反夸克对，称为海夸克。人们普遍认为这个实验最后为强子的基本粒子桂冠的陨落敲响丧钟，并且是对夸克模型的强有力支持。

强子作为基本粒子的历史，自质子发现到夸克模型的建立（1964），只有 53 年（图 5-6）。但是因种种原由，如自由夸克迄今未能找到，研究夸克的性质必须以对强子的研究为依托等，因此直到 20 世纪 80 年代人们还常把强子算作基本粒子。图 5-7 就是氦核的示意图，其中核外有两个电子旋转，核中有两个中子与两个质子，中子和质子都是由三个夸克构成的。

图 5-6　强子的基本粒子桂冠理应摘下

图 5-7　氦核示意图

# 春云乍展露娇容——夸克宫一瞥

强子的基本粒子桂冠刚刚落下，夸克宫的帷幕已经隐隐约约地向我们展开。夸克模型的理论是1964年加州理工学院的盖尔曼与以色列驻伦敦大使馆的武官尼曼（Y. Ne'eman）在1961年不约而同地独立提出，其理论的基本框架是所谓SU(3)对称性。为了说明这个对称性，我们先从自旋和同位旋对称性谈起，在数学上这两种对称性都用SU(2)表示。在量子力学中我们早就知道，自旋为$\frac{1}{2}$的电子其指向只能朝上或朝下（图5-8），这叫做空间量子化现象。所有自旋为$\frac{1}{2}$、$\frac{3}{2}$及$\frac{1}{2}$奇数倍的粒子叫费米子，自旋为整数的粒子叫玻色子。自旋的单位是$h$（普朗克常数）。费米子满足泡利不相容原理，即一个量子态只能容纳一个费米子；玻色子则不然。

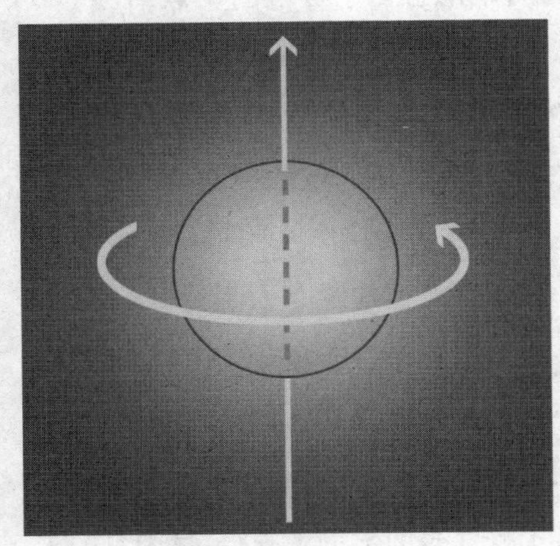

图5-8 电子自旋

中子被发现以后，许多人都注意到它与质子太相像了，简直就像一对孪生兄弟。除了质子带电以外，几乎所有的性质都一样，自旋均为$\frac{1}{2}$，都参与强相互作用，质量几乎相同（质子质量为938.2兆电子伏，中子质量为939.51兆电子伏）。

1932年，海森堡大胆提出，大自然在这里昭示一种不同凡响的对称性，不过稍加掩饰而已。如果不存在电磁相互作用，也许质子就与中子完全一样。正是其强度不到核力1%的电磁力造成的微小质量差，正是电磁力将大自然蕴藏的这种对称性稍微破坏了，成为一种破缺的对称性。他称这种对称性为同位旋（isospin），与自旋极为类似。自旋也好，同位旋也好，我们都可直观地想象为旋转陀螺（当然这只是形象描述，其本质并非机械转动）。其共同点是只

允许存在两种状态：向上或向下；中子或质子。（图 5-9）

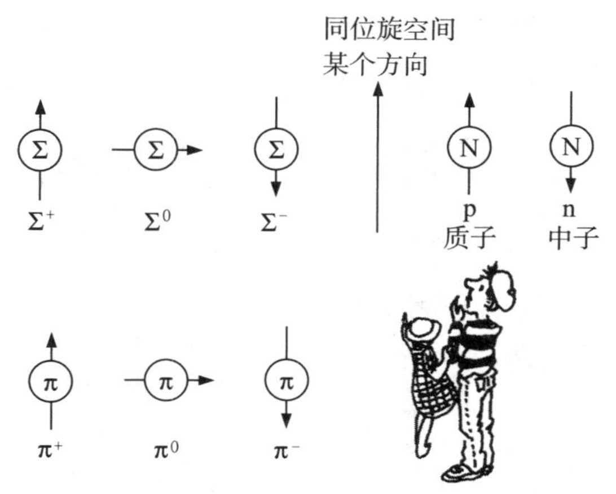


**图 5–9　同位旋空间的质子、中子、Σ粒子和π介子**

海森堡大胆假设存在一个同位旋空间。这完全是一个假想的虚拟空间，与现实空间完全没有关系。换句话说，海森堡提示了一种新的内部对称性，与自旋对称性完全不同的一种对称性。对于强相互作用而言，同位旋对称性是完全适用的。核子（N）的同位旋是$\frac{1}{2}$，它在同位空间有两种基本取向：一是顺着同位空间的取定方向（质子状态，同位旋第三分量$I_3$分量是$+\frac{1}{2}$）；二是逆着这个方向（中子状态，$I_3$分量是$-\frac{1}{2}$）。π介子和Σ超子的同位旋是+1，在同位空间有三种取向，即投影分别为 0，± 1。图 5-9 中Σ超子与π介子的同位旋为 1，有三个可能的状态（$I_3$=1，0，−1），与自旋为 1 的粒子，在真实空间有三种状态一样。

但如果考虑电磁相互作用和弱作用，同位旋对称性就遭到破坏，此时同位旋空间各个方向就不等价了（不是各向同性），原因是不同方向的电磁作用不相同。我们认为核子在虚拟的同位旋空间中，取某特定方向是质子，相反的方向则对应中子。因而就现实世界而论，同位旋对称性，就是近似的或者说是一种破缺的对称性。如果对称是美的话，则破缺的对称性同位旋就显示一种残缺的美。我们试想，断臂维纳斯、比萨斜塔（图 5-10）不都是在大体的几何匀称外有一点残缺或有一点倾斜吗？“破缺”有时反倒显示别有韵味的不可企及的风范和魅力。如果有一个不懂风雅的鲁莽之士要去添上维纳斯那断臂，就破坏这种特殊美的意境。比萨斜塔的继续倾斜应该制止，但是如果完全扶正了，那就大煞风景、贻笑大方了！海森堡的功绩，不仅在于发现一种新的内部对称性，提示一个虚拟空间，更可贵的是他发现的对称性是人类破天荒头一回遇到的近似对称性。

**图 5–10　断臂维纳斯与比萨斜塔**

随着更多的强子问世，同位旋对称性在鉴别它们的亲缘关系、对它们进行分类登记发挥巨大作用。原来π介子三兄弟（$\pi^+$、$\pi^0$、$\pi^-$）、Σ超子三兄弟（$\Sigma^+$、$\Sigma^0$、$\Sigma^-$）、Ξ超子两兄弟（$\Xi^0$、$\Xi^-$）、K介子两兄弟（$K^+$、$K^0$）、Δ共振态四兄弟（$\Delta^{++}$、$\Delta^+$、$\Delta^0$、$\Delta^-$），从同位旋对称性的观点看都是同位旋的多重态，或者说一个粒子在同位旋空间的不同取向。两者的稍小差异，是由电磁作用引起的。当然也有单身汉或独生子，如 1964 年发现的$\Omega^-$超子以及η介子、ρ介子等，它们在同位旋空间中，只有一种可能取向。

同位旋对称性的提出极具革命性，但从数学上来说，其描述方法与自旋完全一样，只是一个是虚拟的内部空间，另一个则是真实空间，两者后来都用一种叫 SU(2)群的理论描述。这真叫做旧瓶装新酒！

同位旋的概念后来有很大的发展。例如，大家认为轻子家族的电子 e 与电子型中微子都是同位旋的双重态。不过这里的同位旋是相对于电磁相互作用和弱相互作用的。换言之，与上述相对于强相互作用的同位旋对称性不同，这是另一个虚拟内部空间，我们称为弱同位旋空间的对称性。对于弱旋两重态，实际上有三对：

$$\begin{pmatrix}\nu_e\\e^-\end{pmatrix},\begin{pmatrix}\nu_\mu\\\mu^-\end{pmatrix},\begin{pmatrix}\nu_\tau\\\tau^-\end{pmatrix}。$$

第一代中微子$\nu_e$和电子$e^-$，同位旋正转代表中微子$\nu_e$，反转代表电子$e^-$。正转粒子所带的电荷(中微子电荷为0)大于反转粒子的电荷(电子电荷为$-e$)。

有的人要感到大惑不解了，质子与中子说是孪生兄弟，倒还说得过去，但是像τ子质量比核子还重，与没有静止质量的中微子看做同位旋双胞胎，实在匪夷所思。但是情况确实如此。这是现在粒子物理标准模型的一个重要假设。标准模型在描述现代高能物理现象时极为成功，看来弱同位旋理论是站得住脚的。大家会预计到，描述它们的数学工具，还是SU(2)群。

后面我们还会讲到现在发现的6种夸克，也分成三组弱同位旋双重态。

## 无极复无无极，无尽复无无尽——八重态分类法

关于强子可能具有内部结构的想法，最早始于1949年的杨振宁—费米模型。该模型认为所谓介子并不是基本粒子，核子是基本粒子，认为介子是核子与反核子的束缚态。1949年夏天，他们联合撰文《介子是基本粒子吗?》，在他们的模型中，介子的自旋和同位旋问题可以得到说明，但是随着奇异粒子的发现，这个模型就无能为力了。

日本著名科学家坂田昌一在1956年提出了著名的坂田模型。在当时认为的基本粒子中，他认为除了质子、中子以外，还有Λ超子才是真正的基本粒子，由p、n和Λ可以构成其他所有的粒子，包括重子和介子。例如：

$$\pi^+=(p\quad\bar{n}),\pi^-=(n\quad\bar{p}),$$

即由质子与反中子构成，或中子与反质子构成，下类同。介子为两体结构，如：

$$K^+=(p\quad\overline{\Lambda}),K^-=(p\quad\overline{\Lambda}),$$

$$K^0=(n\quad\overline{\Lambda}),\overline{K^0}=(\bar{n}\quad\Lambda)。$$

而重子为三体结构,如:

$$\Sigma^{+}=(\Lambda \quad p \quad \bar{n}),\Xi^{0}=(\Lambda \quad \Lambda \quad \bar{n})。$$

坂田模型将强子归结为 3 个基本粒子的不同复合体,自然大大减少了基本粒子的数目。同时在解释强子的性质——自旋、同位旋(强作用)、奇异性(奇异粒子的性质),以及当时观察的一些守恒定律、经验规律(如盖尔曼—西岛关系,具体内容就无法一一介绍了)颇为得心应手。



加州理工学院的盖尔曼与以色列驻伦敦大使馆的武官尼曼不约而同地看出,坂田模型实际上表示了比费米—杨振宁模型更为宽泛的对称性。后者与同位旋一样,包含两个对象相互对称性,用 SU(2)群描写,而前者则需要更大的 SU(3)群描写。群就是描述对称性的数学。尼曼一生极富传奇色彩,是中东战争中屡建奇功的英雄,后来又入阁当过部长。当时他正以退役陆军上校身份任使馆武官,同时却师从物理大师萨拉姆研究物理。他们在 1959 年日本人池田峰夫、小川修三、大贯义郎和小山口嘉夫分别提出的SU(3)对称性理论的基础上,提出八重态的重子和介子的分类方法。

SU(2)对称性给予我们在众多的强子中寻找"家庭"成员的方法,而SU(3)群则给予我们在强子中寻找"家族"的准则了。盖尔曼、尼曼,也许还应包括坂田本人,果然在强子、重子和介子找到许多这样的家族,有的由 8 个粒子组成,叫八重态,有的由 10 个粒子组成,叫十重态,等等。

例如在图 5-11 中所表示的一个介子八重态和一个重子八重态。图 5-11a 表示重子八重态,根据质子、中子及其 6 个姐妹,根据其同位旋和奇异性而画在图上,形成了八重态这一几何图形。其中心原点表示奇异性为−1,同位旋为零,横坐标表示同位旋的大小,刻度为 1/2 为一格。例如$\Sigma^{+}$的同位旋为 1,其投影为+1,奇异性为−1;p 的同位旋投影为 1/2,奇异性为零;如此等等。这里奇异性是表示奇异粒子独特性质的量子数,核子的奇异量子数为 0(非奇异粒子),Σ和Λ的奇异量子数为−1,Ξ奇异量子数为−2。图 5-11b 表示介子八重态,实际上图中的η介子是在该八重态家族(图 5-12)确认的条件下,根据八重态法的预言,然后才在实验中发现的。

不出所料,我们原来认为的同位旋双胞胎和三胞胎都出现在同一家族了。

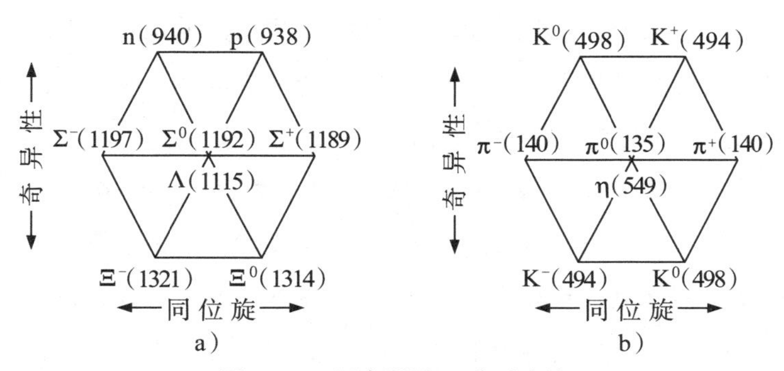


**图 5-11　两个强子 SU(3)家族**

a)重子八重态　b)介子八重态

看来SU(3)确实是比SU(2)同位旋具有更广泛的对称性,无须说,SU(3)对称性比SU(2)对称性更粗糙,破缺得更厉害。自从η介子发现以后,其真实性逐渐得到人们承认。

但是,盖尔曼、尼曼的SU(3)理论尽管受坂田模型的启发,两者却存在尖锐的冲突。试看,图5-11a中的重子八重态,这里p、n、Λ,坂田模型认为是构成其他强子(包括重子)的基本粒子,但是在此却是以平等身份与其他重子$\Sigma^+$、$\Sigma^0$、$\Sigma^-$和$\Xi^-$、$\Xi^0$等出现在一个重子大家族中。因此,如果SU(3)理论成立,则坂田模型的基本观点“p、n和Λ粒子是真正的基本粒子,其他强子均由它们构成”将发生根本动摇。同时坂田模型的主要成果,SU(3)理论也都能得到。但是SU(3)理论,也有一个先天的缺陷,因为一般来说,SU(2)或SU(3)群均有2个或3个基本变换实体(即所谓基本表示),现在SU(3)所需要相互变换的实体既然不是p、n和Λ,那么到底是什么?如果没有变换实体,则一切无从谈起。须知,皮之不存,毛将焉附?

**图 5-12　盖尔曼先生利用八重态对强子分类**

自费米-杨振宁模型建立，基本粒子复合模型的微风起于青萍之末，坂田模型是一块重要的里程碑。坂田始终不渝地宣传基本粒子有无限层次的思想，大大解放了物理学家的思想，鼓励人们探索深层次的物质结构。我们知道，毛泽东对于坂田模型深为赞许，他与坂田君在1962年的一席长谈，至今被人们津津乐道。

但是，人们百思不得其解的是，为什么坂田始终未能跨越自己设定的思想戒律——基本粒子就是p、n和Λ，而把思想的锋芒指向深一层次的新粒子呢？坂田及其追随者当时丝毫没有感到他们正在上演一幕悲剧。他们沉浸在胜利的喜悦中。



SU(3)理论的创导者，一时十分得意。他们为所谓八重态分类法取得的成果兴奋不已。这些八重态、十重态，排列成整齐有序的图案。有的正像中国古代的八卦图（图5-13），颇富于神秘色彩。他们感到，这些井然有序的图形，就是众多强子的周期表。人们都知道门捷列夫将化学元素排列成周期表的故事。

盖尔曼风趣地说，对应于八重态，有佛教所谓八正道，使我们想起释迦牟尼的箴言——“是的，世间众生们，有解脱苦难的真谛，即八正道：正见、正思维、正语、正业、正命、正精进、正念、正定。”言外之意，拯救陷于“苦难”的物理学家们，在“整顿”强子归类无门的“混乱”中洋溢着豪情壮志。

人们于是把注意力放在八重态分类法，SU(3)中还有一组重子十重态，它们在同位旋—奇异性坐标，理应排列成倒金字塔形（参见图5-14）。

图5-13　八卦图

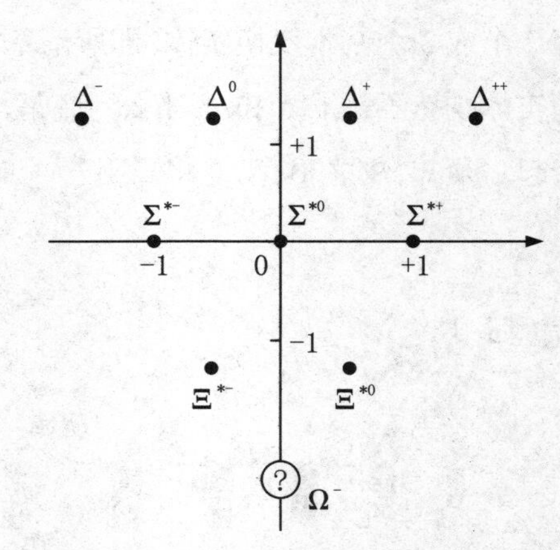


图5-14　重子十重态家族中似乎缺少一个成员

但是十分遗憾，没有发现金字塔尖的粒子。重子十重态家族中，人们只发现9个成员。“遥知兄弟登高处，遍插茱萸少一人。”这缺失的成员到底在何处呢？

盖尔曼与日本科学家大久保根据八重态分类法，预言这个粒子带1个负电荷，质量应为1683兆电子伏，其衰变只能是弱作用过程，因而寿命较长，约为$10^{-10}$秒的量级，记作$\Omega^-$。盖尔曼与大久保大胆地预言了新的粒子，像门捷列夫一样预言新元素，也像天文学家预言了海王星的存在一样。

实验物理学家，按图索骥，加紧寻找$\Omega^-$粒子。这真是对SU(3)理论的严峻考验啊。

1963年，美国布鲁克海文国家实验室的巴恩斯(V. E. Barnes)等，分析了10万多张气泡室的照片，经过周密的测量和计算，终于发现$\Omega^-$介子。实验测定的结果如下：$\Omega^-$的质量为$(1\,622.21 \pm 0.31)$兆电子伏，寿命为$(0.82 \pm 0.03) \times 10^{-10}$秒。简直与盖尔曼预言的丝丝入扣！倒金字塔尖的钻石找到了，它是那样的璀璨夺目，金光四射，富有魅力(图5-15)！这是八重态分类法的胜利，也许它正在把我们引向佛家的极乐胜境吧。巴恩斯等的工作发表在美国《物理评论快报》12卷204页，时间已是1964年。

图5-15　Ω⁻超子——夸克王国王冠上的钻石

# 似曾相识燕归来——“原始”夸克模型

如果问夸克王国王冠上的钻石是什么，我们可以说就是$\Omega^-$超子。王冠既已具备，夸克王国的加冕大典临近了……

SU(3)理论的辉煌胜利，令世人无不为之倾倒。实际上它为强子的分类制定了法规，强子王国的混乱消除了，秩序建立起来了。但是它的先天不足，反倒更令物理学家不安。SU(3)对称性来自何处？ SU(3)就是在3个变换客体之间存在的对称性呀！原来日本物理学家认为这3个客体就是质子、中子和$\Lambda$超子，后来被否定了。但是构成所有强子的基本粒子(坂田用的术语)是什么？用术语表示就是，SU(3)群的基本表示到底是什么？

以前人们实际上绕过这个根本问题，把这些基本粒子当作数学上抽象的思维“工具”，也有人称之为“抽象的实体”。实体而冠以抽象，多么别扭!但是，就是建立在如此脆弱基础上的SU(3)理论居然取得如此大的成果。有人不免疑惑，这无源的水，怎么这样丰沛？无本的树，怎么如此繁茂？

是时候应该认真考察SU(3)的前提了。基本表示(3个基本粒子)到底是什么？否则理论就无法向前发展了。人们不得不再问一句：“皮之不存，毛将焉附？”

既然元素周期表中元素性质的周期性，反映元素原子内部结构的周期性(后来发现是核外电子排列的周期性)，那么强子的SU(3)的规律性是不是也反映了强子内部结构的规律？斯坦福电子加速直线中心的实验已表明中子与质子具有内部结构。基本粒子会不会是比强子深一层次的尚未为我们发现的新粒子呢?

1964年，盖尔曼与茨维格(G. Zweig)分别独立地提出了这个问题的答案。盖尔曼说3个基本粒子叫夸克，茨维格则称之艾斯(Ace)。取名Ace，是因为扑克牌中“A”，牌的牌面有3个符号，他用以表示3种不同的基本粒子。艾斯模型大体内容与夸克模型相同，但表达较为含糊而已!以后人们逐渐都用“夸克”这个术语，“艾斯”一词遂弃而不用。

由于自由夸克迟迟未能在实验中观察到，学术界一向又有对于离经叛道的新学说根深蒂固的嫉视的传统，再加上“夸克”所具有的种种奇怪的性质，什么分数电荷呀，不遵从泡利原理呀，当时大多数人都对夸克模型不太在意，夸克模型未能引起重视。盖尔曼其时已是大教授，名声卓著，因此遭遇还好一点。茨维格的道路则甚为坎坷，先是论文无法在欧洲学术杂志上发表，而后在大学讲学又不受欢迎，甚至被资深学者斥之曰“艾斯模型是骗子的产物”。遭遇如斯，何其不幸！

由于夸克的奇异性质，盖尔曼在表达中也遮遮掩掩，往往引起人们误会。盖尔曼先是公开预言，夸克永远不能被观察到。为此他用了一个“数学上的夸克”的术语，以区别可以观察到的夸克（他称之为“真实的夸克”）。盖尔曼事后再三解释，他用语不确切，以致引起人们误会他的原意，以为他不相信夸克的真实存在。

但是，无论如何，在20世纪60年代中期，以上误解并不仅是在通俗作品中出现，在严肃的学术文章和著作中，都是随处可见的。公道地说，盖尔曼当时能够提出夸克模型，不论其表达有否不当之处，其求实创新的精神，对于新事物敏感和探索的勇气，确实是超凡脱俗，十分可贵！夸克模型提出后的半年，在苏联杜布纳召开的一次高能物理国际学术会议上，有人问盖尔曼：“是否存在夸克？”他答道：“谁知道？”我觉得，这样的事实并不足以抹杀先驱者的丰功伟绩，倒足以说明新思想诞生的艰难，包括发明人的困惑和踌躇。

正当国际学术界对夸克模型怀疑之风劲吹之际，从北京吹来对夸克模型强有力支持的和煦春风。1962年，我国北京基本粒子小组在著名学者朱洪元、胡宁等领导下成立，1965年完成关于层子（straton）模型的论文，并在1966年的国内中文杂志上发表。同时在1966年北京暑期国际粒子物理讨论会与国外学者进行交流。用温伯格（S. Weinberg）的话说：“北京一小组理论物理学家，长期以来坚持一种类似的夸克理论，但称之为‘层子’，而不叫夸克，因为这些粒子，代表比普通强子更深一个层次的现实。”

总的来说，我国学者比起国际上同行，更明确肯定夸克是真实存在的亚强子粒子，在模型的具体研究中，考虑了相对论效应，得到的许多结果当时在国际上是具有先进水平的。可惜由于国内长期较为封闭的环境，这些工作是在1980年才用外文发表，在国际上未能发挥应有的影响。但是必须指出，我国的层子模型采取的相互作用机制是所谓超强相互作用，与现代夸克相互作用的理论——量子色动力学是迥然不同的。

几十年的研究进展，人们已逐渐接受夸克模型，并以充实的实验资料作为基础，发展到目前的所谓粒子物理的标准模型。

我们还是从盖尔曼的原始夸克模型出发，先一睹其芳姿娇容，并探求一下如此绝色佳人，何以当时诘难不断。实际上，盖尔曼早在1963年就在酝酿夸克模型，只是要与现实强子性质吻合，而夸克可能只能带分数电荷，为此他犹豫不决。他在1963年3月间拜访著名核物理学家塞伯尔（B. Serber）时就敞开心扉，谈到他的想法。至于夸克一名则取自乔伊斯（J. Joyce）的著名小说《菲尼根斯·威克》（《*Finnegans Wake*》，也译作《菲尼根斯的夜祭》）。其实原来杜撰“夸克”一词并无实在意思，只是音近“quart”（夸脱，酒的计量单位）。而乔氏在书中写道：

Three quarks for muster mark!

Sure he hasn't got much of a bark.

And sure any he has it's all beside the mark.

第一句意义“为检阅者似的马克王，三声夸克!”这里“三声夸克”代表海鸥的叫声。盖尔曼用它们表示3种基本粒子，大约基于上述联想吧。3种夸克，他分别用上（up）、下（down）和奇异（stranger）夸克命名。这些夸克的性质，除电荷而外，与原来的坂田三重态p、n、Λ十分相近。甚至u与d夸克也像p与n一样，是强作用同位旋的两重态，而s夸克与Λ超子也具有奇异性。唯独电荷分别为基本电荷的$\frac{2}{3}$、$-\frac{1}{3}$和$-\frac{1}{3}$，这点令人感到不安。

**表5–1　盖尔曼的夸克模型**

| 性质 / 夸克 | 自旋（$S$） | 同位旋（$I$） | 同位旋第三分量（$I_3$） | 重子数（$B$） | 奇异数（$S$） | 超荷（$Y$） | 电荷（单位:e） |
|---|---|---|---|---|---|---|---|
| u（上） | $\frac{1}{2}$ | $\frac{1}{2}$ | $+\frac{1}{2}$ | $\frac{1}{3}$ | 0 | $\frac{1}{3}$ | $\frac{2}{3}$ |
| d（下） | $\frac{1}{2}$ | $\frac{1}{2}$ | $-\frac{1}{2}$ | $\frac{1}{3}$ | 0 | $\frac{1}{3}$ | $-\frac{1}{3}$ |
| s（奇异） | $\frac{1}{2}$ | 0 | 0 | $\frac{1}{3}$ | −1 | $-\frac{2}{3}$ | $-\frac{1}{3}$ |

对于表 5-1 只需说明，$I_3=+\frac{1}{2}$，表示同位旋向上；$I_3=-\frac{1}{2}$，表示同位旋向下。原来的强子中，所有的重子数 $B$ 为 1，其反粒子均为−1。在强相互作用中，重子数守恒（反应前后）。超荷 $Y=B+S$，无需多说。奇异数 $S$ 是为了表示奇异性的量子数，凡是奇异粒子 $S\neq 0$，而非奇异粒子 $S=0$。

盖尔曼借鉴坂田模型，容易得到所有强子的复合结构。重子均由 3 个夸克复合而成，而介子则由 1 个夸克与 1 个反夸克构成。例如：

$$p=(u\ \ u\ \ d),\qquad n=(u\ \ d\ \ d),$$
$$\Sigma^{+}=(u\ \ u\ \ s),\qquad \Sigma^{-}=(d\ \ d\ \ s),$$
$$\pi^{+}=(u\ \ \bar{d}),\qquad \pi^{-}=(d\ \ \bar{u}),$$
$$K^{+}=(u\ \ \bar{s}),\qquad K^{-}=(s\ \ \bar{u}),$$
$$K^{0}=(d\ \ \bar{s}),\qquad \overline{K^{0}}=(s\ \ \bar{d})。$$

特别要注意$\Omega^-$的结构：

$$\Omega^{-}=(s\ \ s\ \ s)。$$

夸克模型的问世及其被实验验证，在微观世界的探索上是一个重大的里程碑，它表明又一个新的物质层次被发现了。强子由更基本层次的粒子——夸克构成，就像原子是由原子核和电子构成一样。

读者应该注意到夸克模型与坂田（图 5-16）模型极其密切的血缘关系，美国东海岸，诸如普林斯顿大学、哥伦比亚大学等等的教授先生们对坂田模型印象太深，他们不同意盖尔曼对于夸克的命名，而径直称 u、d 和 s 夸克为 P、N 和Λ夸克。他们认为这种叫法顺理成章，觉得加利福尼亚理工学院的盖尔曼的命名法，颠三倒四、不伦不类。但是，美国西海岸的诸公，包括加利福尼亚大学、斯坦福大学等的教授们，则对“夸克”一词颇为青睐，认为其朗朗上口，而且另具新意，遂一致采用“夸克”的叫法。于是加州所在的美国西海岸采用盖尔曼命名，而东海岸的

图 5-16　坂田昌一

学界诸公则使用自己的叫法。各执一词，互不相让。这种学术名词不统一造成学术交流的极大不便，甚至在有的学术会议上发生为名词而争执不下的事情。

图5-17 盖尔曼(M.Gell-Mann)80周岁肖像

在20世纪70年代初，关于大统一理论问世时，有关夸克的叫法，论文作者都是采用“东海岸”——坂田的命名。其时在东海岸的迈阿密召开的国际学术讨会上，就发生过发言者称P夸克，会议主席盖尔曼纠正为上夸克，双方互不买账而难以下台的局面。最后发言人提醒盖尔曼，迈阿密是东海岸，盖尔曼才悻悻作罢。盖尔曼(图5-17)由于提出夸克模型的重大贡献，1969年荣获诺贝尔物理学奖。

这使我们想起古代巴比伦人修造通天塔(图5-18)，上帝故意使修造者语言不通而使计划破产的《圣经》故事。现在这种名词的不统一持续到20世纪70年代，东海岸人终于向以盖尔曼为代表的西海岸人屈服。夸克的命名总算统一到盖尔曼命名法之下。

图5-18 巴比伦通天塔

我们初访夸克宫首先便发现夸克模型的一个问题。试看非同凡响的$\Omega^-$超子，其结构由3个相同s夸克组成；类似地，还有共振态粒子$\Delta^{++}=(u\quad u\quad u)$，由3个相同u夸克构成（参见图5-19）。但是早在20世纪30年代，泡利就提出以他的名字命名的原理：费米子不可能有两个或两个以上处于同一状态。现在$\Omega^-$超子与$\Delta^{++}$共振态粒子中却有3个费米子（自旋为$\frac{1}{2}$的夸克自然是费米子）处于相同状态。这不是公然违反泡利原理吗？泡利原理绝对禁止在一个量子态上存在两个或者两个以上的费米子。

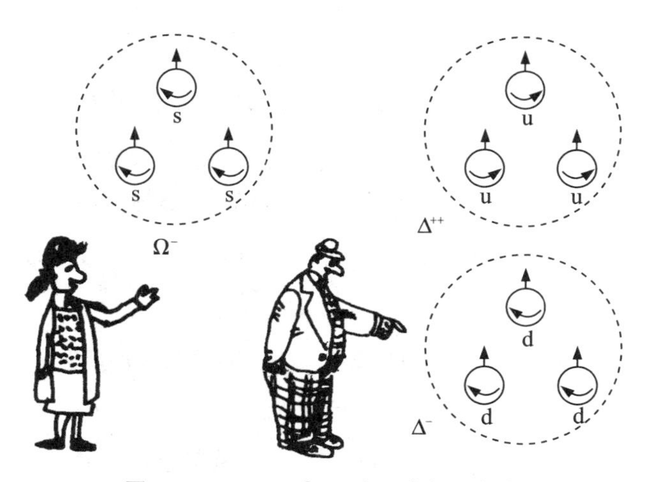


**图5-19　$\Omega^-$、$\Delta^{++}$与$\Delta^-$有3个相同夸克**

美国普林斯顿大学格林伯克（W. Greenberg）与韩（J. Han）、南部（Yoichiro Nambu）提出解决问题的方案。与此同时，我国中国科学技术大学的刘耀阳先生同时也提出类似想法。方案很简单，就是认为现在的每一种夸克实际上分3个“亚种”，为了区别不同的亚种，我们认为每一种亚种对应一种颜色。$\Omega^-$超子中的3个s夸克，实际上是3种不同的夸克，即红色s夸克、绿色s夸克和蓝色s夸克。

注意这里的“颜色”（colour）是表示某种性质的形象说法。当然，$\Delta^{++}$与$\Delta^-$粒子的u与d夸克也分红、绿和蓝3种颜色，因此它们并不是完全相同的3种粒子，也不是处于同一状态，自然不违反泡利原理。

我们千万要注意，“色”并非光学上的“颜色”，在实验上也从未观察到什么

“颜色”,只是观察到“色”引起的效应,因此它是夸克内部自由度的反映,其效应只有在强相互作用过程中观察到。

物理学家进一步向画家那里借用术语,反夸克的颜色也有3种:反红、反绿与反蓝。这里的反色相当于画家的补色,一种色与相应的补色适量调配得到白色或无色。物理学家认为,红、蓝、绿为三原色,它们等量的调配会得到白色或无色。物理学家认为,无论是夸克与反夸克构成的介子,还是3个夸克构成的重子,最后颜色调配的结果,都是无色的了。换言之,现实中的强子都是无色的。后来物理学家为了解释从未观察到自由夸克,提出所谓色禁闭(colour confinement)原理,即自然界中永远观察不到带色的粒子。

也许还要说两句。画家都明白,三原色又叫一次色。但画家的三原色多指红、黄、蓝。原色两两相混产生橙、绿、紫,称为间色,又称二次色。间色继续相混,可产生三次乃至更高次的复色。但是物理学家则从波长角度,多称红、绿、蓝为三原色。两者稍有不同,这可说是一段科苑逸闻罢。到底为何有此不同的选择,其中必有深意。

连亚种算上,实际现在有9种夸克,见表5-2。其中$u_R$是红色上夸克,$u_G$是绿色上夸克,$u_B$是蓝色上夸克,$d_R$是红色下夸克,$d_G$是绿色下夸克,$d_B$是蓝色下夸克,$s_R$是红色奇异夸克,$s_G$是绿色奇异夸克,$s_B$是蓝色奇异夸克。

**表5-2 原始三夸克模型**

| 色(亚种) / 复合色 / 夸克种类(味) | 红(R) | 绿(G) | 蓝(B) |
|---|---|---|---|
| u(上) | $u_R$ | $u_G$ | $u_B$ |
| d(下) | $d_R$ | $d_G$ | $d_B$ |
| s(奇异) | $s_R$ | $s_G$ | $s_B$ |

科学家一不做二不休,既然借用“色”表示只会在强相互作用显示其区别(种类)和效应的标记,干脆用“味”(flavor)表示在弱作用和电磁作用中才会有区别的u、s、d夸克。

我们初访夸克宫，看到“夸克”身上，“色”“味”俱全，芳香四溢，可谓精彩纷呈，美轮美奂，魅力无穷。提醒读者，涉及弱电作用，“味”才起作用；而涉及强作用，“色”才起作用，有色的粒子有味盲症。

到此为止，“色”的引入好像只是为了规避泡利原理。所谓色禁闭原理与其说回答何以没有自由夸克这个问题，毋宁只是说现实物理世界中，根本不存在自由夸克，拐了一个弯，换了一个说法而已。色的引入，如果说其作用仅限于此，那么平心而论，从根本上说，没有解决任何问题，太牵强，太不自然。但是物理学家并未就此止步，在“色”与“味”的探索中，一再取得重大突破，直奔粒子物理现代研究的顶峰——标准模型。人们领会“色”的真正物理底蕴，甚至发展起“颜色动力学”和“味道动力学”两门崭新的物理学分支。原来人们在百无聊赖中引进的微观粒子的新的自由度——色，其实是找到打开阿拉伯神话中无穷无尽的宝藏的钥匙。直到现在，我们还难以说清楚“色”的无穷魅力和自然美。

归根结底，我们要解决的问题是，夸克如何“胶合”为强子的，夸克之间的相互作用，如何导致将夸克“囚禁”起来，以致几十年人们无论如何想尽办法，也无法直接一睹自由状态夸克的芳容。

# 第六章　美轮美奂，彩色缤纷
## ——量子色动力学

### 天接云涛连晓雾——爱因斯坦与杨振宁

夸克的“色”引入以后，人们很快发现，夸克之间的相互作用，即强相互作用，核力的全部奥妙原来都蕴藏在这彩色世界，建立起所谓量子色动力学(quantum chromodynamics，QCD)。夸克模型的所有问题，或许都可以在其中得到答案。

QCD 的建立，最早似乎要归功于 1972 年盖尔曼引入颜色“量子数”的概念，接着 1973 年普林斯顿大学格罗斯(D. Gross)教授及其研究生威尔泽克(F. Wilczek)、哈佛大学科尔曼(S. Coleman)及其研究生波利策(D. Politzer)分别独立地发现 QCD 的一个奇怪的重要性质：渐近自由(asymptotic freedom)。QCD 可以定性或半定量地解释许多关于强子内部结构的实验。这是一个里程碑，以前物理学家一直没有找到处理强相互作用的好办法，现在大家感到事情似乎由此走上正道。

QCD 严格说是一种局域对称(local symmetry)的非阿贝尔(Non-Abelian)规范场理论(gauge field theory)，而且自此以后物理学家越来越相信，也许自然界所有的基本相互作用都应具有规范对称性，换言之，所有的基本相互作用理论都应该是规范理论。诗人们要说，所有的相互作用中都响彻一种规范对称美的旋律。

但是我们在步入壮丽的规范理论的宫殿前，希望你做好迎接一场术语轰炸的准备。你经历过一大串稀奇古怪的冷僻名词的狂轰滥炸么（图6-1）？什么局域对称、规范对称，还有什么非阿贝尔、渐进自由，等等。新奇的名词还有一大串，但是经历这场狂轰滥炸的洗礼后，你将看到的是精美绝伦的彩色世界。这些新奇名词，不过是展现真理光辉的奇珍异宝，散发美之芬芳的奇葩异卉！

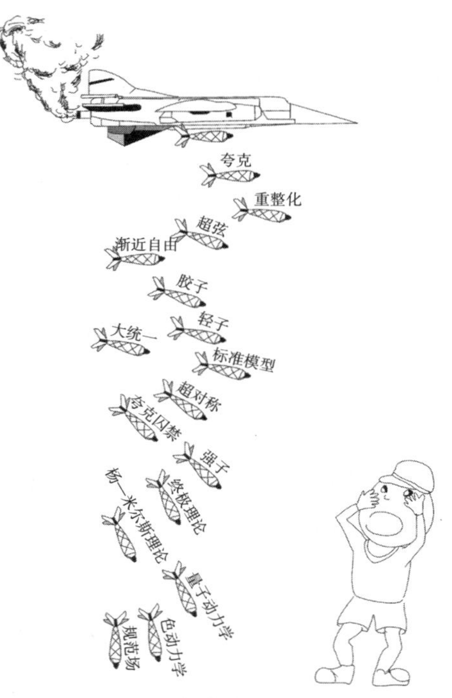

图 6–1　新奇名词的轰炸

一切看来还得从爱因斯坦的广义相对论谈起。广义相对论的基本思想，就是在弯曲空间中用一个几何变换以“模拟”（等价）实际引力场。由于引力场是随时随地变化的，因此这种几何变换也必须是因时因地而不同的，这类变换用术语来说就是局域（local）变换。

以理想的球形气球为例（参见图 6-2），球面上任一点可以用经纬度确定。如果球绕某轴转动，球面上任一点转动的角度相同，相应的转动叫整体（global）变换。就球的几何形状来说，这种转动并未改变球的形状。因此我们可以说这是一种定轴转动变换，而球面相对这种变换具有整体对称性。

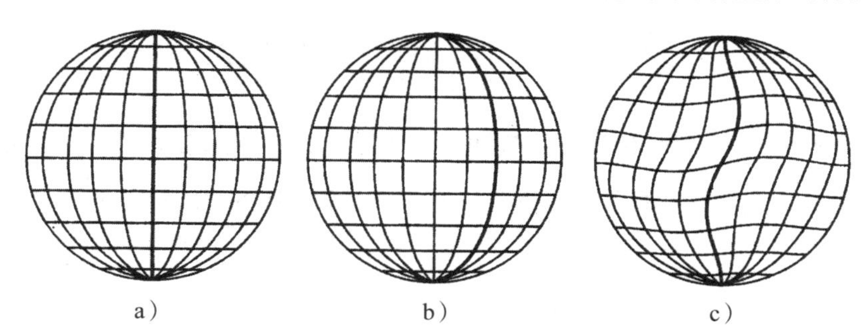

图 6–2　理想气球与整体对称性和局部对称性

a）最初的球面　b）整体对称变换　c）局部对称变换

如果用地理学术语，上述转动或许相当于将本初子午线从英国的格林尼治移到埃及的亚历山大或中国的上海。实际上，以上海或亚历山大作为本初子午线，与以格林尼治为本初子午线，是完全等价的，完全可以对地球任何地方定位（见图 6-2a 与图 6-2b）。采用格林尼治作为子午线起点，不过是传统习惯而已。

所谓局域变换、局域对称要复杂得多。局域对称是一种要求更高的对称，它要求球面上任一点都完全独立移动，球面形状依然保持不变（参见图 6-2c）。就气球而言，如果发生局域变换，球面上有的地方会有收缩，有的地方则伸长，就是说，球的各点之间就会发生作用力（弹性力）。

不同的自然规律在类似的局域变换下保持不变，即所谓具有某种规范不变性，往往要求引进一种基本力场。从规范对称性出发，构造或引进某种基本力（称为规范作用）的理论，叫规范理论。

著名德国数学家和物理学家魏尔受爱因斯坦的局域变换思想的启发，研究与电荷守恒相关的局域对称性，引进“规范”一词。可惜魏尔的理论没有能成功地将引力相互作用和电磁相互作用统一起来，而这才是魏尔工作的初衷。他与爱因斯坦感到深深的失望。他的失败在于先天不足：没有应用量子论。其次，从现在观点看来，他的局域变换（魏尔变换）选择了一个实数因子，正确的选择应是复数因子$e^{i\alpha(x)}$，其中$x$代表位置坐标，而他的局域变换只差一个复数i。

性急的读者要问了，这一些与夸克的色有什么关系呢？且慢！我们已经讲了魏尔的失误，如果不谈谈魏尔给我们留下的宝贵遗产，就太不公道了。当然，还要谈谈杨振宁、米尔斯（R. L. Mills）的一个几乎被遗忘的工作，才会转入正题呢！

量子理论用复数（称为波函数）$\Psi$描述粒子，比如电子，复数$\Psi$的振幅的平方表示粒子的密度（或出现的概率），$\Psi$的相位也应是可观测量。如果复数乘以任意相因子

$$\Psi \xrightarrow{\text{规范变换}} \Psi e^{iQ\alpha(x)},$$

式中　$Q$——粒子的电荷；

$\alpha(x)$——依赖于时间、空间的实函数。

这叫做电荷规范变换,如果物理系统的规律性在此变换下保持不变,则称具有 U(1)对称性。这是比较简单的一种局域对称性,因为任意两点($x_1$ 与 $x_2$)的相位因子可以对换,即:

$$Q\alpha(x_1)\cdot Q\alpha(x_2)=Q\alpha(x_2)\cdot Q\alpha(x_1),$$

我们称这样的物理系统具有阿贝尔规范性。阿贝尔(N. H. Abel)是 19 世纪挪威的数学家,他对于描述对称性的数学——群论有伟大贡献。一类特殊的群,就以他的名字命名,李群。U(1)群具有对应于相因子不变的对称性。

奇怪的事发生了。只要系统具有 U(1)规范对称性,就必然要求系统粒子之间存在电磁相互作用,甚至描述该作用的有名的麦克斯韦方程也可以直接写出来。换言之,电磁相互作用,就是一种规范相互作用。可惜我们在 19 世纪没有发现这种局域对称性,否则法拉第、麦克斯韦的许多成果的获得也许会容易得多。

这是怎么回事呢? 举例说,有几个电荷,其中有正电荷,也有负电荷,每个电荷的电势也不相同。当它们位置作局域变换时,其两两相对位置会有随机变化。当我们在每个电荷上施加不同电势时,实际上就是进行一种局域规范变换。此时,仅与电荷相关的电场就不会满足局域规范不变性。仔细考察,会发现运动的电荷还会产生磁场,它的所谓磁势会完全抵偿局域变换后所引起的变化。就是说,综合考虑电场与磁场,亦即电磁场,物理系统在局域规范变换下保持不变。

简单地说,如果假定电场具有局域规范不变性,则必然引入电磁场。甚至于可以由所谓 U(1)局域规范对称性,推导出全部麦克斯韦方程组。反之,由麦克斯韦方程描述的电磁场理论,容易验证它具有 U(1)规范对称性。

量子规范理论还有一个很重要的结论,所有规范相互作用都必须通过所谓规范粒子传递,而且规范粒子的静止质量应该为零(参见图 6-3),图 6-3 中所示的是电磁相互作用,其他规范作用的图像大致相同。此图最上面的小图是描述该物理过程的费曼图,表示正电子放出或吸收光子,与电子相互作用。就电磁规范理论而言,规范粒子就是光子,而光子的静止质量为零,则是我们早就知道的。

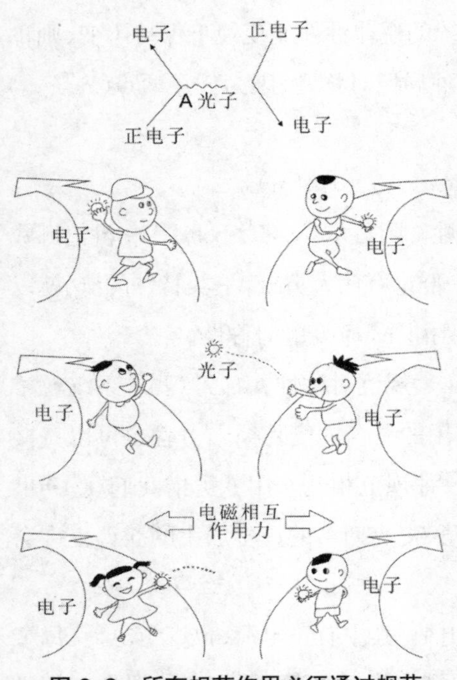


图 6–3　所有规范作用必须通过规范粒子进行传播

在 20 世纪 20 年代，魏尔鉴于电磁作用具有局域规范对称性，以及广义相对论也是由某种域变换的几何描述的，修改广义相对论，希望在其中自动出现电磁场，其目的在于统一电磁力和引力。但是爱因斯坦审阅他的论文后，指出其中许多问题。魏尔知道自己错了，陷于深深的失望之中。但是，他明白，他的工作所包含的正确思想会被后人继承下去。

魏尔的悲剧在于他太走在时代的前面了，当时量子力学没有诞生，德布罗意的波的概念还没有问世，更无从了解电子波相位，因此一个正确的思想应用到错误理论上。何况一个成熟的量子引力理论迄今尚未成功，90 余年前的魏尔纵有天大本事也难以在彼时建立超电磁作用与引力的统一理论。

但是，魏尔的尝试是弥足珍贵的。他给我们留下了宝贵的遗产，其中最宝贵的就是局域规范变换、对称性的思想。另一个就是他大胆对于现有已知相互作用的统一的悲壮冲击。魏尔一生对科学贡献甚大，尤其在微分几何、群论以及数学物理领域树立了许多丰碑。

杨振宁与米尔斯（R. Mills）在 1954 年发表一篇划时代的文章。这篇文章讨论了 SU(2)的局域规范理论。但是与海森堡的破缺的 SU(2)理论不同，杨—米尔斯的 SU(2)理论的对称性是完全精确的，洋溢着精彩绝伦的数学美。与电磁规范不同的是，此时不同位置的相位因子的乘积交换次序后，就不相等了：

$$\alpha(x_1)\cdot\alpha(x_2)\neq\alpha(x_2)\cdot\alpha(x_1)。$$

量子理论把$\alpha(x)$这种不可交换的数学量叫 $q$ 量。例如矩阵、三维空间的转动等，相应的运算或操作的次序十分重要。此时的规范对称性，就叫局域的非阿贝尔规范性。图 6-4 列示了两个操作不可交换次序(即非阿贝尔性)的实例。这两个操作是“绕竖直轴向东转 90°”与“绕南北轴向西转 90°”(假设图中战士面朝北方)。图 6-4 中表示两个操作(口令)如果次序颠倒,则最后的效果是完全不相同的。杨-米尔斯利用这种对称性得到相应的相互作用的具体形式。

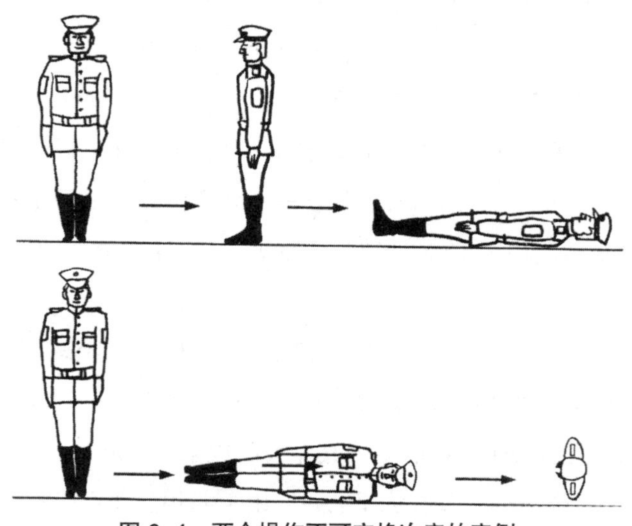

图 6–4　两个操作不可交换次序的实例

实际上,杨振宁在 1948 年于芝加哥大学获博士学位,进入普林斯顿高等研究院的时候,就有利用局域规范理论描述强相互作用的想法。一直到 1953 年他进入布鲁克海文国立实验室,这个想法一直缠绕着他,但一直未能成功实现,主要的困难在于无法确定所需要的对称性。

在布鲁克海文时,米尔斯是个刚毕业的年轻人,与杨振宁在一间办公室。他们一道讨论,最后选择 SU(2)规范对称群。他们还是想解决强相互作用问题。他们的成果 1954 年发表在美国《物理评论》上。这篇文章尽管有种种不足之处,却是近代规范理论的开山之作,现在早已是尽人皆知的经典作品了。

除了爱因斯坦利用广义协变原理(也是一种局域对称性)得到引力作用理论外,这是人类第二次从纯粹的学术思辨出发,利用对称性原理,给出具体相互作用规律。不幸的是,杨—米尔斯理论的提出时间还是太早了。理论的宗旨是建立强相互作用,因此,他们将海森堡的SU(2)同位旋理论,进一步发展为局域规范对称性理论。杨-米尔斯理论相应的规范粒子有3个，而且没有静止质量。然而，当时大家普遍相信传递强相互作用的媒介粒子不但有静止质量，而且粒子质量应该很大，杨-米尔斯称之为B场粒子。在当时人们知道的唯一静止质量为0的粒子是光子，因此，实际上杨-米尔斯的工作发表时没有受到重视。

当时实验未发现无静止质量的强相互作用的媒介粒子，使得杨-米尔斯的工作似乎变成无的放矢的"唯美主义"杰作。大家在欣赏以后，渐渐把它忘记了，作为学术档案束之高阁，整整10年。

杨-米尔斯理论与U(1)规范理论有本质的不同，U(1)规范理论中的规范粒子——光子，彼此不会相互作用，而杨—米尔斯理论中的规范粒子彼此会相互作用，称之曰：自作用。前者从数学上来说，是线性理论，后者则是复杂得多的非线性理论。

20世纪60年代后半期，夸克模型建立以后，人们想起杨-米尔斯理论，先是用于弱相互作用和电磁相互作用，而后是哈佛大学和普利斯顿大学的先生们用于QCD的建立，而且都取得极其伟大的成果。

有人似乎奇怪，杨-米尔斯理论如何用于弱相互作用获得成功的呢？须知弱相互作用力程更短，大约$10^{-18}$~$10^{-16}$米，因而如果存在被交换的规范粒子（以后的定名为中间玻色子$W^+$、$W^-$），质量会是核子的近百倍。如图6-5所示，W粒子就像笨重的胖妇人，行动迟滞。

图6-5 "富态"的W粒子步履艰难地穿梭在弱相互作用粒子之间

这是怎么回事呢？何以备受冷遇的杨–米尔斯理论转眼之间身价百倍？既有今日，何必当初？林黛玉小姐的抱怨也许会从读者口中脱口而出。

我们这里采用倒叙法了。因为实际上杨–米尔斯理论是先在弱相互作用和电磁相互作用领域获得成功的。20 世纪 70 年代伊始，哈佛大学和普林斯顿大学的物理学家从SU(3)的局域非阿贝尔规范对称性，得到了夸克之间相互作用的具体规律。与杨–米尔斯不同的是，他们将应用对象又对准强相互作用，但是选择的规范群不是 SU(2)，而是 SU(3)。其理由是盖尔曼、格林伯格等引进的色，就是夸克相互作用的“源”，就像电荷是电磁力的“源”一样。三原色红、绿、蓝就是 SU(3)对称性中可以相互变换的基本对象(用术语说就是 SU(3)群的基本表示)，这种对称性是局域的、完全精确的，当然更是非阿贝尔的。他们决心在杨–米尔斯遇到困难的地方，找到成功的道路。

读者切不可将这里的 SU(3)色对称性与夸克模型建立时 SU(3)搞混淆。那个SU(3)的基本变换对象是u、d和s夸克(只与弱、电磁作用有关，属于“味”范畴)，而且对称性破缺得很厉害。因此，往往将与色有关的精确 SU(3)对称性记为 SUc(3)。

读者也许要发问，何以在 20 世纪 50 年代杨–米尔斯利用非阿贝尔规范理论构造强相互作用理论失败，而哈佛、普林斯顿的先生却又成功了呢？原因是现在夸克理论问世了，人们可以正确选择规范群SU(3)，而不是杨–米尔斯假定的 SU(2)。更重要的是，人们弄清楚所谓核力不过是夸克之间的强相互作用的剩余力，就像分子之间的范德瓦尔斯(Van der Waals)力是原子之间的电磁相互作用剩余力一样。原有的问题消失了。

从规范理论可以知道，对于SU(3)群对应 8 种无静止质量的规范粒子，我们以后称之为胶子 (gluon)。实际强相互作用的本质就是带色的夸克与带色的胶子作用(或称耦合)，但是与电子和光子相互作用不同的是，一般来说，前者的颜色在作用以后会发生变化，而后者则电子仍然保持电子的电荷不变(注意光子是不带电的)(参见图 6-6)。图 6-6a 表示电子与光子$\gamma$发生作用，依然放出电子 $e^-$(电荷不变)。图 6-6b 表示如果红色夸克 $q_R$ 与胶子发生作用，放出绿色夸克$q_G$，则胶子的颜色应为($G\bar{R}$)复色，其中$\bar{R}$为补红色，即($R+\bar{R}$)=无色。

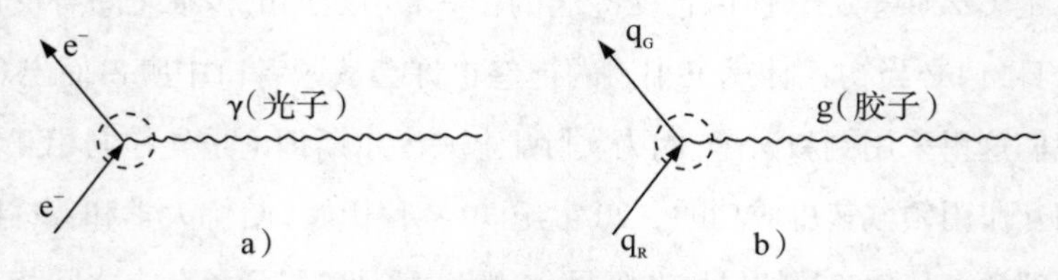


**图 6–6　夸克与胶子作用和电子与光子作用比较**

a)电子与光子耦合,电子电荷不变

b)夸克与胶子耦合,夸克的颜色一般会发生变化,原因是胶子带色



容易推广图 6-6b 的结果,即胶子的颜色应为复色:($R\overline{G}$)、($R\overline{B}$)、($R\overline{R}$)、($G\overline{R}$)、($G\overline{B}$)、($G\overline{G}$)、($B\overline{R}$)、($B\overline{G}$)、($B\overline{B}$),共 9 种。但其中复色($R\overline{R}$)、($G\overline{G}$)与($B\overline{B}$)并非独立的,它们之间有关系

$$G\overline{G} + R\overline{R} + B\overline{B} = \text{无色(白色)}。$$

实际上无色阳光经过分光镜后,我们不是可以看到散开的等量三原色红、蓝、绿光吗?因此,带色的胶子独立的只有 8 种。如果粒子无色,术语称它们为色单态,就不会与带色的粒子发生作用。夸克之间的作用与味无关,即不管你是 u、d 或 s,只有色相同作用就是相同的,这种情况又称“味盲”。夸克与胶子的作用,一般会改变夸克颜色,但却不会改变夸克的味。

现在将这种后来称为量子色动力学(Quantum Chromodynamics,QCD)的理论与通常的电磁理论(QED)比较,这是很有意思的事。我们发现 QCD 比 QED 要复杂得多(参见表 6-1)。原因就是 QCD 是一种复杂的非线性理论。而 QED(量子电动力学)则是较为简单的线性理论。光子不带电,光子与光子之间是不会发生作用的,而胶子则带色,色则是强相互作用的源,因此胶子间是存在相互作用,这叫自作用或自耦合。在非线性的广义相对论中也存在,不过那是引力的自作用。

我们现在看到,建立在杨–米尔斯理论基础上的 QCD 实际上是一个严密有效的理论体系,而且是一个色调丰富、色彩缤纷的世界,其中如果计及反粒子的话,有 6 种原色,16 种复合色。这是一个迷人的世界,但是只要想到这些“色”都是强相互作用的源,我们也就自然能够想象,在这个色彩斑斓的世界中的相互作用,比起通常的电磁相互作用,不知会复杂多少倍,不知会有多少神奇的新鲜事。

**表 6–1　QCD 与 QED 的比较**

| 性质＼理论 | QED | QCD |
|---|---|---|
| 参与相关作用的粒子 | 电子($e^-$)、μ子($\mu^-$)、τ子($\tau^-$)及反粒子 $e^+$、$\mu^+$、$\tau^+$及带电夸克 | $u_R$、$u_G$、$u_B$、$d_R$、$d_G$、$d_B$、$s_R$、$s_G$、$s_B$及反粒子 $\bar{u}_R$、$\bar{u}_G$、$\bar{u}_B$、$\bar{d}_R$、$\bar{d}_G$、$\bar{d}_B$、$\bar{s}_R$、$\bar{s}_G$、$\bar{s}_B$ |
| 相关作用的源或荷 | 电荷,有正电荷、负电荷两种 | 色荷,三原色R、G、B及其补色$\bar{R}$、$\bar{G}$、$\bar{B}$;复色 8 种及补复色 8 种 |
| 相应的规范粒子 | 光子γ(只有 1 种),不带电,无自作用,静质量为零,光子的反粒子就是其自己 | 胶子 g(有 8 种不同颜色),有自作用,静质量为零,反胶子 $\bar{g}$ 亦有 8 种,其颜色与胶子相补 |
| 相应的复合粒子 | 原子(电中性),剩余的电磁力将原子结合为分子(即范德瓦尔斯分子力为原子中电磁力的剩余力) | 介子、重子(色单态、无色),剩余的强相互作用将它们结合为原子核(即核力为核子中的强相互作用的剩余力) |

# 东边日出西边雨,道是无晴却有晴
# ——红外奴役与渐近自由

QCD 中最古怪的事儿莫过于红外奴役与紫外渐近自由了。我们已经说过，在电子对核子的深度非弹性碰撞很高能量时，电子轰击到核子中一个夸克。受轰击的夸克从其他夸克旁边呼啸而过，几乎不受其他夸克的影响。这是非常奇怪的事。通常人们总是看到两个粒子，例如电磁相互作用，距离越小,作用力总是越强。

“紫外”这里是借用光学的名词,在光谱中,紫光相应能量(频率)较高的光子,红光则相应能量(频率)较低的光子。紫外渐近自由,意指两个夸克在高能碰撞，或者说彼此相距很近($\sqrt{\Delta E}$相当于$\frac{1}{\Delta r}$,$\Delta r$ 为距离,$\Delta E$ 为碰撞能量)，其相互“作用”(或影响)越来越小,几乎趋近于零,几乎变成“自由”夸克了。

这种情况，有一位美国物理学家将渐近自由比喻成一对古怪情人。当他们睽违远离时，彼此思恋不已，真是望穿秋水，渴望一见；当他们一见面，往往又使“小性子”，互不搭理，似乎对方压根儿就不存在。红楼梦中的贾宝玉与林黛玉不就是这样的吗？正如古诗云“东边日出西边雨，道是无晴却有晴”（图 6-7）。

图 6–7 夸克犹如一对古怪恋人

1972—1973 年，格罗斯、波利泽尔等各自独立地发现 QCD 中在高能时夸克之间（在强子内）确是渐近自由的，这一卓越的成果立刻使 QCD 的声誉鹊起。以后更多的实验都支持渐近自由的观点。从此 QCD 被世界的理论物理学家升格为“强相互作用科学理论”。

夸克模型问世以后，寻找自由夸克，携带分数电荷的粒子立刻成为一种时髦。人们甚至从密立根（R. A. Millikan）在 1913 年发表的关于用油滴法测量基本电荷的论文中，找到有分数电荷（$\frac{2}{3}$基本电荷）存在的根据。在那篇著名论文的附注，作者声称似乎发现有一油滴携带的电量为基本电荷的 70%。美国斯坦福大学的费尔班克（W. Fairbank）利用改进的油滴实验，寻找分数电荷粒子 10 余年，也屡次宣布发现分数电荷。但别人用类似方法都不能重复其结果。实际上，上至月球，下到地层深处，人们到处寻找。遗憾的是，自 1964 年以来，历经漫长的搜寻，其结果是否定的。真是“上穷碧落下黄泉，两处茫茫皆不见”。

在自然界不存在分数电荷的自由夸克，物理学家称之曰“夸克禁闭”（quarks confinement），就是说夸克被囚禁在强子之中，永世不能目睹天日。自从宇宙诞生至今 137 亿年，夸克一直被囚禁着，这大概是世界上最长的徒刑了。这种情况从实验来说，可以等价表示红外（即较低能、远距离时）奴役（受到限制，像奴隶一样被役使），就是说强子中的夸克不能从强子中逃逸出来，变成自由夸克。

其实何独夸克，胶子以及大自然中所有带色的粒子都一概被囚禁、奴役，我们称之曰“色囚禁”。这一事实，使人难以理解，也是盖尔曼当初提出夸克模型时犹豫不决的原因。

可惜 QCD 对于色禁闭至今无法从理论上严格予以证明，或给出令人信服的合理解释。由于数学上的困难，只能近似地（如在格点规范下）证明这一点，或者提出种种不那么严格的解释（如弦模型、袋模型等）。有人认为这种禁闭是绝对的，即无限期的、无论如何都无法解除的。也有人认为囚禁是相对的，或许有朝一日，在足够大的能量下，夸克会被解放出来。

“夸克禁闭”被许多物理学家认为是留给 21 世纪头等的难题。有人（如李政道等）认为，当前物理学上空的这团乌云，或许会给物理学带来一场暴风雨似的革命！

虽然人们未能直接观察到夸克和胶子，但是近年来随着实验技术的长足进步，人们实际上已证实确实有夸克三色，看到了夸克的碎裂，胶子的“喷注”（jet）。雾里观花，纵然免不了有些终隔一层的距离感，也增添鲜花的娇柔和鲜妍；色彩不免朦胧和闪烁，然而那分明的真切感和神秘感，更激起人们对于自己智慧的赞美和讴歌。理论的预言，一步步地被证实了。即使原来对 QCD 不信任的人，现在对于这个完全基于人类对于美与对称性建立的理论也信服了。

1975 年斯坦福直线加速中心的 SPARK 正负电子对撞机在紧张工作，斯坦福科学家正在测量反应

$e^+ + e^-$（对撞）→强子（质心能量在 3 吉电子伏以下）

的反应截面(即反应概率)和反应

$$e^+ + e^- \to \mu^+ + \mu^-$$

的反应截面。他们希望由此得到比值

$$R = \frac{\sigma(e^+e^- \to 强子)}{\sigma(e^+e^- \to \mu^+\mu^-)}$$

的实验值,并与理论值比较。因为理论物理学家早就得到公式

$R = \sum_i Q_i^2$($i$ 表示夸克种类,$Q$ 即夸克所带的电荷)。

如果不考虑色,则 $i$=u、d、s 的味,有

$$R = \sum_i Q_i^2 = \underset{(u夸克)}{(\frac{2}{3})^2} + \underset{(d夸克)}{(-\frac{1}{3})^2} + \underset{(s夸克)}{(-\frac{1}{3})^2} = \frac{2}{3},$$

但如果夸克像 QCD 指出的,每味夸克有三色,则上述数值应乘以 3,即

$R = 3\sum_i Q_i^2 = 3 \times \frac{2}{3} = 2$($i$表示不同的味)。

实验结果表明,在质心能量小于 3 吉电子伏处,$R=2$。这个实验是夸克有三色的重要实验证据。从此夸克有三色再也不是纯理论假设,而是有实验根据的物理事实了。

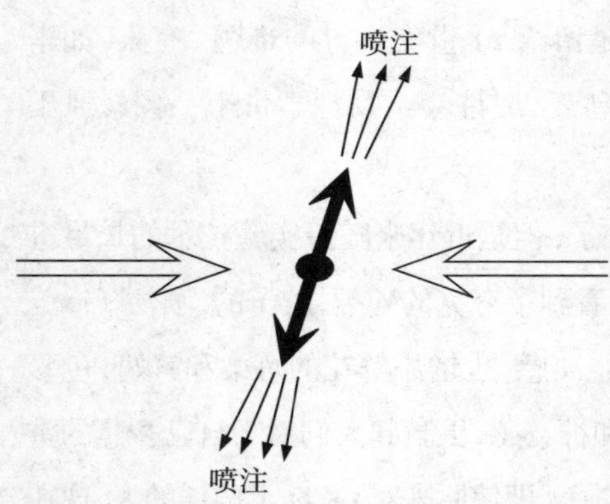


**图 6-8　正负电子对撞产生正反夸克对喷注**

按照 QCD 理论,$e^+$与 $e^-$在更高能量对撞时,例如以 20 吉电子伏和 −20 吉电子伏能量对撞时, $e^+$与 $e^-$湮灭以后,有时会产生一对正、反夸克,其能量亦均为 20 吉电子伏,这些夸克立即会碎裂(fragmentation)而产生两个相反方向强子束(这个过程又叫强子化)——喷注。每个喷注(若干强子构成)的动量应等于初始夸克的动量,如图 6-8 所示。

电子的能量增大到 100 吉电子,一旦质子被电子击中,电子会将其所具有的巨大动能传递到碰到的夸克,另外两个夸克由于渐近自由的原因,则像旁观

者一样，基本上保持不变。吸收能量的夸克立即以接近光速的高速度呼啸而去，然后又在色禁闭力的作用下，形成一个喷注（参见图 6-9）。这个实验比 20 世纪 70 年代初，轻子（电子、中微子）对核子的深度非弹性碰撞更真切地“看到”核子内的夸克。看到喷注，实际上相当于观察到“夸克”“衰变”的产物。物理学家甚至就称之为夸克喷注。

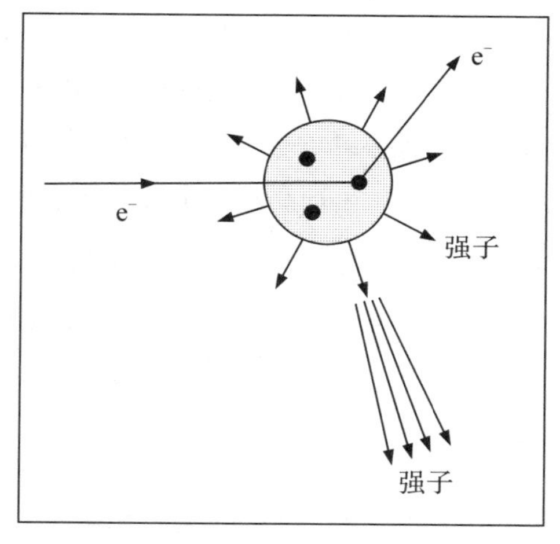


图 6–9　高能电子与质子碰撞形成强子喷注

1978 年，德国 DESY 的 PETRA 对撞机，得到正负电子对撞后产生的“喷注”，是物理学家首次看到的双喷注。物理学家从这些“夸克喷注”中间接看到了夸克。图 6-10 为 1979 年 PETRA 的储存环上观察到的正负电子碰撞所产生的双夸克喷注（图中的数字表示粒子的动量）。实验结果与 QCD 的预测分析完全一致。

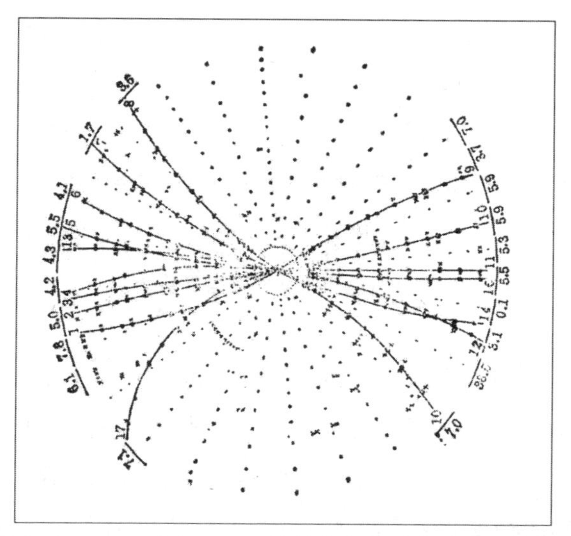

图 6–10　1979 年 PETRA 的储存环上观察到的夸克喷注

质子与质子在高能下的碰撞，情况就更为复杂。但是，如果能量足够高，碰撞可能在两个质子内的夸克之间发生，相撞的夸克就从各自的质子中撞出，从而产生 2 个或 4 个夸克喷注（参见图 6-11、图 6-12）。其中喷注的横动量小，实际上这意味着喷注的集聚性较好。所谓横动量就是与入射方向相垂直的方向上的动量。类似的喷注现象，在欧洲核子中心和美国费米国家实验室都曾观察到。这些喷注自然也是夸克"倩影"的折射。

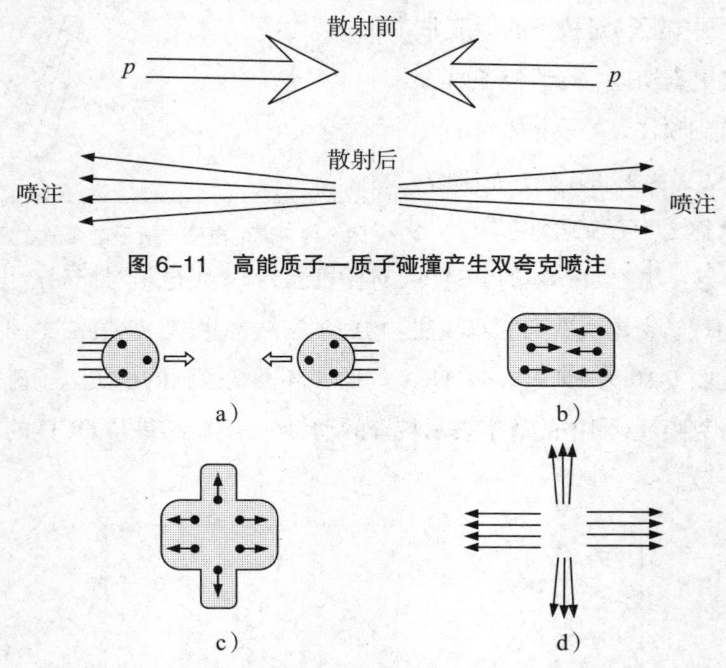


**图 6-11　高能质子—质子碰撞产生双夸克喷注**

**图 6-12　高能质子—质子碰撞产生 4 个夸克喷注**

a）2 个质子相向加速

b）2 个质子合并在一起形成 1 个六夸克系统

c）2 个夸克相撞被撞出强子系统

d）最后结果是产生 2 个夸克喷注（左右）

在图 6-11 中，我们能看到 2 个粒子喷注，其动量指向入射质子的方向。粒子的横动量（相对于入射质子的方向）相当小（典型的事例小于 10 亿电子伏）。

更有趣同时也是更为困难的是，"胶子"的实验，其观测更为复杂。这个问题也被我们聪明的物理学家解决了。在"1974 年 11 月革命"丁肇中等发现粲夸克（c 夸克）以后，物理学家研究了由 c 夸克与 $\bar{c}$ 夸克构成的质量极大的 J/ψ 介子。根据 QCD 预测，它会衰变为 3 个胶子，就像在电磁理论中 $e^+$与 $e^-$结合成的所谓正电子偶素会衰变为 3 个光子一样。在图 6-13 中，正电子偶素衰变为 3 个光子，与此相对应的粲偶素（J/ψ介子）衰变为 3 个胶子。因为胶子是被禁闭的带色粒子，它们将碎裂成强子并形成 3 个胶子喷注。

当然我们不能直接看到胶子，因为胶子产生后，所谓禁闭力就会起作用，使之碎裂为强子（强子化），形成所谓强子喷注。这里出现的 3 个喷注，实际上是 3 个胶子的碎片（参见图 6-13）。但是由于 J/ψ介子中胶子平均能量只有 1 吉电子伏，不足以形成可观察的胶子喷注。

1979 年德国 DESY 的科学家终于看到了比 J/ψ介子质量大 3 倍的 Υ 介子（由更重的 b 夸克与 $\bar{b}$ 夸克构成）衰变时所产生的三喷注现象。此时每个胶子平均能量有 3 吉电子伏，足以产生喷注结构了。这被认为是胶子存在的铁证，我们总算间接地看到胶子。

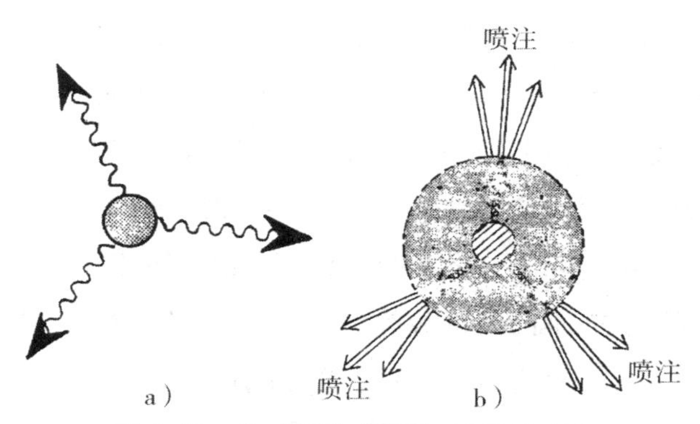

**图 6-13　J/ψ介子衰变形成 3 个胶子喷注**

a）3 个光子衰变　b）3 个胶子喷注

空山不见人，但闻人语响。在幽深空寂的山野之中，我们听到人语喧哗，是可以判断此山是有人的；听到淙淙的水流声，是可以肯定近处必有流水的。

最后我们谈谈胶球、多夸克态和奇特态的故事。实际上这已经属于超出标准模型的新物理。按 QCD 理论，有色的胶子可以构成不含夸克的胶球。只要胶球是色单态或无色就可以。最简单的胶球是 2 个胶子构成的复合体，如 $g_{R\bar{G}}$、$g_{\bar{R}G}$（红—补绿胶子与补红—绿胶子，一般都是具有相应补色的胶子），当然也可以是 3 个或 4 个或更多胶子构成。胶球理应可以观察到，但是自 1980 年人们有意在实验上证实胶球的存在以后，直到 20 世纪 90 年代末，虽然不断传来胶球发现的消息，可惜总是无法最后确定，这些发现总可以有其他解释。实验观察到胶球的主要困难，就是一个实验结果往往可以有多种解释。因此这些所谓发现未被物理学界所公认。

1996 年 2 月，美国 IBM 公司一个研究小组声称，他们用大型计算机进行高能物理实验已有 12 年历史。在模拟实验中，多次发现胶球，并计算了相应胶球的质量谱，其领导人温卡顿、乔治等坚称，他们用计算机已发现“胶球”。他们的结果与实验观测值误差小于 6%。换言之，其模拟结果的可信度相当大。最近实验资料，还有许多结果，以解释为胶子的存在最可靠。但无论如何，眼见为实，他们的结果仍然未得到公认，看来要公认胶球，同志仍须努力。此外，理论上并不排除还有混杂态，即含有夸克和胶子的混合态；多夸克态，即含有 4 个、5 个、6 个夸克的多夸克态和奇特态。

QCD 诞生不过 30 年，取得极其显著的成果，可以毫不夸张地说，它已由理论物理学家的一个美玉无瑕的对称性的艺术珍品，变成了得到充分实验支持的、越来越成熟的、强相互作用的基本理论，它“颁布”越来越多夸克宫内的法典和行为规则，成为我们的加速器、探测器的良师益友。QCD 的理论提出者格罗斯（D. Gross）等三人荣获 2004 年诺贝尔物理学奖（图 6-14）。但杨-米尔斯理论的凯歌行进，不仅在 QCD 的建立中取得令人自豪的成果，而且在“味动力学”，在弱、电相互作用的统一理论建立中，取得更为辉煌的战果！

维尔泽克（K. Wilczek）

格罗斯（D. Gross）

波利泽（H. D. Politzer）

图 6-14　2004 年诺贝尔物理学奖得主

# 第七章　目断天涯上层楼

## ——俯瞰标准模型

### 乱花渐欲迷人眼，早春二月传佳音——发现 b 夸克

1995 年 3 月 2 日，美国费米国家实验室向全世界庄严宣告：他们利用超级质子—反质子对撞机 Tevatron（能量 1000~1200 吉电子伏，周长 6.3 千米）的 CDF 探测器，在 1994 年找到 12 个 t 夸克事例，在 1995 年找到 56 个 t 夸克事例，确定其质量为 174 吉电子伏。从而正式结束对 t 夸克长达近 20 年的漫长探索！

对于国际高能物理学界，这早春二月传来的佳音，不啻贝多芬《欢乐颂》的奏鸣。为了追寻 t 夸克的踪迹，人们专门建造 5 座大型加速器，耗资亿万，其中 4 座都以能量不够宣告失败。20 世纪 70—80 年代，人们做梦也没有想到 t 夸克质量如此巨大，竟然是核子的近 200 倍！

至此，科学家认为的夸克家族 3 代 6 个（味）成员才算大团圆了。

大家清楚记得，夸克模型伊始，只有 3 个（味）夸克：u、d 与 s。1970 年人们讨论可能存在的所谓中性流（下面会介绍）的时候（该现象于 1973 年发现），哈佛大学的格拉肖（S. L. Glashow）就预言，在现有的 3 个夸克以外，还存在质量很大的新夸克（即后来的 c 夸克）。他与希腊科学家里奥坡洛斯（J. Iliopoulos）、意大利科学家迈阿里（L. Maiani）合作撰文，正式发表了这个

预言。这就是所谓 GIM 理论。与此同时，费米实验室的实验部主任莱德曼在$\mu^+$与$\mu^-$对撞实验中，观察到一些奇怪的迹象，有可能解释为新夸克存在，但证据不充分。

奇怪的是，发现c夸克的两个小组都并未受到 GIM 理论的影响。其中一个小组的负责人——美籍华裔物理学家丁肇中(Samuel Chao Chung Ting)(图 7-1)，根据莱氏与华裔科学家颜东茂的建议，在美国布鲁克海文实验室的正负电子对撞实验中，于 1974 年夏天发现一种质量达 3.1 吉电子伏的新介子，寿命异乎寻常的长。他没有及时宣布其发现，准备进行复核后再发表。在 1974 年 11 月上旬，丁肇中的小组已完成复核工作的紧要部分，他从电话得知斯坦福直线加速中心的里希特沿着另一条途径也发现该粒子。于是他俩在 SLAC 会议室同时宣布他们的发现，丁肇中称该介子为J介子，里氏则称为ψ介子，现在学术界统称J/ψ介子。

图 7-1　丁肇中

丁肇中 1962 年获得密歇根大学博士学位以后，先后在哥伦比亚大学和麻省理工学院任教。当时他正热衷于“重光子”的工作，如ρ粒子、φ粒子与Ω粒子，他相信还有更重的“重光子”。但是他的想法未能得到美国费米实验室和CERN领导人的支持。于是，他在 1972 年初进入布鲁克海文国立实验室。寻找“重光子”的工作在 1974 年春天就已开始。在丁肇中的统一指导下，实验由两个独立小组进行。1974 年 9 月两个小组都独立发现 J/ψ介子。丁肇中的实验是用质子对撞，而后分析产生的电子与正电子对。里瑞克则相反，用电子与正电子对撞，而后分析其产物。丁肇中可以说直接“看到”J/ψ介子。而里氏实际上是测量 $R$ 值的过程中发现 $R$ 的突然增加，而断定有新粒子。

J/ψ介子的发现，极大地震动了国际学术界。自 1964 年以来，已被接受的 3 夸克模型从此要做修改了，J/ψ介子只能解释为新夸克与其反夸克构成的介子。这一发现极大地震撼了当时的国际高能物理学界，该发现被称为高能物理的“1974 年 11 月革命”。由于这一重大发现，丁氏与里氏双双荣获 1976 年诺贝尔物理学奖。

J/ψ介子性质非常奇怪：质量特别大，有 3.1 吉电子伏，超过以往任何类似“重光子”粒子；寿命特别长，大约为 $10^{-13}$~$10^{-12}$ 秒，比质量与它相近的超子（Σ、Ξ 等）差不多要长 100 亿倍！后来人们又发现与 J/ψ相关的介子与重子，以致形成庞大的家族（即粲粒子族）。

J/ψ的发现，意味着第四味夸克 c（charm）夸克的发现，c 夸克质量大，约 1.5 吉电子伏，其电荷为 $\frac{2}{3}$ 基本电荷。“c 夸克”中文译名为粲夸克。这是我国已故著名理论物理学家王竹溪先生定名的，取自《诗经·唐风·绸缪》：“今夕何夕，见此粲者。”此粲有“美女”义，“粲”按《说文》《广韵》还有美好意。英文原义有魅力意。王先生的译名甚为贴切、典雅。在 1978 年王先生正式命名前，曾流行“魅夸克”的称谓。魅固然有魅力的延伸意思，但“魑魅魍魉”，本义都是厉鬼，甚不雅驯。粲与魅两种译法，大有文野之分，精粗之别。也许读者从这件小事，应该领悟到一些道理。

如果说 c 夸克的发现，理论物理学家先有预言，实验上也有征兆，那么 b 夸克的发现则纯属偶然，如果说有什么别的启发的话，倒属 1974 年轻子的发现。既然轻子有 5 种或 6 种（加上 $\nu_\tau$），夸克种类会不会也是 5 种或 6 种呢？在欧洲的 SPEAR 和 DORIS 的对撞机上，人们在 5 吉电子伏、6 吉电子伏和 8 吉电子伏的高能域下搜索，并未发现新的夸克。从 1975 年起，莱德曼就开始搜寻重夸克。中间还发生过差点误认在 6 吉电子伏处可能有一重夸克，后来证实是误判的事。1977 年 8 月，时任费米实验室主任的莱德曼利用 400 吉电子伏的质子来轰击靶核，以产生 $\mu^+\mu^-$ 对与 $e^+e^-$ 对，结果发现一个超重的新介子，他命名为Υ介子，其质量竟达 9.5 吉电子伏，相当于质子的 10 倍。实际上这意味着发现了新夸克，因为原有的夸克都不可能构成如此重的介子。后来的实验表明，对应的新夸克的电荷为 $-\frac{1}{3}$ 基本电荷。Υ介子由 b 夸克与 $\bar{b}$ 夸克构成，即Υ=（b $\bar{b}$）。b 夸克人们称之为“bottom”（底）夸克。b 夸克的中文译名“底”就是直译罢了。至于为何称 bottom，也很简单，原来人们将此时发现的

5 味夸克，按弱同位旋(就是在弱电相互作用时表现的一种类似于同位旋的对称性)两重态排列如下：

| | | 第一代 | | 第二代 | | 第三代 |
|---|---|---|---|---|---|---|
| 电荷 | $\frac{2}{3}$基本电荷 | u | ⟷ | c | ⟷ | ? |
| 电荷 | $-\frac{1}{3}$基本电荷 | d | ⟷ | s | ⟷ | b |

按电荷值它应排在第三代弱同位旋的下面，故取名为“底”夸克，与下夸克一样的意思。



自此以后，所有的物理学家都有一个信念，即第三代弱旋的上面空位肯定有一种新夸克来填补，甚至于早就为它准备好了名字，叫“top”(顶)夸克，t夸克。大家都以为这位“远方游子”回家与其他 5 位家族成员的团圆只是近期的事。

谁知道，这位游子居然在 17 年后才返回家族，夸克家族三代这才团圆(图 7-2)。原因很简单，科学家们原以为 b 夸克质量有 5 吉电子伏，t 夸克与它同属一代，即令质量大一点，也不过 10~20 吉电子伏，如 c 夸克质量为 s 夸克的 6.5 倍，而 u 夸克的质量与 d 夸克的质量应大致相当。然而，正如我们知道的，t夸克的质量竟有 174 吉电子伏，是b夸克的 35 倍！大自然是怎样在捉弄我们啊！ 17 年的辛苦、挫折、失败，个中艰辛真是一言难尽！

图 7–2　夸克家族欢迎漂泊在外的游子归来

但是，如何保证再也不会有像 b 夸克一样的不速之客从天而降呢？如何知道夸克家族就只有目前已知的三代呢？

我们可以肯定地说：不会！

我们来看轻子与夸克，现在可以按同位旋双重态排成对称的三代对称模式（每代 2 味夸克、2 味轻子）：

| | 第一代 | 第二代 | 第三代 |
| --- | --- | --- | --- |
| 夸克 | $\begin{pmatrix} u \\ d \end{pmatrix}$ | $\begin{pmatrix} c \\ s \end{pmatrix}$ | $\begin{pmatrix} t \\ b \end{pmatrix}$ |
| 轻子 | $\begin{pmatrix} \nu_e \\ e^- \end{pmatrix}$ | $\begin{pmatrix} \nu_\mu \\ \mu^- \end{pmatrix}$ | $\begin{pmatrix} \nu_\tau \\ \tau^- \end{pmatrix}$ |

这种夸克与轻子的对应性看来绝非偶然，其中一定有更深的道理。从表面上看，济济一堂的夸克、轻子大家族，熙熙攘攘，喜气洋洋，颇有大团圆的气象。并且，对于此家族成员的代的数目问题，物理学家早就进行了广泛而深入的讨论。

早在 1974 年，QCD 奠基人之一的格罗斯，就用一种复杂而有效的数学工具——重整化群理论证明，只要在强子中的夸克存在渐近自由，“夸克”代的数目不能超过 16 “代”！我们知道，所谓渐近自由，不过是在强子中的夸克彼此之间几乎没有什么作用这一实验事实的表述而已！

1978 年，斯拉姆（D. N. Sthramm）在国际中微子学术讨论会上宣称，如果氦 4（$^4$He）原始丰度（占宇宙全部元素的总质量的份额）为 0.25，则从大爆炸学说可以推断，中微子（轻子）的“代”数不超过 4。最新的实验资料表明 $^4$He 的丰度为 0.24 ± 0.001，从大爆炸学说推断，相应中微子的“代”数为 3.3 ± 0.12，宇宙学间接给出的夸克和轻子的“代”数就是 3。

此外，弱电统一理论给出确定夸克的“代”数的最佳方案：精密测量不带电的中间玻色子 $Z^0$ 的质量谱线。用纵轴表示光生（高能γ光子对撞中所产生的）的 $Z^0$ 的事例，横坐标表示 $Z^0$ 的质量（能量）。由于 $Z^0$ 的寿命极短，约 $10^{-25}$ 秒，测量精度必须极高。测不准关系告诉我们，寿命越短，测定的质量（能量）的不确定性也就越大，自然很难有两次测量结果完全一样。如果测量的事例越多，测量值就会呈现钟形（高斯分布），如图 7-3。

分布曲线的高度和宽度与 $Z^0$ 粒子的寿命有关。另一方面，$Z^0$ 粒子的寿命与它可能的衰变"渠道"的数目有关。如果衰变"渠道"的数目越多，则 $Z^0$ 寿命越短，相应分布曲线的峰值（高度）较低，而曲线宽度较大；反之，如果衰变"渠道"数目越少，则 $Z^0$ 寿命较长，相应分布曲线高度较大，而宽度较小。

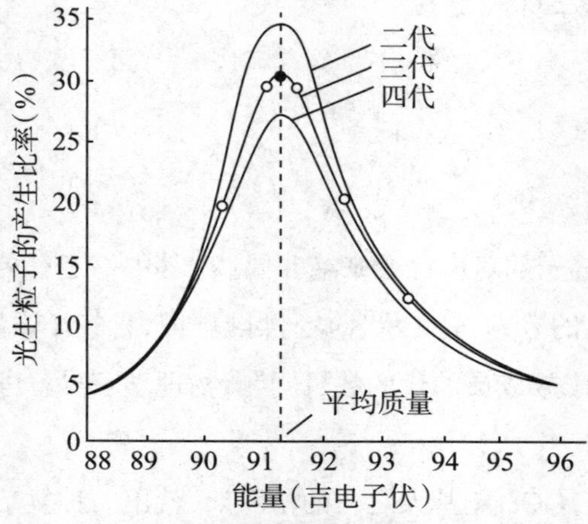


**图 7–3　$Z^0$ 的质量谱分布曲线与夸克的"代"数**

理论分析表明，如果夸克的"代"数越多，则 $Z^0$ 的衰变（首先衰变为不同的夸克）的渠道越多，相应的分布曲线低而宽；反之则分布曲线高而窄。因此测量 $Z^0$ 粒子质量谱曲线就可以确定夸克的代的数目。图 7-3 中，3 条曲线分别是相应二代、三代和四代夸克模型的 $Z^0$ 质量谱线。图中圆圈均系 1989 年末欧洲核子中心大型正负电子对撞机（LEP）的实验数据。你看，圆圈都落在相应三代夸克模型的曲线上。

实际上，同时有 5 个实验组工作 4 个多月，精密测量了 10 万个 $Z^0$ 粒子事例。对实验数据拟合分析的结果表明，夸克的"代"数应为 $3.09 \pm 0.09$。综合以上结果，再考虑到轻子和夸克的"代"对应性，可以得出结论，夸克和轻子代的数目就是 3。换句话说，我们已经发现自然界存在的全部夸克与轻子的"代"。

以后再也不会有像 b 夸克、$\tau^-$ 轻子之类的不速之客从天外降临，打破我们平静的生活。

是焉非焉，让新世纪的实验检验我们以上的结论吧！

# 山重水复疑无路，柳暗花明又一村
# ——弱电磁相互作用理论的建立

我们已经知道如何处理夸克有关的强相互作用过程，因为一个建立在精确局域对称 SU(3)理论基础上的 QCD 已经建立起来了。但是夸克还同时参与电磁相互作用与弱相互作用，轻子只参与这些作用。可不可以仿照 QCD，也建立起局域对称的电磁相互作用与弱相互作用理论呢？前者早已建立起来，就是量子电动力学(QED)，但是令人满意的弱相互作用理论却总是难产。

我们早就知道，正是在弱相互作用中发现宇称不守恒，掀起物理学上一场大风波。关于弱相互作用的理论，最早是费米在 1934 年建立起来的，他当时任教于罗马大学。费米的理论又称直接相互作用理论，因为理论要求弱力力程极短，以致在相互作用中交换虚粒子(光子)几乎就在一点上发生。费米对于这个工作十分得意，甚至觉得是平生最好的工作。

但是令费米气愤的是，《自然》杂志拒绝接受他的论文，声称：文章内容与当前物理学联系甚少，大多数物理学家不会感兴趣。后来这篇文章在德、意的学术杂志上发表。实际上，费米理论在低能上直到目前仍然是描述弱相互作用的有效理论。当然，它不可重整，不适合高能弱相互作用现象，而且它是宇称完全不守恒的。

之后罗彻斯特大学的苏达尚(E. C. G. Sudarshan)和马尔夏克(R. Marshak)修正费米理论，形成所谓 V-A(矢量－赝矢量)模型。盖尔曼和费曼使之更为完善，可以与李－杨的工作相协调。但是致命的问题仍然是不能重整，不能用于精确计算，在高能下不能应用。

20 世纪 50 年代末，一些物理学家注意到光子与讨论中的弱相互作用的中间玻色子$W^+$、$W^-$有些类似，如它们的自旋均为 1。附带说一句，原始中间玻色子理论很类似汤川的介子理论。他们希望在电磁相互作用与弱相互作用间找到某种关联。其中施温格、布鲁德曼(S. Bludman)和格拉肖等更进一步猜测：光子与$W^+$、$W^-$玻色子会不会是某种杨－米尔斯理论的规范粒子呢？关键在于选用什么局域对称性。

布鲁德曼试用杨-米尔斯用过的SU(2),遇到了1954年在强相互作用中杨-米尔斯遇到的相同困难,只得罢手。其中特别值得指出的是,他采用20世纪50年代中期德国人克莱因(O. Klein)的假设,在弱相互作用中交换W介子。中间玻色子W的命名者就是他。不过布鲁德曼认为有2种W介子,连同光子构成SU(2)群的3个媒介粒子,而电子和中微子则构成同位旋两重态。他在1958年发表论文后,听说了V-A理论,以后就再也未将工作深入下去。布鲁德曼是尝试建立纯弱相互作用规范理论的先驱者。

格拉肖则是施温格的研究生,其博士论文就是有关弱相互作用的。格拉肖试用较复杂的SU(2)⊗U(1)对称性(群),其中弱同位旋的双重态为电子型中微子。初步的结果是中间玻色子除光子和$W^+$、$W^-$以外,又添加了一个不带电的中间玻色子$Z^0$。这样一来,问题更严重了。如果有$Z^0$存在,则必然会出现此前从未发现的"中性流"过程,如:

$$\nu_e(\text{中微子})+n(\text{中子})\rightarrow \nu_e+n,$$

以前观察到的标准弱过程,只有:

$$\nu_e+n\rightarrow e^-(\text{电子})+p(\text{质子}),$$

其中粒子的电荷发生变换,这种过程称为带电流过程。与布鲁德曼遇到的困难一样,中间玻色子$W^+$、$W^-$、$Z^0$具有很大质量(如果人为加进质量),会破坏相应的规范对称性,这样一来,杨-米尔斯理论的全部优点就会丧失。自1961年以来,人们对于格拉肖的理论都敬而远之。有趣的是,在1961年萨拉姆曾对格拉肖的工作给予严厉批评,并指出其中好几处数学上的"硬伤";但1964年萨拉姆等却企图使之起死回生,当然也失败了。

如果能使规范粒子获得质量,同时又能使规范对称性得到保留就好了。这种看似难以做到的两全其美的方法居然被物理学家找到了。这就是对称性自发破缺,或称隐藏对称性的方法,这个概念是由美籍日裔物理学家南部从凝聚态物理中介绍到粒子物理领域的。这种聪明的办法,我们在下节专门介绍。但在1964年,人们都是将自发对称破缺应用于强相互作用理论,于是,许多声名卓著的物理学家,如安德逊、古拉尔尼克(G. Guralnik)、黑根(C. R. Hagen)、基勃尔(T. Kibble)、恩格勒特(F. Englert)、布卢特(R. Bront)和希格斯等人,都在这条错误的道路上辛勤耕耘,结果自然是徒劳往返,劳而无功。好在这些人暂时还只是将自发破缺作为一种新兴的游戏。我们不要忘记,强作用的对称性是精确对称的,并非近似对称或自发破缺的,而 QCD 的建立是七八年以后的事。

同时格拉肖的工作由于遇到致命的问题被人置诸脑后,束之高阁。但是人们不知良药已在侧,“自发破缺”已经被发现了,而且已为从事粒子物理的科学家所使用,可是却“明珠暗投,良药误用”,用在无用武之力的地方,白费了“自发破缺”这个奇珍异宝。

1967—1968 年,巴基斯坦科学家萨拉姆、美国人温伯格终于拿起对称性自发破缺的武器,冲向弱相互作用与电磁相互作用的战场。温伯格原来也是将“自发破缺”作为玩具,徒劳踯躅在强相互作用中的一位,但他迷途知返,醒悟到他不该将灿烂夺目的明珠扔到黑暗的角落。他将目光投向正确的方向,终于柳暗花明,峰回路转。

萨拉姆在 1964 年对格拉肖的对称群 SU(2)⊗U(1)拯救失败以后,其同事、自发破缺发现者之一的基勃尔教给他自发破缺、希格斯机制等本领。萨氏又投入到格拉肖方案中去。

温伯格在 1966 年、萨拉姆在 1967 年各自独立地成功将对称性自发破缺机制引入到格拉肖方案中去,从而成功地将电磁相互作用与弱相互作用统一起来(图 7-4)。格拉肖引入了短程的中性流($Z^0$ 粒子),推广了由温伯格提出的电弱统一理论。这是物理学发展史上的重要里程碑,是继麦克斯韦电磁论以后人类史上的第二个成功的统一场论。爱因斯坦花费后半生精力,一直希望将引力与电磁力统一起来,没有成功,现在他的梦正在实现。温伯格、萨拉姆、格拉肖三人因此荣获 1979 年诺贝尔物理学奖(图 7-5)。

**图 7-4 弱电统一理论终于建立起来了**

但温伯格与萨拉姆理论问世伊始,

并未立即得到热烈响应。原因何在呢?

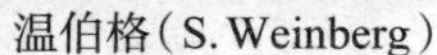
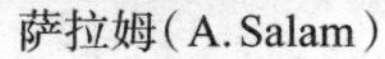

温伯格(S. Weinberg)　萨拉姆(A. Salam)　格拉肖(S. L. Glashow)

**图 7–5　1979 年诺贝尔物理学奖得主**

在回答这个问题以前,我们先了解一下,什么叫对称性自发破缺(spontaneous symmetry breaking),其奥妙何在。

对称性自发破缺,是南部、基勃尔等在研究铁磁性理论(亦称磁性理论)中发现的,又称隐藏对称性(hidden symmetry)。举一个例子,一个磁化的铁棒,其自由能无论对 N 极还是 S 极都是相同的,其磁化强度曲线如图 7-6 所示。试看高温下能量与磁化能量的曲线,在高温时,磁化曲线相应于图 7-6a,此图环绕能量轴线是完全对称的;在三维空间中,曲线实际上是相对纵轴具有转动对称性的曲面;平衡态,即能量最低态处于磁化强度为 0 处、U 形曲线的凹部,此时系统具有明显的转动对称性。

但在低温时,磁化曲线相应于图 7-6b,磁化曲线呈现 W 形(这是典型的自发破缺)。此时平衡态可能处于 W 形的两个凹部,或在右侧,或在左侧。但对实际系统两者必居其一。假定平衡态处于左侧,此时系统的自由能曲线在 S 极与 N 极之间依然保持对称。就磁化规律、磁化曲线(面)而言,转动不变性并未破坏,但是对于实际平衡态(左侧)却不存在什么对称性。

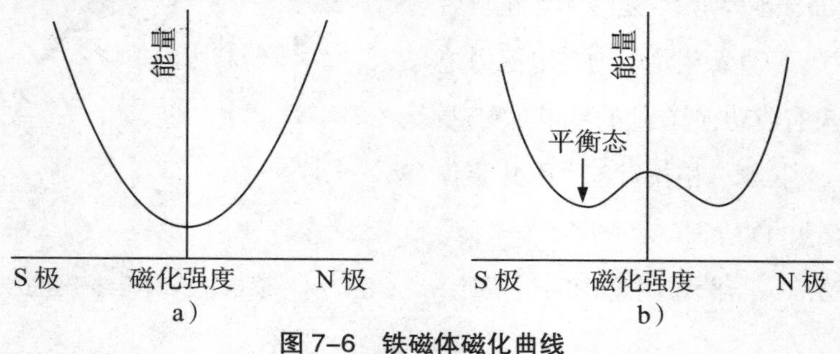


**图 7–6　铁磁体磁化曲线**

a)高温磁化强度曲线　b)低温磁化强度曲线

形象地说，设想有"居民"生活于此平衡态处，他们由于"身在庐山"，根本未觉察到任何转动对称性——曲线的真面目。但是，对于旁观者，能够窥见曲线(面)的"全貌"，自然会说"曲线(面)的真面貌依然风度如故，保持转动的对称性"。于是，就现实的平衡态的居民而言，"对称性"只是隐藏起来了。

1971年，萨拉姆在《欧洲核子中心公报》上撰文，生动地描述对称性自发破缺的例子："设想有一个豪华的宴会，来宾依圆桌而坐。从一只鸟的观点来看，这场面是完全对称的。宾客们传递餐巾，每个人从左边或右边邻座传来餐巾的机会应该是均等的(意即具有左、右对称性)。但是一旦有人决定，直接从左边邻座传来餐巾，其他人也只得效尤，那么对称性就自发破缺了。"参见图7-7a。图7-7a和7-7b都是转引自南部所著《夸克》一书。图7-7b显示超导中库柏对的形成，也是一种自发破缺。

也许富宾尼(S. Fubini)在1974年国际高能物理学术会议上引用法国哲学家布里丹(J. Buridan)的寓言说明自发破缺，更为生动、更为风趣，也更为贴切："处于两食槽之间的驴子，看到食槽中的食物都是一样多，它拿不定主意到哪个食槽进食。驴子拿不定主意就是对称性。使驴子做出选择需要外界的影响。驴子的任何选择，都使对称性自发破缺。这个外界影响就是希格斯场。"

(a)　　(b)

**图7-7　对称性自发破缺**

(a)萨拉姆的宴会中传餐巾　(b)库柏对液体平滑地流动

富宾尼这里已经切入正题。此处希格斯场就是使规范对称性发生自发破缺的外界条件，相当于磁性理论中的磁化强度。希格斯场的自相互作用产生的“自能”，即场的势能，相应于磁性理论中的自由能。当然，希格斯场的具体选择，依具体规范对称(群)，以及我们最终目的而定。希格斯机制在超导、磁性理论中早有成功应用。

自发破缺是怎样使格拉肖方案起死回生的呢?

## 火树银花不夜天——弱电“统一宫”

弱相互作用与电磁相互作用都作用于夸克和轻子，只与“味”有关，因而它们统称量子味动力学(Quantum Flavordynamics，QFD)。强相互作用则与色相关。温伯格、萨拉姆所建立的弱电统一大厦确实充满智慧的创造，处处闪烁着对称美的火花。

大厦的框架——局域规范对称性（群）选择的是格拉肖早就试用的 SU(2)⊗U(1)。但此处的 SU(2)就是我们早就介绍过的弱同位旋升格而来的。因为原来的SU(2)只有近似整体对称性，现在却是局域对称性理论了，但是还保留原来的“功能”。大厦中的居民是三代夸克与轻子，每一代都是它的基本表示(“表示”为群论的术语，大意是具体群中具有对称性的某种特殊组合)。大厦中另一些居民就是 4 个规范粒子：光子γ和$W^+$、$W^-$与 $Z^0$。在对称性未进行自发破缺以前，所有的居民都是无静止质量的。

但是，在温伯格与萨拉姆利用希格斯场进行对称性自发破缺以后，所有夸克获得质量，$W^+$、$W^-$与 $Z^0$ 获得更大的质量，此时规范对称性从本质说未被破坏，只是隐藏起来而已。但从此以后，无静止质量的光子与庞大质量的中间玻色子，这种巨大差异，使得我们难以识别它们本来的密切关系或血缘关系。在极高能下，如 $10^{15}$ 吉电子伏，W 与 Z 的质量相比极高的、与过程相关的能量可以忽略不计，W 和 Z 与γ光子的亲属关系就昭然若揭了。此时 W、Z 可以像γ光子一样，紧密地将相关粒子结合在一起，也就是弱相互作用强度逐步增强，与电磁相互作用强度接近，以致相等，完全并和(统一)为单一的弱电相互作用(参见图 7-8)。

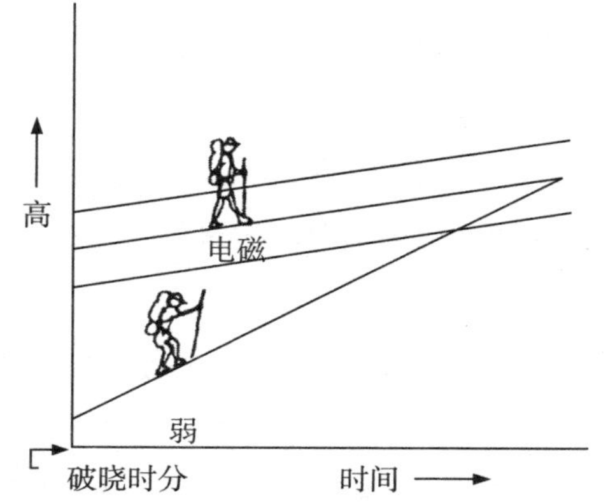


**图 7–8　电磁相互作用与弱相互作用的统一示意图**

但是在低能下，W 与 Z 粒子由于质量相比过程能量较大，因此传递相互作用时就会被自己的质量“拖住”，以致作用很弱，与电磁相互作用有显著的差异。图 7-8 中“山”的高度相当于作用的强度，时间相对于相应的能量。电磁相互作用和弱相互作用强度都是随能量增高而变化，在极高能量处（或两粒子距离极小处）弱相互作用强度急剧增加，一直到与电磁相互作用强度相等，合二为一。这相当破晓时分，两登山客，一个攀登速度极快，一个较慢，最后在某处会合。

局域规范理论之所以可贵就在于它继承了爱因斯坦广义相对论最吸引人的优点，即一旦具体规范对称性确定，相应的相互作用的规律及具体形式完全确定了。但它还有一个优点则正好是广义相对论的致命伤：非阿贝尔区域规范理论是可以重整化的，而广义相对论则不能。

原来，量子理论在具体计算中往往会出现无穷大。例如，1930 年，美国物理学家奥本海默在计算狄拉克方程中所谓自能时，就发现出现无穷大。这在物理上是不允许的，会限制理论的应用，使理论根本无法进行精确计算。20 世纪 40 年代，物理学家找到一种系统处理这些无穷大（又称发散困难）的方法，叫做重整化理论。经过重整化以后，无穷大消失了，而且得到的计算结果与实验观察相互吻合，美国与日本的科学家因为发明这个方案甚至荣获诺贝尔物理学奖呢。当然这种方法是针对 QED 理论的。

自此之后，物理学家对于一个理论的好坏，有一个先入为主的判断标准，即看是否能重整化，否则就入另册，至少认为是没多大用的。局域规范理论的另一个优点就是可以严格重整化，因此QCD是可重整的。

读者自然想知道，为什么大多数物理学家开始时对W-S（温伯格－萨拉姆）理论冷眼相看了。因为未自发破缺前的理论是可重整的，这已经被证明了。但是经过自发破缺后，可重整性还保持吗？天知道！这个检查或证明是十分困难的。

1971年，荷兰的特胡夫特（Gerard't Hooft），公正地说，也许应加上维尔特曼（M. J. G. Veltman），巧妙地证明了自发破缺的W-S理论确实可以重整化。就是说，自发破缺并未破坏W-S理论的可重整性。特胡夫特是一个奇才，他的论文短小凝练，异常艰深，往往要花费许多精力才能明白其中的深义。这个消息使世界高能物理学界雀跃不已。哈佛大学的科尔曼教授击节赞叹道："特胡夫特的突破，使温伯格与萨拉姆的青蛙摇身一变，成了大家赞美的王子！"

维尔特曼是荷兰理论物理学家，20世纪70年代任教于乌特勒大学，对弱电理论的重整化十分感兴趣。他发现理论中出现的许多无穷大项可以相消，但无法证明所有的无穷大项都能消去。他在1968年发展了一套所谓"学院计算机程序"。利用该程序，借助于符号就可以将量子场论中所有复杂的表达式简化为代数计算，简洁地将许多结果表达出来。1969年春天，特胡夫特22岁，刚大学毕业，要求学习高能物理，很快被录取为维尔特曼的博士生。特胡夫特要求课题越难越好，在维尔特曼的建议下，他以弱电统一论的重整化问题作为其博士论文。特胡夫特发明了一种维度正规化的数学方案，以极快速度完成可重整化的证明，令维尔特曼简直目瞪口呆。经过学生反复说明，特别是通过维尔特曼的"学院计算机程序"验算部分结果以后，他才相信这个世界难题被这个青年攻克了。1971年，特胡夫特的论文在《欧洲物理快报》发表。

青蛙王子在凯歌中行走，身价顿时百倍的W-S理论又取得接二连三的重大收获。于是，"弱电统一宫"又添华彩，青蛙王子频传凯歌。

要知道，温伯格开始读特胡夫特的文章时并不信服，并不习惯文章的形式及表述的技巧。当他的朋友，韩国科学家李于利（Benjamin L'Huillier）将特胡夫特的文章"翻译"成通常的形式后，温伯格才弄懂，并相信其正确性。1999年维尔特曼与特胡夫特荣获诺贝尔物理学奖。理由是，他们的工作奠定了粒子物理学的坚实数学基础，尤其是他们证明有关理论是可以用于物理量的精确计算的。许多计算结果已为美国和欧洲加速器实验室证实。总之，他们的工作在阐明物理学中电磁相互作用的量子结构上有极大贡献。

经过重整之后的弱电理论，不仅消除了原来“发散”的致命问题，而且可以用于精确计算，这一结果可以与实验结果比较。之前许多人心存疑虑，还有一个原因是，这个理论预言的“中性流”在自然界中一直并未发现，人们所看到的是所谓带电流。

中微子$\nu_e$与中子 n 碰撞，变成电子和质子，其中有两个阶段：中微子放出一个$W^+$中间玻色子后变成电子，即：

$$\nu_e \rightarrow e^- + W^+,$$

中子吸收该$W^+$粒子，而放出一个质子，即：

$$n + W^+ \rightarrow p。$$

在第二阶段中，本质上是中子的一个 d 夸克吸收$W^+$粒子变成 u 夸克，如图 7-9。

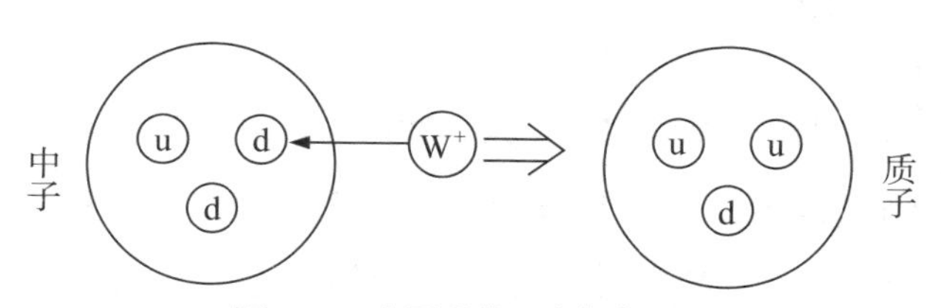


图 7–9　中子吸收 $W^+$ 变成质子

这个过程伴随有粒子之间的电荷转移，故称带电流过程，或荷电流过程，是以前理论可以解释的，早在 1960—1961 年就已发现了的。

但是，在 W-S 理论中，新添不带电的中间玻色子 $Z^0$，应该发生中性流过程。该过程也有两个阶段：先是中微子放出 $Z^0$，自身仍保持不变（注意这是一个虚过程，只要不违反测不准关系就可以了，可以不满足能量守恒定律），即：

$$\nu_e \rightarrow \nu_e + Z^0,$$

中子吸收 $Z^0$ 粒子

$$n + Z^0 \rightarrow n,$$

或综合两阶段

$$\nu_e \rightarrow \nu_e + Z^0 \rightarrow n + Z^0 \rightarrow n。$$

这个过程中,参与粒子并未有电荷交换,称为中性流过程,是以前理论不允许的。

1973 年,CERN 的"巨人"气泡室发现几例中性流事件,并且很快得到美国费米实验室、布鲁克海文与阿贡(Argonne)实验室的实验结果的支持。这是 W-S 理论的巨大成功。从此弱电统一理论更是"春风得意马蹄疾,一朝看尽洛阳花"了。



但是,弱电统一理论的决定性胜利还是中间玻色子的发现。弱电统一理论不仅认为,中间玻色子不仅像前人所认为的,有带正电的$W^+$与带负电的$W^-$,而且应该有不带电的 $Z^0$。更进一步,理论经过严密的计算预言:$W^+$、$W^-$的质量应该为 80 吉电子伏,而 $Z^0$ 则更大,约为 90 吉电子伏,就是说,它们均为当时发现的最大质量的粒子。

佳音终于传来了,一切都是这样称心如意,尽善尽美。欧洲核子中心的鲁比亚(C. Rubbia)与范德梅尔(Simon van der Meer)利用 CERN 在 1982 年建造的能量为 600 吉电子伏的质子—反质子对撞机,在 1982 年 10—12 月,发现$W^+$、$W^-$事例 140000 起。最后几经周折,包括计算机处理中的问题,最后确证 5 起事例:其中 4 起对应$W^+$粒子,1 起对应$W^-$粒子。真是比黄金还要宝贵的 5 个事例呀!他们于 1983 年 1 月 25 日宣布其发现。至于 $Z^0$ 粒子,直到 1983 年 5 月 4 日,经过 5 个月紧张工作,积累事例几万起,他们才发现与 $Z^0$ 有关的第一个事例。在 1983 年 10 月,他们宣布发现 $Z^0$ 粒子。按照他们的测量,$W^+$、$W^-$的质量大约为 81 吉电子伏,而 $Z^0$ 的质量为 93 吉电子伏,其寿命约为 $10^{-24}$ 秒。现在人们采用的数据是$m_W = 80$ 吉电子伏,$m_Z = 91$ 吉电子伏。

当然,早在 20 世纪 70 年代初,费米实验室和欧洲核子中心就提出寻找$W^+$、$W^-$、$Z^0$ 的目标。其加速器能量当时已达到 400~500 吉电子伏,超过$W^+$、$W^-$、$Z^0$ 的质量许多,但为什么找不到这些粒子呢?原因是当时都是固定靶加速器,大部分能量由射出粒子作为动能带走了。分析表明,剩下产生新粒子的能量,至多不过 28 吉电子伏,当然不足以产生$W^+$、$W^-$、$Z^0$ 粒子。后来欧洲核子中心的 LEP(大型正负电子对撞机)可利用产生新粒子能量,也是到 20 世纪

80年代方才达到的。

鲁比亚等的工作其实在于将欧洲的SPS(大型质子加速器)改造为270吉电子伏-270吉电子伏的质子—反质子对撞机。他们采用较为简单的方法(随机对撞),而把进行同样改装工作的美国费米实验室甩在后面。实际上,1981年6月9日,CERN的质子—反质子对撞实验就开始了。但他们发现加速器通道不畅通,亮度不够。几经改进,半年以后亮度(反质子出射粒子密度)提高50倍;直到1982年10月才趋于正常,亮度提高了100倍,达到实验要求。

$W^+$、$W^-$或$Z^0$的检测当然也是复杂的事情。由100余名科学家、工程技术人员(来自9个国家)组成UA-1探测组,然后又组成类似的第二个探测组UA-2。首批发现由UA-1组得到,而后UA-2组进一步分析,证实这些发现。

鲁比亚的发现简直与W-S理论的预言一模一样,这真是对弱电统一模型最完美的证明。从此,一个令学术界公认的弱电统一理论问世了,并且有一新词"弱电力"(weak electric force)诞生了。如果说19世纪法拉第、麦克斯韦统一了电力与磁力,那么20世纪人们又成功地将电磁力与弱力统一为弱电力。

鲁比亚、范德梅尔理所当然地荣获1984年度诺贝尔物理学奖。恐怕这是诺贝尔奖中,从成果的发表到获奖,其间时间最短的吧!鲁比亚与范德梅尔均供职于欧洲核子中心。范氏发明的"随机冷却法"解决质子与反质子对撞时亮度不够的问题。鲁比亚是整个工作的主要领导人,利用质子—反质子对撞以寻找$W^+$、$W^-$、$Z^0$的想法就是来自他。

弱电规范对称$SU(2)\otimes U(1)$的4个规范粒子:光子$\gamma$、$W^+$、$W^-$与$Z^0$终于欢天喜地团聚在一起了。原来以为是孑然一身、独来独往的光子,发现其血缘相近的姐妹$W^+$、$W^-$、$Z^0$居然如此笨重,不禁啼笑皆非。活泼轻俏的光子知道,姐姐们原来也跟她一样,没有静止质量;只是由于自发破缺的原因,质量变得如此庞大。同时,她也明白,在更高能量下,姐姐们又会变得与她一样活泼轻俏,弱相互作用会渐渐增强变得与电磁相互作用一样强大了。

人类在了解大自然的历程中,展开了崭新的一页,迎来了新纪元的曙光……

# 欲穷千里目，更上一层楼——标准模型与“上帝粒子”

20世纪对极微世界的探索，硕果累累。我们在这新世纪伊始，回首前进的历程，感到无限幸福，人类终于发现渗透于大自然中的节拍与韵律——各种对称性。正是在这些节拍与韵律中，我们宏观世界、微观世界各自展现其无限的风姿和魅力。尤其是，始于爱因斯坦对于局域变换对称的追求，继之于由杨振宁等高高举起火炬，逐渐发现和充实的杨-米尔斯局域规范理论，终于成为理解和认识极微世界的标准理论。这是响彻极微世界的洪钟大吕般的主旋律，也是基本粒子世界的成员行为的宪章。可以毫不夸张地说，20世纪粒子物理的研究精华都在于所谓标准模型（图7-10）。

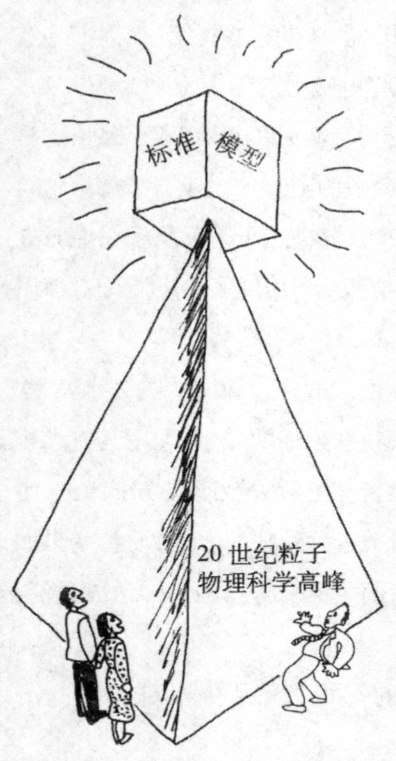


图7-10 20世纪粒子物理的成就集中在所谓标准模型

作为20世纪高能物理成就的顶峰与代表，所谓标准模型就是SUc(3)⊗SU(2)×U(1)局域规范对称理论。其中SUc(3)就是上一章讲的精确对称的色SUc(3)局域规范对称，这里3代表夸克的三原色，是对称性基本表示。它描述夸克之间的强相互作用，又称量子色动力学（QCD）。QCD中有8个有色（复色）胶子。

SU(2)⊗U(1)则是味局域规范对称性，这里2代表弱同位旋二重态，夸克和轻子三代中的每一代都是弱旋二重态。味规范对称SU(2)⊗U(1)不是精确对称的，经过自发破缺以后，其规范粒子有$W^+$、$W^-$、$Z^0$获得质量，而光子依然保持无静止质量。味规范对称性SU(2)⊗U(1)又称味动力学，描述夸克与轻子的弱电相互作用，因此又称温伯格—萨拉姆弱电统一理论。

这里都是群论的符号，穷究其含义不是我们的任务。但也稍加说明，⊗表示两个对称性（群）直乘，在物理上意味着耦合。因此强规范对称性与弱规范对称性还有一定“混合”，并非完全各自独立的，我们就不深谈了。

在标准模型中，共有12个杨–米尔斯规范玻色子：光子、$W^+$、$W^-$、$Z^0$与8个胶子。前4个玻色子与8个胶子各自属于小家族，但是又同属一个有血缘关系（“耦合”形成）的大家庭。实际上它们构成除夸克和轻子之外的基本粒子的第三个大家族。除光子外，其他规范粒子都有相应的反粒子。规范粒子的任务就是传递实物粒子之间的相互作用。这也是一个相当古怪的大家族，有的静质量为零，有的则几乎是中子的100倍；有的极易观察，到处抛头露面（如光子），有的则永远深锁于强子之内（如胶子）不见天日。我们的世界真是丰富多彩，无奇不有啊！

这里再附加说明，还有一种粒子叫希格斯粒子，自旋为零，大多数物理学家认为自然界应该存在。所谓自发破缺就是希格斯粒子在起作用，因此自发破缺的方式又称希格斯机制。希格斯粒子的质量或许会达到1000吉电子伏。寻找希格斯粒子是世纪之交国际科学界建造更高能量加速器的强大动力之一。

希格斯（图7-11）20世纪60年代任教于英国皇家学院。当时他已知道南部的自发破缺的思想。后来进一步了解哥德斯通（J. Goldstone）的工作时，他已改而任教于剑桥大学。哥氏宣称，对称性即在自发破缺以后，在任何场中会产生质量为零的粒子。人们现称其为哥德斯通粒子（固体物理中的元激发，如声子、磁子等）。希氏将这些内容与局域规范对称联系起来。结果大吃一惊，发现此时居然出现有质量的粒子——所谓希格斯粒子。但是希格斯这些突破性的工作在发表时遇到麻烦，他的第一篇文章发表了，第二篇则被退稿。

温伯格一看到希格斯的文章就大为赞叹！首先他将此应用于强相互作用，讨论π介子，收获甚微。后来他将希格斯机制应用于弱电理论，神效立见。$W^+$、$W^-$、$Z^0$“吃掉”希格斯粒子获得质量，而局域对称性依然保持。

标准模型预言的所有粒子都顺利发现，唯独希格斯粒子至今尚待发现。由

图 7-11　希格斯（P. Higgs）

于希格斯粒子在标准模型里实际上是所有有静止质量粒子获得质量的关键所在，就是说，我们宇宙所有的物质的质量都是由希格斯粒子而获得的，其重要性不言而喻。1993 年有科学家戏称希格斯粒子为“上帝粒子”，但是希格斯本人并不赞成这种叫法，因为这种叫法有损宗教徒的感情，尽管希格斯并不是教徒。

寻找希格斯粒子的实验早就开始了。欧洲核子中心的正负电子对撞机（LEP）自 1990 年代开始运行，到 2000 年时停止运行，进行了很多精密的测量，可惜的是一直没有找到希格斯粒子存在的直接证据。但是他们的测量表明，如果希格斯粒子存在的话，其质量至少比 120 个质子还重。换言之，他们的实验确定希格斯粒子质量的下限为 120 倍质子质量。

美国费米实验室质子—反质子对撞机（Tevatron）位于美国伊利诺伊州巴达维亚附近的草原上，是世界上目前运行能量第二高的粒子对撞机。其所在的费米实验室是美国最大的高能物理实验室，也是世界上仅次于欧洲核子研究中心的第二大实验室。但在 2008 年 9 月欧洲核子研究中心的 LHC 建成之后，Tevatron 显得日渐尴尬，因为其产生的最高能量不过 LHC 的 1/7，当然相关研究人员都将 LHC 作为第一选择。为摆脱困境，费米实验室一方面加强与 LHC 的合作，尽可能使研究人员实时获得欧洲核子研究中心的实验数据；另一方面也在试图转型，寻求新的研究领域，甚至筹划建造新的加速器。

费米实验室勉力维持 Tevatron 加速器运行 3 年，以期抢在欧洲同行之前找到希格斯玻色子，但美梦终成泡影。美国能源部于 2011 年 1 月 11 日正式宣布不再提供资金，Tevatron 面临即将关闭的命运。LHC 则成为了寻找希格斯玻色子的唯一希望。然而，不幸中的万幸是，他们探索的结果结合斯坦福直线加速器中心的类似测量，得到了希格斯粒子存在的间接证据：最轻的希格斯粒子质量，小于 200 倍的质子质量。这一结论的前提是仅仅考虑粒子与最轻的希格斯粒子的相互作用。

Tevatron 与 LEP 的工作尽管没有找到希格斯粒子存在的直接证据，但是却大致确定了如果希格斯粒子存在，最轻的希格斯粒子质量大致为 120~200 倍质子质量。

2005 年欧洲大型强子对撞机 LHC 已经建造完成，其能量达到 14000 吉电子伏，于北京时间 2008 年 9 月 10 日下午 15:30 正式开始运作，成为世界上最大的粒子加速器设施。大型强子对撞机的精确周长是 2.6659 万米，内部总共有 9300 个磁体。不仅大型强子对撞机是世界上最大的粒子加速器，而且仅它的制冷分配系统（cryogenic distribution system）的 1/8，就称得上是世界上最大的制冷机。但在 2008 年 9 月 19 日，LHC 第三与第四段之间用来冷却超导磁铁的液态氦发生了严重的泄漏，导致对撞机暂停运转。经过科学家检查修复后，它于 2009 年 11 月 20 日恢复运行，很快人们就得到了一批珍贵实验资料。截至 2011 年 9 月，科学家已经对希格斯粒子的质量范围缩小到 114~149GeV/$c^2$。图 7-12 是目前实验进展情况，置信度为 90%~95%。

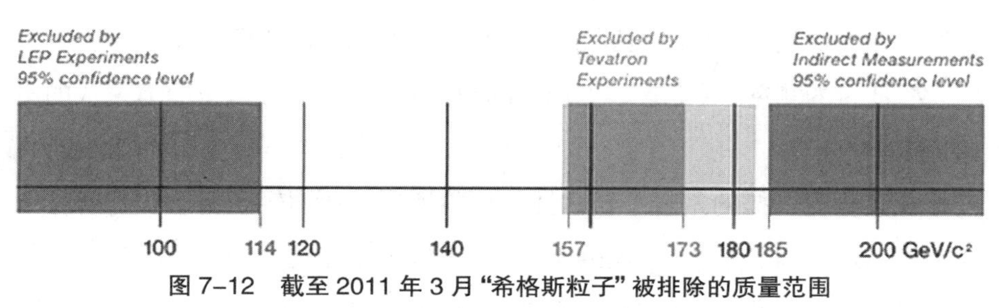


图 7–12　截至 2011 年 3 月“希格斯粒子”被排除的质量范围

2000年，科学家通过欧洲核子研究中心（CERN）的大型正负电子对撞机（LEP）上积累的数据判定“希格斯粒子”的质量不会大于114GeV/$c^2$。2009年8月，间接测量排除“希格斯粒子”的质量在186GeV/$c^2$之上。2010年7月，费米实验室（Fermilab）万亿电子伏特加速器（Tevatron）上的CDF和D0探测器上积累的数据足以排除“希格斯粒子”质量在158GeV/$c^2$~175GeV/$c^2$之间。2011年7月，“希格斯粒子”被排除的区间扩大为156GeV/$c^2$~177GeV/$c^2$。同月，欧洲大型强子对撞机（LHC）的ATLAS和CMS实验小组又分别排除希格斯粒子质量在“155GeV/$c^2$~190GeV/$c^2$”和“149GeV/$c^2$~206GeV/$c^2$”之间。

如果希格斯粒子存在，可以预言，在2011—2012年，我们肯定能看见它的庐山真面目。在2010年春夏之交，科学界屡屡传来发现希格斯粒子存在的迹象，但是很快又降低了声调。欲知后事如何，且看LHC的实验结果吧(参阅第十三章)。如果希格斯粒子不存在，将根本改变标准模型的现状。希格斯粒子的问题，实际上是弱电对称性破缺的起源问题。只有这个问题解决了，弱电统一理论才会具有稳固的可靠的基础。

实际上存在着许多希格斯理论的替代方案，但总的说来，希格斯机制问题让许多物理学家不满意。规范理论所有部分都是逻辑严密、连贯，极其精确、毫无歧义，唯独希格斯机制具有极大任意性。有人（如维尔特曼先生）怀疑希格斯粒子并非基本粒子，而是复合粒子，这些新的组元被一种超强作用囚禁在$10^{-19}$米的范围内；这种超强作用的能量标度为1000吉电子伏，比现在知道的强相互作用的能标大1000倍。这种理论叫人工色理论。

但是问题的解决，最终依赖于实验的结果。

有关目前标准模型的种种问题，在近年来，各方面都取得很大进展。实验上对一系列物理量的精确测量，进一步检验与发展了标准模型理论。例如$W^+$、$W^-$、$Z^0$质量的测量(尤其是$Z^0$的质量的测量)，提供了关于夸克只有三代的实验证据($Z^0$衰变)。

尤其值得一提的是轻子普适性的实验证明。所谓轻子普适性，就是指$e^-$、$\mu^-$、$\tau^-$在弱相互作用时，其强度$g_{e^-}$、$g_{\mu^-}$与$g_{\tau^-}$应该相等，这也是三代标准模型的基本出发点之一。但是以往的实验结果却总是不相等。如按1992年前实验资料：

$$\frac{g_\tau}{g_\mu}=0.970\ \pm\ 0.013,$$

比理论所要求的 1 差 0.03。但后来随着实验的精确，包括我国北京正负电子对撞机对轻子$\tau^-$质量的精密测量，使得此值变为：

$$\frac{g_\tau}{g_\mu}=0.996\ \pm\ 0.006,$$

十分接近 1 了。轻子普适性应认为已基本上为实验证实。

回顾 20 世纪，在目前实验精度下，20 世纪极微世界探索的主要成果——标准理论模型十分成功，理论与实验之间符合很好，未发现什么重大分歧。标准模型就是我们目前对于极微世界最好的描写。表 7-1 就是极微世界成员的“户口册”。但是，正如真理不可穷尽，极微世界的探索也是永无止境的。实际上，超出极微世界标准模型以外的探索，人们早在进行……

**表 7–1　极微世界成员(基本粒子)“户口册”**

<table>
<tr><td rowspan="2">类型</td><td rowspan="2">电荷（e）</td><td colspan="3">三代实物粒子(费米子，自旋 1/2)</td><td>规范玻色子(整数自旋)</td><td rowspan="2">电荷（e）</td></tr>
<tr><td>第一代</td><td>第二代</td><td>第三代</td><td>弱电相互作用</td></tr>
<tr><td rowspan="2">轻子</td><td>0</td><td>电子型中微子$\nu_e$，质量小于 4.3 电子伏</td><td>μ子型中微子$\nu_\mu$，质量小于 0.27 兆电子伏（下限可能在 0.03~0.1 电子伏之中）</td><td>τ子型中微子，质量小于 31 兆电子伏</td><td rowspan="2">$W^+$，质量 80 吉电子伏<br>$W^-$，质量 80 吉电子伏<br>$Z^0$，质量 91.200 吉电子伏<br>γ，质量 0</td><td rowspan="2">+1<br>−1<br>0<br>0</td></tr>
<tr><td>−1</td><td>电子 e，质量 0.511 兆电子伏</td><td>μ子$\mu^-$，质量 105.7 兆电子伏</td><td>τ子$\tau^-$，质量 174000 兆电子伏</td></tr>
<tr><td rowspan="2">夸克</td><td>$+\frac{2}{3}$</td><td>上夸克 u，质量 5 兆电子伏</td><td>粲夸克 c，质量 1300 兆电子伏</td><td>顶夸克 t，质量 1777.1 兆电子伏</td><td rowspan="2">8 色胶子($R\bar{R}$)、($G\bar{G}$)、($R\bar{G}$)、($G\bar{R}$)、($B\bar{G}$)、($R\bar{B}$)、($G\bar{B}$)、($B\bar{R}$)，质量 0</td><td rowspan="2">0</td></tr>
<tr><td>$-\frac{1}{3}$</td><td>下夸克 d，质量 10 兆电子伏</td><td>奇异夸克 s，质量 200 兆电子伏</td><td>底夸克 b，质量 4300 兆电子伏</td></tr>
<tr><td colspan="2">说明</td><td colspan="3">我们的世界实际上是由第一代(最轻的)的实物粒子构成，第二代与第三代实物粒子均是在加速器中与宇宙线中发现的</td><td colspan="2">所有相互作用都是由规范玻色子所传递</td></tr>
</table>

# 第八章　纤云四卷天无河，清风吹空月舒波
## ——终极之梦

### 梦魂惯得无拘检，又乘东风上青云——探索简单性

小宇宙——极微世界的探索，在 20 世纪之初开始它的辉煌的征程。我们记忆犹新，正是 1900 年的夏天，在柏林近郊的林荫道上散步时，德国伟大的科学家普朗克酝酿光量子假说。在哥鲁尔瓦尔特森林的浓密的林荫下，普朗克兴奋地告诉儿子，经过一个炎夏的冥思苦想后，他断定通常的所谓热辐射，其能量是以一颗颗相同粒子形成——“能量子”发射的。他的这一构想，在爱因斯坦的光量子（即光子）理论中得到了进一步的发展。从此光子、量子这些新奇古怪的名词，不仅在科学的庙堂中占据重要的地位，而且在日常生活中也逐渐流行。所谓“昆腾”计算器处理器，不就是量子（quantum）的译音吗？名震遐迩的世界股票投机大王、20 世纪末东南亚金融危机的制造者索罗斯的基金会，不也叫量子基金会吗？普朗克深知他的伟大发现的深远意义。他对儿子说道：“我的发现是第一流的革命发现，恐怕只有牛顿的发现才能与之相比。”

我们还应回忆起，正是在此前 3 年，1897 年 4 月，汤姆逊第一次宣布“电子”存在的迹象。开始汤氏称之为“微粒”，后来改而称之曰“电子”。1899 年汤姆逊测定电子的电荷，正式宣布电子的发现。光子与电子保持基本粒子桂冠达 120 年而不坠落，成为现代基本粒子中资格最老的成员。这过去的 120

年，实际上是人类为实现对于物质世界的“简单性”与“统一性”的描述，进行强力冲击的120年。人类在这场战斗中，主战场就是粒子物理学，取得的成果真是洋洋大观。

人们揭开微观世界中一层又一层更深的物质层次，由分子，而原子，而原子核，而强子，而夸克和轻子。如今人们似乎又听到更深物质层次隐隐约约的悠扬的乐章，若有若无。真是“庭院深深深几许，帘幕无穷数”！对于更深的物质层次的探索的强大动力，来自于对于物质世界简单性的探索。

我们到达了“极微世界”的“极微”深处吗？这个世纪的梦想能够实现吗？或许这梦想本身就是永远不能实现的玫瑰之梦？无论如何，追求这个梦，就洋溢着拥抱真理的无限乐趣；在追求中前进的每一个足迹，都意味着人类智慧与毅力不断喷发着火花，都意味着人类本身变得更为强大，离参透大自然的“玄机”更近了（图 8-1）……

**图 8–1　人类行进在实现终极之梦的伟大征途中**

人们对支配物质世界运动的相互作用——经纬梳理得越来越清楚，对于渗透在相互作用的韵律——对称性领悟得更加透彻，而且被对称性渗透的难以言喻的美陶冶得更加聪明。更加难能可贵的是，在各种相互作用中找到共同的主旋律——局域的杨–米尔斯规范对称性。人们成功地将爱因斯坦的梦想——统一所有相互作用初步实现：将弱相互作用与电磁相互作用统一起来了，而且几乎将弱电相互作用与强相互作用成功统一起来了。所谓大统一理论风行一时，现在还有许多人沉迷其中，竭力找到实验佐证。尤有甚者，将现在所有 4 种相互作用一股脑统一起来的“超引力理论”，特别是“超弦”理论也成功构造出来。美中不足的是，尚未发现任何支持这些勇敢尝试的实验证据。换言之，所有“大统一”之类的理论，目前尚只能认为是有可能被证实的理论方案。但是，无论如何，我们对于世界统一性的认识已有了空前提高。



令人不可思议的是，我们找到宇宙的种种奥秘，其起源、演化处处均与极微世界息息相关。所谓茫茫太空，渺渺环宇，无处不蕴含极微世界的奥秘。而小宇宙虽迷雾重重，却不时露出大千世界的骀荡春光。我们不是多次引用宇宙学的资料说明许多微观世界的问题么？宇观之巨，微观之细，多样而和谐，纷繁而有序，变化而有致。但是两者结构的统一、规律的统一、运动的统一所表现的许多方面，令人惊奇！

值此 21 世纪开始的时候，我们确实感到人类的终极梦想：以简单、质朴的方式对世界，包括极微世界给予可靠的统一说明，比任何时候都显得更具体、更清晰、更富于魅力！人类此刻也正满怀信心地行进在实现终极之梦的伟大征途中。

新世纪的第一个问题就是，极微世界的极微深处，是否到夸克—轻子层次为止了？抑或像毛泽东所预言的，物质是无限可分的，下面还有无穷多个微观层次？

早在 20 世纪 80 年代，许多人都注意到标准模型中，所谓夸克与轻子的对称性：

(1)自然界存在“味”数相同的夸克和轻子，总共有 6“味”。

(2)夸克与轻子分别按同位旋构成相同的代式结构，共有 3 代；每一代有两个“孪生”伙伴(术语称弱旋两重态)，即：

$$\begin{pmatrix}\nu_e\\ e^-\end{pmatrix}\quad\begin{pmatrix}\nu_\mu\\ \mu^-\end{pmatrix}\quad\begin{pmatrix}\nu_\tau\\ \tau^-\end{pmatrix}$$

$$\updownarrow\qquad\updownarrow\qquad\updownarrow$$

$$\begin{pmatrix}u\\ d\end{pmatrix}\quad\begin{pmatrix}c\\ s\end{pmatrix}\quad\begin{pmatrix}t\\ b\end{pmatrix}$$

（第一代）（第二代）（第三代）

自左向右，一代比一代质量大

（3）将每一代的夸克与轻子对换，其弱电相互作用规律保持不变（遵从SU（2）⊗U（1）的弱电局域规范对称性）；各代轻子的相互作用具有普适性（见上章）。

（4）每一代的轻子和夸克的电荷存在着精确的比例，如：

$$Q_e(\text{电子电荷})=3Q_u(\text{上夸克电荷}),$$

$$Q_\mu=3Q_c, Q_\tau=3Q_t,$$

并且每一代的夸克和轻子的总电荷均为零。如第一代，

$$3(Q_d+Q_u)+Q_{\nu_e}+Q_e=3(-\frac{1}{3}+\frac{2}{3})+0+(-1)=0。$$

（乘以3是因为每味夸克有3色。）

一代代夸克和轻子都重现完全相同的性质，如电荷、自旋、弱同位旋等。有人问，这种奇怪的“代模式”对称性会不会就是夸克、轻子层次的“周期表”，或者“八重态”对称性呢？我们知道，门捷列夫元素周期表是原子内部结构规律性（核外电子壳层的周期排列）的反映，“八重态”对称性是强子内部结构某种规律性的表现[SU（3）对称性]，那么当然有理由相信，这种“代模式”对称性也是夸克和轻子内部规律性的“折射”！

一个合乎逻辑的推测是，夸克和轻子都是由相同的物理实体构成。现在多数学者称呼这些更深物理层次的物理实体为亚夸克（subquark）。

近年来，在弱电统一场论建立起来以后，各种统一场论应运而生。这些理论也往往呼唤着亚夸克破茧而出。理论工作者发现，要把各种相互作用统一起来，非减少“基本粒子”的数目不可。唯一的出路就是引进“亚夸克”模型。

我们似乎正站在一个新的更深的微观层次——亚夸克层次的入口处，似乎隐隐约约看到一个花团锦簇的物理新天地。20世纪80年代似乎是亚夸克理论风行一时的“丰收季节”（图8-2），光是亚夸克的名称就叫人眼花缭乱，目不暇接：

图 8–2　20 世纪 80 年代各种亚夸克理论纷至沓来

| | |
|---|---|
| 亚夸克(subquark) | 族子(familon) |
| 亚层子(substraton) | 阿尔法子(alphon) |
| 前夸克(prequark) | 贝塔子(beiton) |
| 前子(preon) | 奎克(qwink) |
| 初子(rishon) | 格里克子(gleak) |
| 色子(chromon) | 欧米伽子(omegon) |
| 味子(flavon) | 毛子(maon) |
| 单子(haplon) | 代子(somon) |

我们试以初子模型和前子模型为例说明之。前子模型是帕提(J. Pati)和萨拉姆在 1974 年提出的,前子(preon)是“前夸克”(prequark)的缩写,它有 3 类:味子、色子和代子。

**表 8–1　前子模型简表**

| 类型＼性质 | | 电荷（单位：e） | 色 | 代数 |
|---|---|---|---|---|
| 味子 | $f_1$ | +1/2 | 无色 | 0 |
| | $f_2$ | −1/2 | 无色 | 0 |
| 色子 | $c_R$（红） | +1/6 | 红 | 0 |
| | $c_Y$（黄） | +1/6 | 黄 | 0 |
| | $c_B$（蓝） | +1/6 | 蓝 | 0 |
| | $c_c$（无色） | −1/2 | 无色 | 0 |
| 代子 | $s_1$ | 0 | 无色 | 1 |
| | $s_2$ | 0 | 无色 | 2 |
| | $s_3$ | 0 | 无色 | 3 |

表 8-1 中列出了它们具有的 3 种基本物理性质，即电荷（以基本电荷为单位）、色和代数。这里要说明的是，此处三原色用的是红、黄、蓝，与目前一般物理学家的标准选择红、绿、蓝稍有不同。

但正如我们在前面说的，这里术语的差异并不影响物理本质。此处红、黄、蓝是原模型提出者采用的。这里不予改动，以存“原貌”，尊重历史。

所有的轻子和夸克均可由这三类前子构成。例如，电子$e^- = (c_c \quad s_1 \quad f_2)$。这样$c_c$、$f_2$的电荷均为$-\frac{1}{2}$基本电荷，故总电荷为$-\frac{1}{2}+(-\frac{1}{2})=-1$（基本电荷），代数为 1，无色，果然具备电子所有性质。又如红 u 夸克，其构成方式$u_R = (f_2 \quad c_R \quad s_1)$。显然电荷为$-\frac{1}{2}+\frac{1}{6}=-\frac{1}{3}$（基本电荷），代数为 1，红色。

另一个影响较大的亚夸克模型是初子模型。该模型是以色列科学家哈拉里（H. Harari）在 1977 年提出的。他当时受聘于以色列魏茨曼科学研究院。他将亚夸克命名为初子，其种类只有 2 种，连同反初子共有 4 种。这比帕提、萨拉姆的 9 种前子简化多了。“Rishon”，希伯来语，有第一、原初的意思（参见表 8-2）。

表 8-2　初子模型简表

| 类 \ 性质 | | 电荷（单位:e） | 色 |
|---|---|---|---|
| 正初子 | T | +1/3 | 红　黄　蓝 |
| | V | 0 | 红　黄　蓝 |
| 反初子 | $\hat{T}$ | −1/3 | 反红　反黄　反蓝 |
| | $\hat{V}$ | 0 | 反红　反黄　反蓝 |



注意，初子 T、V 与夸克一样有 3 色。初子模型只讨论第一代夸克和轻子。例如正电子，其构成方式为 $e^+ = (T_R \quad T_Y \quad T_B)$，则总电荷为$\frac{1}{3}+\frac{1}{3}+\frac{1}{3}=+1$（基本电荷）；红、黄和蓝三色 T 初子合成应为无色。容易验证，蓝 u 夸克，ub =（$T_R \quad T_B \quad V_R$），其中 $V_R$ 表示反红初子。

在构成规则中，还应加上正初子与反初子不能混合。例如（$\hat{T}$　V　V）一类粒子不应出现。此外只有 3 个初子的复合粒子，没有 2 个初子的复合体。至于第二代、第三代夸克和轻子，后来哈拉里等认为是在第一代中加上成对初子。由于成对加上，除了给复合粒子增添质量外，对其他如电荷、色等性质全都不产生影响。这种办法极为不自然。

至于初子如何构成夸克和轻子，特胡夫特认为，原因在于初子携带一种“超色力”（supercolorforce），其强度极强，而且也有“禁闭”性，禁闭范围约 $10^{-18}$ 米。就是说，初子禁锢在夸克和轻子内，不能逃脱出来。

诚然，种种亚夸克理论都曾风靡一时，使许多人为之倾倒。但是，近来亚夸克理论反而沉寂下来。原因是，尽管“代模式”可以视为亚夸克存在的间接证据或线索，却一直缺乏直接实验证据。

直接的实验证据倒是相反：在现有的实验精度范围之内，没有发现轻子与夸克有任何结构。它们的行为与点状粒子一样。这就意味着，即使我们以后的实验精度进一步提高，发现它们有大小、有内部结构，也不过 $10^{-19}$ 米。

当然，时而也有消息传来，比如我们在第四章谈到的，华盛顿大学的迪迈尔特在 1989 年宣称，通过对正、负电子回转磁因子 $g$ 的测定，估计电子的半径为 $10^{-22}$ 米左右。这目前只能算孤证，尚缺乏佐证。

1996年2月，美国费米国立实验室的大型质子—反质子对撞机，能量达到1800吉电子伏。科学家在分析大量碰撞事例以后，发现在质子与反质子之间确实存在剧烈碰撞。实验结果极其精确，似乎与目前的标准模型有偏差。有人断言，这种偏差是夸克也具有一定大小和内部结构的证明。

但是阿伯(F. Abe)等迅即在国际物理权威杂志《物理评论快报》撰文，认为这里发现的、以大角度(相对于入射方向)飞出来的高能喷注事例比标准模型预计的要多的现象，并非夸克具有内部结构造成的。一个更为简明、富于说服力的解释是，多余的喷注来自于质子与反质子中的胶子。他们分析费米实验室的资料后得出结论：在$10^{-19}$米的精度水平上，夸克的行为是类点的，没有内部结构。

物理学归根结底是一门实验科学，亚夸克学说目前未得到实验的有力支持，势头自然趋弱了。没有实验支持的理论，有如无源之水，无根之木。理论之花一定要实验的营养的支持，才能灼然开放，结出丰厚的果实。换言之，是否存在亚夸克层次是一个有待实验判断的问题。完全有可能不存在我们通常理解的更基本的物质层次，也许到了夸克层次物质结构的规律具有我们不熟悉的特征。哲学命题从来不能代替科学的研究。

亚夸克理论的命运，有待于即将落成的高能加速器的锤炼，更有待日益完善的超低温(如激光冷却技术)精密测量的检验。目前一切都难以定论。

轻子和夸克是否有内部结构的问题(图8-3)，实际上关联着是否存在物质的最终理论问题。就夸克的禁闭特性而言，认为它有内部结构，由更小的粒子构成，似乎使一些人感到疑惑不解。因此，永远禁闭的夸克，或许就是物质结构层次探索的终点，这也不是不可以想象的。

**图8-3　让加速器、检测器代替我们回答**

哲学家在热烈争论物质无限可分的古老命题，物理学家则在默默地辛勤耕耘,他们始终信奉着格言——让事实说话。

如果夸克与轻子具有内部结构,不难想象,这种结构模式也许会一再重复,以至无穷,因此我们对极微世界的探索领域是无穷无尽、没有止境的。到底如何,让更高能量的加速器代替我们说话吧,让更精巧、更准确的检测器做出回答吧!

## 河畔青芜堤上柳,为问新愁,何事年年有
## ——SU(5)大统一理论的幻灭

如果说20世纪60—70年代实验物理学家提供越来越新鲜有趣的实验事实,使理论物理学家手足无措、难以应付的话,那么自标准模型建立以后,理论物理学家一改被动的态势,大踏步地向所谓终极目标"统一现有已知的4种相互作用的统一场论"迈进。

爱因斯坦临终时感叹道:"自从引力理论这项工作结束以来,到现在已经40年过去了。这些岁月我几乎全部用来将引力场理论推广到一个可以构成整个物理学基础的理论。有许多人为了同一目标而工作着。许多充满希望的推广,我后来一个个放弃了……

"……我完成不了这项工作了;它或许被遗忘,但肯定会被重新发现,历史上这样的先例很多。"

爱因斯坦的统一场论的玫瑰之梦,或许已经到了实现的时候吧?在完成弱电统一场论以后,理论家一鼓作气,设计出许多以杨—米尔斯局域规范理论为灵魂的大统一理论(GUT,即 grand unified theory),即将强相互作用与弱电相互作用统一起来的理论。

在 GUT 中,最使人留恋、曾是最有希望的是所谓 SU(5)理论。SU(5)是比 SU (3)和 SU(2)⊗U(1)大得多的规范对称性,并且可以将它们自然包括进去。这个理论是格拉肖与当时在哈佛大学做博士后研究的乔治(H. Georgi)提出的。他们认为,随着能量的增高(或者距离的减少)强相互作用会减弱,而在

极高能量处大约为 $10^{15}$GeV，它与弱电相互作用强度趋于一致，而汇合为一种大统一力了（参见图 8-4）。我们注意，在能量为 100GeV 时，弱相互作用和电磁相互作用合二为一，统一为弱电力。在大统一能量标度 $10^{15}$GeV 时，轻子与夸克的区别也消失了，弱电相互作用与强相互作用并和为一种力，叫做大统一力。

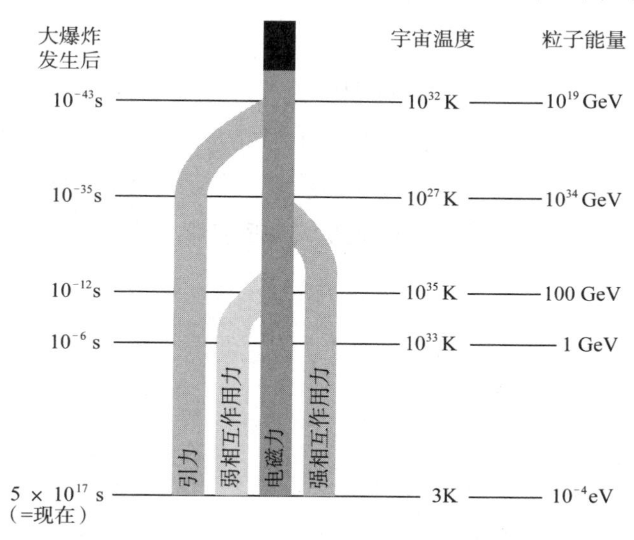


**图 8–4 大统一理论与宇宙演化**

SU(5)理论最吸引人的地方是，在标准模型中，每一代的夸克与轻子都天衣无缝地并入到 SU(5)对称性的两个表示相应变换的对象的某种对称分类："5" 维表示和 "10" 维表示。试以第一代为例，只是注意中微子$\nu_e$，因为它只有左旋，这和一般粒子既有左旋又有右旋不同。就是说在每一代成员计数时，要除以 2。即$\nu_e$连同反中微子$\bar{\nu}_e$，也只能算一个成员。第一代夸克有 2 味：u 与 d，每一味又分 3 色，故应说有 6 种夸克，加上电子共 7 种，连同 7 种反粒子共有 14 个成员，中微子连同反中微子，只算 1 个成员。用这种计数法，每一代成员均为 15 个。这 15 个成员分为两族：

第一族：$\left| \begin{matrix} \nu_e\ \bar{\nu}_e \\ e^- \end{matrix} \right| \left| \begin{matrix} \\ \bar{d}_R\ \bar{d}_B\ \bar{d}_G \end{matrix} \right|$ 相应 "5" 维表示。

第二族：$\left| \begin{matrix} u_R\ u_B\ u_G \\ d_R\ d_B\ d_G \end{matrix} \right| \left| \begin{matrix} \\ \bar{u}_R\ \bar{u}_B\ \bar{u}_G \end{matrix} \right| \left| \begin{matrix} e^+ \\ \\ \end{matrix} \right|$ 相应 "10" 维表示。

其他两代夸克与轻子都可以作类似的填充。

这样一来，第一代的夸克和轻子又找到了“血缘”关系。由 SU(5)对称性，可以确定 e、u 与 d 的电荷，正好是标准模型给出的。可以验证，这里的两族夸克和轻子的总电荷为零。这些原来“硬性”给出的电荷值，得到自然解释：就是 SU(5)对称性的结果。

SU(5)大统一理论有 24 个规范玻色子，其中 12 个就是标准模型中的 8 个胶子和光子、3 个中间玻色子。另外还有 12 个称为 X 与 Y 的玻色子，传递着以前未曾发现的新的相互作用，可以把轻子变为夸克或者夸克变成轻子。这些 X、Y 玻色子先生真是天才的魔术师，仿佛瞬间把猴子变为橘子，试看图 8-5。

图 8-5　魔术师的 X、Y 玻色子使夸克变轻子、轻子变夸克

由此导致的最严重的后果，就是质子不再是绝对稳定的，它会衰变，就是：

$$p \to \pi^0 + e^+,$$

这种衰变过程可以表示如图 8-6 所示的费曼图。

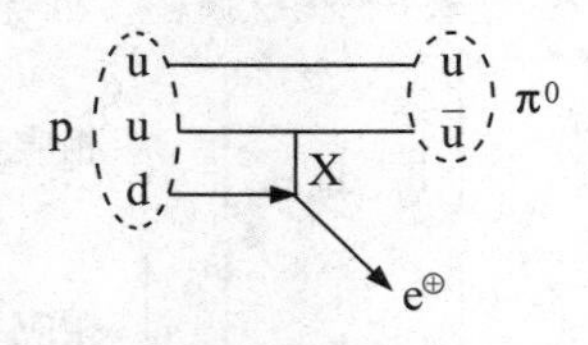


图 8-6　质子衰变为$\pi^0$和正电子（此处 $\bar{u}$ 应该改为 $\bar{d}$）

从图 8-6 可以看出，质子的衰变，从本质上来说是由于质子中的 u 夸克分解为 X 玻色子和正电子：

$$u \rightarrow X + e^{+},$$

另一个 u 夸克吸收 X，变为 $\bar{d}$ 夸克：

$$u + X \rightarrow \bar{d},$$

质子(u u d)变为(u $\bar{d}$)即中性π介子。理论确定质子衰变的半衰期(寿命)大致为 $10^{30}$~$10^{32}$ 年(图 8-7)。由于现实中所有物质实体：星球、地球、动物、植物、人类本身，都是由质子与电子构成的，质子的衰变，意味着所有这一切，都会衰变为一团介子云和正电子云，烟消云散，不复存在。

**图 8-7 千年仙鹤万年龟，质子寿命超过 $10^{30}$ 年**

当然，大家不必为此担心。即使质子寿命为 $10^{30}$ 年，这也足够维持我们宇宙的稳定了。大爆炸学说告诉我们，宇宙的寿命至今约 100 亿年，就是 $10^{10}$ 年，即 $3 \times 10^{17}$ 秒，假定将 1 秒扩展为宇宙年龄($10^{10}$ 年)，宇宙的寿命仍然只有 $3 \times 10^{27}$ 年，还只有质子寿命的$\frac{1}{300}$呢！

这里质子的寿命(所有微观粒子的寿命都一样)应理解为半衰期，即在这个时间有一半的质子衰变为其他粒子。

但是，宇宙中的质子数目异常庞大。例如，地球所包含的质子数有 $10^{51}$ 个，

就是说平均每年有 $10^{21}$ 个发生衰变。于是，测量质子衰变就是 SU(5)大统一理论的最好检验。

从 20 世纪 70 年代到现在，人们用了很多办法，探测质子衰变。在美国俄亥俄州克利夫兰东边的莫顿盐矿，在法国与意大利之间勃朗峰（Mont Blanc）隧道旁的洞穴，在意大利格里诺勃与都灵之间的隧道，在日本的神冈，在印度南部深达 2 300 米的科拉（Kolar）金矿，以及在中国、俄罗斯一些地方，人们都张开天罗地网去搜寻质子衰变的信息。偶尔也传来发现质子衰变的消息，然而一经复查，都不可靠。分析现在的实验资料，尚无一例表明质子衰变。就是说，从现在的实验资料来看，即令质子会衰变，其寿命恐怕要超过 $10^{33}$ 年。

后来人们想尽种种办法，扩大对称性，如超对称 S0(10)等，目的是通过延长理论对于质子寿命的预言，以挽救 GUT。但不得不遗憾地指出，这些方案看来都收效甚微。

为什么这样合情合理、有声有色的大统一理论，这样难以被大自然接受呢？难道看来就要实现的玫瑰梦就破灭了么？功败垂成，不由人发出“河畔青芜堤上柳，为问新愁，何事年年有”的感慨！

美国在 20 世纪 80 年代曾经举行过一次早期宇宙的学术讨论会，与会人士身穿的 T 恤衫上写着“Cosmology takes GUTS”，直译为宇宙学需要勇气，GUTS 有勇气的意思，但 GUT 则是大统一的英语缩写，这里有一语双关的意思。早期宇宙学，或宇宙的创生确实是无法离开高能物理的，以致称之粒子宇宙学。大爆炸宇宙学告诉我们，大爆炸宇宙诞生以后的瞬间，极早期宇宙的历史，无不与粒子物理息息相关。我们只举出与大统一理论有关的两点。

狄拉克的反物质理论——C 对称（魔镜）理论中，正、反物质完全等价，至少在标准模型中，正、反粒子（物质）在我们宇宙中一样多。

1933 年 12 月 12 日，狄拉克在荣获诺贝尔物理学奖时宣称：如果我们采纳迄今在大自然规律中所揭示出来的正负电荷之间完全对称的观点，那么我们应该看到下述情况纯属偶然：地球，也可能在太阳系中，电子与正质子在数量上占优势，这十分可能。但对某些星球来说，情况并非如此，它们主要由正电子与负质子构成。事实上，可能各种星球各占一半。”

但是，在宇宙中，就我们观察所及，反物质真是寥若晨星，为数较少。狄拉克所预言的情况并不存在。粗略的估算表明，在我们的宇宙中，每立方米平均只有 1 个重子，反重子的数目可以认为是零。宇宙目前的尺度约为 $10^{26}$ 米的数量级。因此不难算出，宇宙目前的重子数为 $(10^{26})^3 \times 1 = 10^{78}$（个）。

根据大爆炸模型，在大爆炸后 $10^{-36}$~$10^{-35}$ 秒时，宇宙的尺度约为 1 厘米。大体可以认为当时宇宙的重子与反重子数目的差，就是现在宇宙中重子的总数。当时宇宙的重子总数根据大爆炸模型为 $10^{87}$ 个，所以反重子的数目应为（$10^{78}$~$10^{87}$）个：两者数目实际相差无几。就是说，每个重子对应于

$$\frac{10^{87}-10^{78}}{10^{87}}=1-10^{-9}$$

个反重子，或者相当于每 $10^9$ 个重子，伴随（$10^9-1$）个反重子。

这样看来，在极早期的宇宙，重子与反重子的程差极小。10 亿个重子，对应着 999999999 个反重子，重子比反重子只多 1 个而已，或者说不对称性只有 $10^{-9}$。尽管如此，这 $10^{-9}$ 的不对称从何而来，却是大爆炸宇宙学说中的难题之一。

但是大统一理论自然包括这一切。GUT 中质子可以衰变，实际上意味着我们在关于对称性的第三章中谈到的 CP 对称的轻微破坏，也就是重子数不守恒（1 个核子的重子数为 1，反粒子则为 −1，质子衰变，重子数就不守恒），这就可能产生极早期宇宙所出现的重子与反重子的不对称性。

我们注意，在 $10^{-35}$ 秒时，宇宙中温度极高，达 $10^{28}$K，相当于 $10^{15}$ 吉电子伏能量，这正是 GUT 起作用的能量，此时质量极大的 $W^+$、$W^-$、$Z^0$ 介子，加上 X 与 Y 玻色子显得异常活跃，强作用、电磁作用与弱作用已汇合成一种大统一力了。

这就是为什么宇宙学需要 GUTS 的原因。

切不要轻视此时的 $10^{-9}$ 这一点不对称。在以后宇宙演化过程中，重子与反重子的湮灭过程急剧进行，即：

$$\text{重子} + \text{反重子} \rightarrow \text{高能辐射}(\gamma\text{光子}),$$

绝大部分重子与反重子，都“湮灭得”无影无踪。只有原来那“净多余”的 $10^{-9}$

的重子，由于找不到配对的反重子发出“火拼”，得以在这场浩劫中幸存下来。它们“大难不死”，劫后余生，一直保存到今天。

不管令人多么难以置信，我们宇宙所有的天体——恒星、星云、超新星、类星体等，几乎全部都是由这些劫后余生的幸运儿所构成的，其中包括我们这个美好的蔚蓝色的地球所有的一切：高山大泽，树鸟花卉，乃至人类本身（图 8-8）。

**图 8–8　由极早期宇宙中的“浩劫”所残留重子构成我们宇宙的一切**

此外，现在爆炸学说叫暴胀宇宙论。按照这个理论，在大爆炸以后 $10^{-34}$ 秒，宇宙经过一个非常奇怪的暴胀阶段，持续时间约为 $10^{-32}$ 秒或稍长一点。其间宇宙的尺度瞬间暴胀 $10^{50}$ 倍。暴胀之所以发生，产生于某种类似于 GUT 中的真空自发破缺机制。

图 8-9 列示了宇宙演化的简史。在图 8-9 中我们可以看到，按大爆炸学说，宇宙大概始于 138 亿年前的大爆炸，根据科学家估算，考虑到宇宙不断膨胀，因此我们宇宙目前的尺度为 900 亿光年。1 光年大约为 $10^{13}$ 千米。图中时间标尺是取对数以后的示数。我们生活在宇宙史中的核子时代（又称强子时代），应该

说是恰逢盛世。大致从现在起，再过 $10^{17}$ 秒（约 50 亿年）太阳将灭亡。

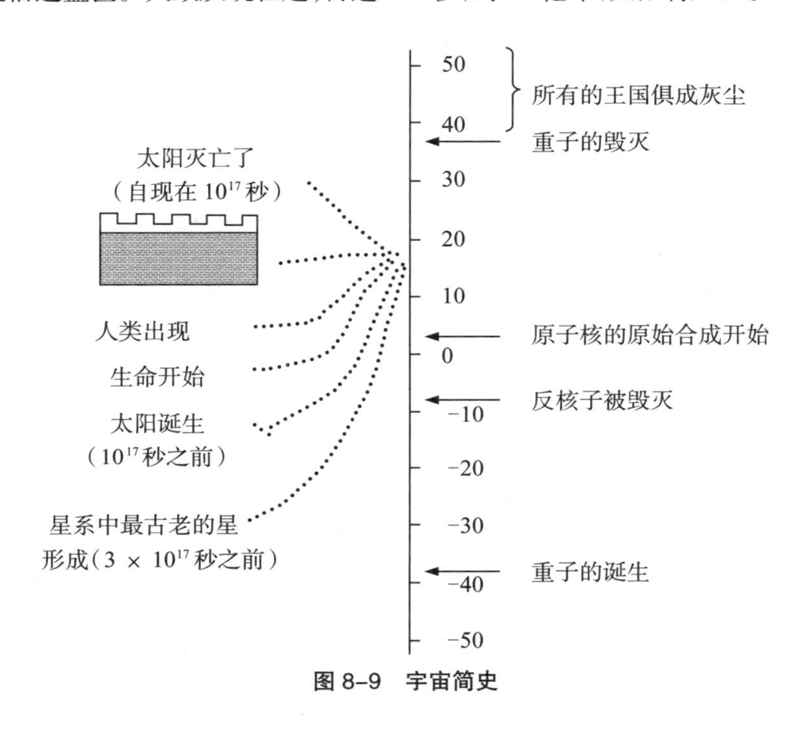


图 8-9　宇宙简史

## 衣带渐宽终不悔，为伊消得人憔悴——终极之梦

大统一理论看来会终将得到拯救，但目前的GUT肯定不行，需要做重大修改。

理论家们并不止步，而且大胆向大自然挑战，提出形形色色的“终极设计”，建立将所有相互作用（强、弱、电磁相互作用，尤其是将引力相互作用也包括进来）统一起来的理论模型。20 世纪末物理学家向最终的超大统一阔步前进，构造出多种内在协调的模型，克服了许许多多的艰难险阻，为奔向终极之梦“衣带渐宽终不悔，为伊消得人憔悴”。

在图 8-10 中，简洁地展示了物理学家致力于物理现象统一认识的努力概况。基础物理学家们受到了一种思想的鼓舞，即也许他们同终极设计只有一步之隔。超弦是最后一步吗？众说纷纭。

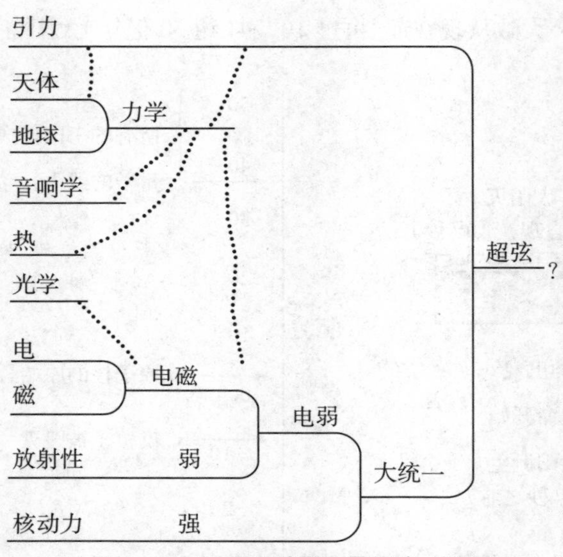


图 8–10　20 世纪晚期向最终统一迈进

20 世纪物理学的最大憾事，就是引力理论的量子化一直未能成功。物理学家们前赴后继、奋勇直前而又屡屡失败的“沧桑史”，令人不胜感慨（参见图 8-11）。失败的原因何在？就是引力理论如果采用通常的量子化方法，就会出现无穷多个发散项。电动力学和杨–米尔斯理论尽管都出现发散现象，但是发散项都只有有限个，因此，尽管十分困难，物理学家最终都找到了相应的消除发散的办法，即重整化方案。现有的重整化方案都只能对付有限个发散项的情况，对于引力理论的发散无能为力。因此，任何包括引力在内的统一理论，在这些最终设计中，最重要的问题是如何以令人信服的方式，给出引力的量子化方案。

图 8–11　爱因斯坦的引力理论拒绝量子论的求爱

其中一个方向是沿着超对称方案前进。所谓超对称（supersymmetry）是 20 世纪 70 年代早期两个俄国人小组，即在莫斯科的列别多捷夫（Lebedev）研究所的盖尔芳德（Yu. A. Golfand）与李克特曼（E. P. Likhtman），在乌克兰哈尔科夫的阿卡洛夫（V. P. Akuloy）

与沃尔科夫(D. V. Volkov)发现的。类似的工作,美国的拉蒙特(P. Ramond)与许瓦兹和法国的勒维(A. Neveu)也在同时进行。1973 年,德国卡尔斯拉黑大学的维斯(J. Wess)和欧洲核子中心的朱米诺(B. Zumino)建立起第一类局域超规范对称性的“超引力”(supergravity)理论。

所谓超对称,系指将玻色子变为费米子,或将费米子变为玻色子,物理作用规律保持不变的对称性。相应的抽象变换空间叫超空间,类似于同位旋空间,此时还是整体对称性。将上述对称性推广到超空间每一点,即是我们熟悉的局域规范对称性,确切地说应称为局域超规范对称性。后来经过朱米诺、布让德斯大学的德塞尔(S. Deser)、纽约州立大学的弗里德曼(D. Freedman)、欧洲核子中心的布鲁克(S. Brook)、费拉拉(S. Ferrara)等人继续努力,终于在 1976 年建立起所谓超引力理论。其中交换引力的规范粒子叫引力子(graviton)及其超对称伴侣引力微子(gravitino)。前者自旋为 2,是玻色子,后者则是费米子,自旋为$\frac{3}{2}$,质量均与光子一样为零。

后来更完备、更现实的超引力理论也建立起来了,叫做扩展超引力理论。如 N=8(即具有 8 个引力微子的理论),理论包含 1 个引力子、8 个引力微子、28 个自旋为 1 的粒子、56 个自旋为$\frac{1}{2}$的粒子、70 个自旋为 0 的粒子。遗憾的是这里预言的大部分粒子,在自然界中未发现其踪迹。

超引力理论最有趣的结果,就是每一个粒子都有其超伙伴(superpartner)。如电子的超伙伴叫超电子(selectron)。一般来说,费米子的伙伴冠以“超”(英语加前缀“s”),玻色子伴侣称为某微子(英语添后缀“ino”,意大利语有小的昵称)。表 8-3 就是表示的粒子及其超粒子的对应情况。

超引力理论的最突出的成就,就是搬开了以前量子论与广义相对论联姻的最大绊脚石:发散困难。换句话说,超引力理论是可重整化的,亦即可以用恰当的系统方式处理在计算中出现的无穷大,得到可靠的有限结果。

但是,超引力理论是否正确,关键在于实验的检验。超引力理论也和弱电统一理论一样,利用所谓对称性自发破缺的机制,使$W^+$、$W^-$、$Z^0$以及超粒子获得质量。超粒子的质量很大,超乎目前加速器的能量。因此即令它们确实在自然界中存在,但目前在实验中却一个也未发现。超引力理论的这个解释,倒也勉强可以接受,但也成为迄今引起许多怀疑的原因。

**表 8–3　超镜中的粒子与超粒子世界**

| 粒子世界 | | 超粒子世界 | |
|---|---|---|---|
| 费米子 | $Q$ 夸克<br>$L$ 轻子 | $\bar{Q}$ 超夸克<br>$\bar{L}$ 超轻子(slepton) | 玻色子 |
| 玻色子 | $W$ W 粒子<br>$Z^0$ Z 粒子<br>$H$ 希格斯粒子<br>$g$ 胶子<br>$\gamma$ 光子<br>$G$ 引力子 | $\bar{W}$ W 粒子(wino)<br>$\bar{Z}^0$ Z 粒子(zino)<br>$\bar{H}$ 希格斯粒子(higgsino)<br>$\bar{g}$ 胶子(gluino)<br>$\bar{\gamma}$ 光子(phoino)<br>$\bar{G}$ 引力微子 | |

如果未来加速器具有足够高能量(乐观主义者维腾认为,或许在 1 太电子伏的能区即可),对超粒子的检测,可以考虑两个特征。理论确认,超粒子的产生都是成双成对的,而在衰变时,最后总是产生奇数个超粒子。这意味着,在对撞以后最终会有一个最轻的超粒子留存下来。由于目前无法确定超粒子的质量,我们假定这个留存下来的超粒子就是光微子。

光微子与中微子相似,它与通常物质作用极其微弱,很难检测。尽管如此,目前在斯坦福的 PEP(能量为 36 吉电子伏的正负电子对撞机)与德国的 PETRA(能量为 46 吉电子伏的正负电子对撞机),以及在欧洲核子中心的质子—反质子对撞机(能量 600 吉电子伏)都在紧张工作,希望发现光微子踪迹。但迄今 10 余年,尚无佳音传来。

无论超引力理论还存在多少问题,但是它毕竟是头一个包括所有 4 种作用力的方案,有可能成为最终的超大统一理论的基础。或许最终理论的实现是一个渐进过程,超引力就是这个过程的头一站。

超引力理论展示给我们是这样一幅图像:在现在宇宙,超粒子由于质量过于巨大,以致根本不起作用,但回溯到大爆炸后的 $10^{-43}$ 秒,即所谓普朗克时间,宇宙的温度高达 $10^{32}$K,即 1 亿亿亿亿度的高温(大约 $10^{19}$ 吉电子伏)。在如此高的能量下,超粒子、$W^+$、$W^-$、$Z^0$的质量都可以视为零,它们变得极其活泼,此时引力与其他 3 种力都合而为一，称为量子引力（超大统一力），携带超力(superforce)的超粒子与普通粒子完全无法区别。宇宙此刻具有完全对称性。随着温度的下降，第一次对称性自发破坏发生，引力（或超力）与大统一力分开。温度继续下降，第二次对称性（大统一的对称性）自发破缺，强相互作用与弱电相互作用分开。至于弱电对称性破缺，一说发生在此同时，一说在稍后。总之，温度下降到一定值时，4 种现在已知力就逐渐全部分开了。

在 1970 年，芝加哥大学的南部、斯坦福大学的萨斯坎德（L. Susskind）和丹麦的哥本哈根玻尔研究所的尼尔松（H. B. Nielsen）提出所谓弦模型：在弦的振动模式与基本粒子之间有对应关系。以图 8-12 为例，注意图中弦上的小闭圈，可以用 1 圈、2 圈等代表不同强子。在南部的弦理论中，弦无质量，有弹性，其端点以光速运动。用弦的张力表示粒子的质量。如果两根弦并合为一根弦，或一根弦断开为二，则可以表示粒子与粒子的相互作用。曼德尔斯塔姆（S. Mandelstam）对此进行详尽描述。

弦分两类：开弦与闭弦。弦的端点表示夸克。一根弦断开，则在弦断裂处的两端出现 1 个夸克与 1 个反夸克。重子由 3 个夸克构成，可用 Y 形弦表示之，每个端点表示 1 个夸克。但是这个理论需要 26 维。这让大多数物理学家难于接受。当然这个理论还有其他许多缺点。

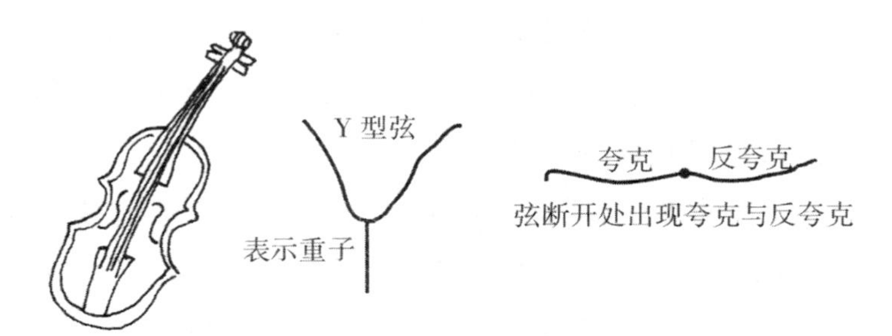


**图 8–12　注意小提琴琴弦上的闭圈**

在此期间，许瓦兹、斯切克（J. Scherk）、纳维等不断对弦理论进行改进和充实。1976 年斯切克与意大利都灵大学的格略兹（F. Gliozzi）、伦敦帝国学院的奥里佛（D. Olive）正式提出“超弦”理论，将超引力理论并入到弦理论中。但斯切克旋即意外去世，之后两人又转换课题。

"超弦"理论的大旗由许瓦兹与格林(M. Green)毅然扛起。许氏在1979年夏天与刚从剑桥大学毕业的格林都在欧洲核子中心工作。经过两年极为艰苦的努力，他们证明超弦论是可以重整化的，可以包含自然界的所有相互作用,容纳现在所有已知基本粒子。后来他们又证明,原来人们认为在理论中可能存在讨厌的"反常",例如负概率,也是不存在的。

于是,在1984年夏天,他们在奥斯彭宣布:"超弦理论是国王,看来这就是可以解决一切的终极理论(theory of everything, TOE)。"1年后,普林斯顿大学的格罗斯、哈维(Jeffrey A. Harvey)、玛丁尼克(E. Martinec)和若姆(R. Rohm)提出所谓杂化超弦理论("heterotic" string model)。这是一种包含杨—米尔斯理论的封闭弦模型。换言之,这是规范理论,也是目前最好的弦论。20世纪90年代以后,又有什么两重性模型、M理论,但在本质上变化不大。

这种理论,用小环(tiny loop)描述基本粒子,而不是以前的点。环的典型长度为普朗克长度，约$10^{-35}$米；这个尺度只有核子的100亿亿分之一。这些环与质子的尺度相比，如同太阳系中的微尘。实际上，我们永远也看不到它们。弦的振动模式对应基本粒子,频率高者对应质量大的粒子,反之则对应质量小的粒子。

弦分为开弦和闭弦,又分玻色子弦和费米子弦。开弦的两端有"荷",弦亦可振动,具有无穷多可能的自旋值。振动状态包括所有无质量的媒介(规范)粒子，但要除引力子而外。闭弦可以振动，但无"荷"。杂化弦是最重要的闭弦,它们通过"弦本身"传播,也有"荷"。

在闭环中传播的波有顺时针和逆时针两种方式。对应顺时针波的是10维理论,而对应逆时针波的是26维理论。超引力理论的主要问题之一,无法解释中微子只有左旋的,即所谓"手征性"问题。引进左"跑"与右"跑"的波(left and right running waves)后,超弦理论可以自然描述"手征性"了。

如果将时间包括在弦问题中,我们所面临的将不是一根弦,而是弦随时间延展所得到的"时空膜"(worldsheet),参见图8-13。就闭弦而言,所得到的有可能是膜,也可能是不规则的柱面,参见图8-14。这种膜可以想象为肥皂(膜)泡。微风拂过,泡发生轻微颤动,这就和弦膜的振动一样。

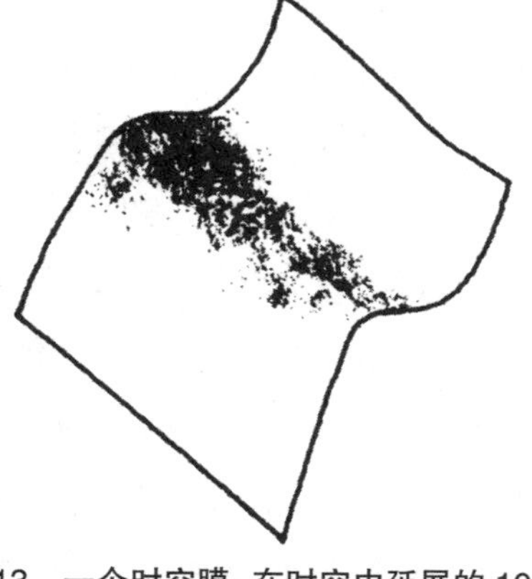

图 8-13　一个时空膜：在时空中延展的 10 维弦

图 8-14　在时空中延展的闭弦：不规则柱面

与在通常粒子物理学中用费曼图描写相互作用相似，在超弦理论中弦相互作用的主要类型有一根弦断开为两根弦和两根弦粘合为一根弦两大类。对于封闭弦则分为一个柱面断开为两个较小的柱面与两个柱面拼合为一个不规则图形，参见图 8-15。

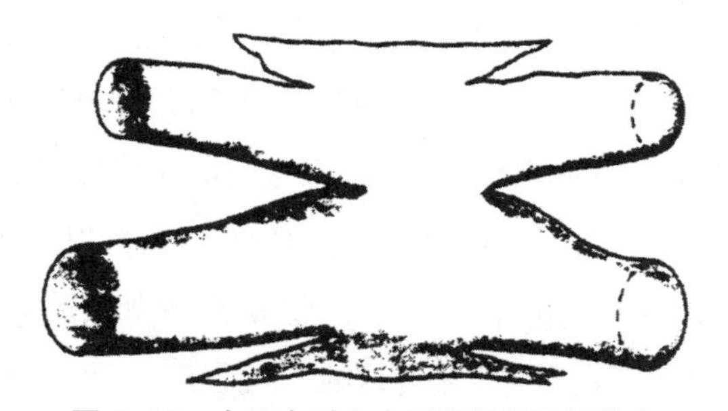

图 8-15　在两个时空中延展的闭弦的黏合

想要考察单个弦，只需垂直于时间轴通过膜作“薄片”(slice)。结果表明，在弦论中的此类费曼图比通常的费曼图更简单。

我们可以将通常的 4 维时空(空间 3 维，时间 1 维)与这里的 10 维进行对应，在超弦理论中，应将额外的6维紧致化消除。宾夕法尼亚大学的卡拉比(E. Calabi)与加利福尼亚大学的丘成桐(Shing-Tung Yau)发现一种奇怪空间，叫卡拉比-丘流形。普林斯顿大学的维滕证明紧致化可能导致这个流形。丘后来证明,实际还有几个流形也可以满足上述的对应性。

在超弦理论框架中，标准粒子物理模型可以嵌入到一个更大的重整化理论中,即超标准模型(super standard model)。该模型包括12个玻色子,同样数目的费米子,一些希格斯粒子,以及上述粒子超伴侣。超弦理论预言存在有一种奇怪的轻粒子——轴子(axion),以及“影物质”(shadow)。

关于探索轴子的工作，早已在各大型加速器中进行。影物质实际上是通常物质的镜像，是物质的另一类形式。它们与通常物质只通过引力发生相互作用。由于引力极其微弱,因而在基本粒子水平上,可以说影物质与通常物质不存在任何相互作用，从而也就无法检验其存在了。但在大爆炸后第一秒钟内,两类物质有过猛烈作用,有过猛烈喷注发生。因此,在目前宇宙中影物质与普通物质一样仍然存在,并有相当数量的两类物质在某些星系共存。

太阳系中也可能存在影物质,但是它们隐藏了起来。不无可能,我们就生活在影物质之中,但察觉不到。科学家正在设计如何探索超弦理论所预言的影物质。我们会发现影物质的这些奇怪性质与我们现在发现的暗物质很相像。

实际上,这无非表明影物质只参与引力相互作用,好像是“超镜”中普通物质的影子。在普通的光学镜子中,是靠光的反射、折射成像的,由于光就是电磁波,因此光的一切行为,包括传播、反射、折射等,都是电磁相互作用引起的。换言之,光学成像即通过电磁相互作用成像。因此在普通镜子中,肯定是不存有影物质的影像了。“超镜”应该是靠引力波的反射、折射成像的魔镜。

从理论上来说，超弦理论还很粗糙，问题很多，例如维数问题。超弦理论是10维理论，所有10维都在本质上是等价的。但是由于目前尚未明了的原因，其中4维膨胀形成我们今天的宇宙,余下6维保留不变,实际上紧致化后难以观察。

超弦理论问世以后，在理论物理学界立刻激起阵阵欢呼。大名鼎鼎的温伯格调侃说:“超弦是目前都市中仅有的游戏。”盖尔曼则疾呼:“它是非常漂亮的理论,尤其是因为其逻辑的严谨。”“我想,他们干得棒极了。”更有人赞声道:

“超弦理论的发现，是本世纪(20 世纪)最伟大的科学发现之一，其伟大价值应与量子力学和广义相对论的建立相提并论。”

在一片雀跃欢呼之际，科坛怪杰霍金(S. W. Hawking，黑洞物理鼻祖，其通俗著作《时间简史》誉满全球)在其讲演中多次提到“最终设计”的问题。斯切克在 1974 年的论文中首次提出所谓“万物论”(TOE)，霍金多次提及 TOE，认为超引力理论可能就是长期孜孜以求的“完整和统一的物理学理论”。温伯格在其名著《终极理论之梦》中慨然道：“统一理论将完成对那些不能更深奥的原则解释的原则(著者按：即第一原理)的探索。”

然而，我们突然听到一个冷峻的声音：“我认为大统一理论对于粒子物理学很不利。对于某些自称为粒子物理理论学家来说，它似乎是合理的，甚至是时髦的。他们用全部时间去冥思苦索比我们将来在实验室里所能研究的距离还要小得多的尺度的世界。”说这话的正是大统一理论的鼻祖之一——哈佛大学的乔治教授，这就更令人深思了。

## 东风吹醒英雄梦，笑对青山万重天——展望

以超弦、超引力理论为代表(包括大统一理论)，TOE 学派(著者姑且这样称呼他们)在解释现有物理世界、克服理论发展的困难(如引子的量子化)、展示丰富的物理内容以及无与伦比的精致数学结构上，诚然令人赞叹，而且他们毕竟初步实现了将现有 4 种相互作用、公认的几十种基本粒子在一个逻辑上合理的框架中统一起来。

然而，不仅大统一理论(包括其修正方案)的所有预言(如质子衰变)经过 20 余年的努力全部落空，而且超对称、超引力和超弦理论的预言更是镜花水月。根本的问题是，目前实验条件所能达到的能量与大统一所要求的 $10^{15}$ 吉电子伏能量相差太远。有人估计，以目前加速器的技术水平，要观察到大统一理论所预言的大多数现象，必须建造 10 000 亿千米长的加速器，参见图 8-16；而要观察到所谓量子引力(万物理论)的能域，则须建造 1000 光年长的对撞

机。换言之,理论远远超前当前的实验水平。

没有实验检验的理论,如何判断其正确与否?没有实验校正的理论,如何修正和发展呢?量子论和广义相对论之所以被人们推崇为20世纪最伟大的科学创造,主要并不在于其思想的深刻和时髦,而在于其伟大的科学洞察力,在于其诸多预言被实验证实。弱电统一理论和量子色动力学等标准理论之所以被称为20世纪粒子物理的最高成果,理由也是完全一样的。

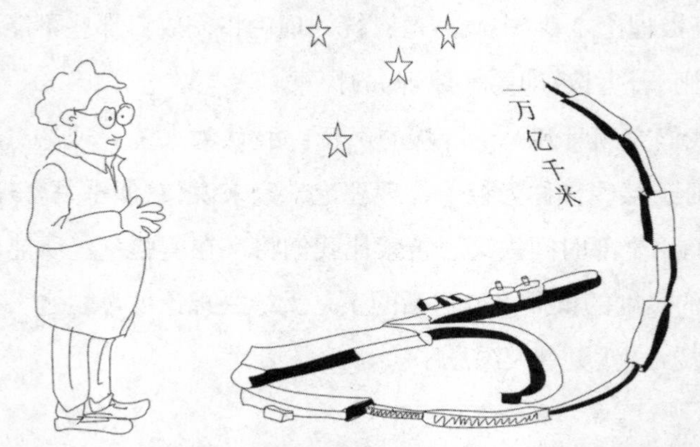


图 8-16 要观察大统一理论现象需要建造1万亿千米长的加速器

杨振宁在评价极微世界中这种纯理论探索倾向时,直截了当地说,粒子物理"遇到了困境,严重的困境";目前"没有什么实验顺利取得重大进展;而没有实验的指导,理论就成为没有成功希望的瞎猜乱撞"。当然,杨振宁也承认:"物理领域仍可能通过数学的某些突破而取得进展,但从历史看,这种突破是罕见的。"

因此,有许多有识之士认为目前在粒子物理中遭遇到某种危机。诺贝尔物理学奖得主、b夸克的发现者莱德曼直言不讳:"如果我们不修造SSC(超级超导对撞机)或类似的装置,我认为这一领域就寿终正寝了。"另一位欧洲核子中心的理论物理学家茹米拉(Alvaro De Rujula)幽默地指出,"超对称"(supersymmetry)与"迷信"(superstition)在读音上的巧合是意味深长的。即使乐观主义者、普林斯顿大学的维尔泽克(F.A.Wilzek)也承认:"我们曾为做出的基础性进展而高兴。但这一情况持续下去的可能性的确已越来越小了。"

回顾20世纪初叶,物理学经历了一场深刻的物理学危机,主要是无法解释当时在迈克尔逊(A.A.Michelson)光学实验中所涉及的光的传播问题,以及在黑体辐射研究中所出现的无穷大（所谓紫外灾难问题和相关实验与理论的矛盾）问题。为了寻求对付当时那场物理学危机的对策，1904年在美国密苏里州圣路易市的一次学术会上，群贤毕至，济济一堂，卢瑟福、玻尔兹曼（L. Boltzmann）、彭加勒（J. H. Poincare）等硕学鸿儒都与会讨论，各抒己见，出谋划策。结果正如大家都知道的，“危机”终于“化险为夷”，而且这场危机的解决直接导致狭义相对论与量子论的创立。可见危机并非一概都是坏事。

但是，当前的“危机”却有不同的特点，不像20世纪初的危机来自于原来的理论无法解释新的实验事实，那种冲突是好事。现在的麻烦却在于冒出来一大堆没有经过实验检验，甚至根本无法检验的理论并预言了一大批无法探测的超粒子，参见图8-17。这场危机看来难于直接导致在极微世界探索的革命性创举，从而实现研究工作的某种跨越和跃进。

因此，什么最终设计，什么万物理论，什么最后完成，都还言之过早。实际上，即使我们创立一个能说明或统一当前所有相互作用和基本理论的万物理论（在历史上曾多次出现这样的时期，如19世纪末），它也不会是理论的终结或探索的完成。谁知道未来还有多少新的现象、新的作用发现？谁知道关于物质层次的探索有无终结？

实际上，这才是科学的真谛，茹米拉语重心长地告诫，“物理学家应该为还不会很快找到终极理论的边缘而庆幸”“把科学变成仪式才味同嚼蜡”。

爱因斯坦的话充满哲理：“科学不是而且永远不会是一本写完的书，每个重大的进展都带来了新问题，每一次发展总要揭露出新的问题。”

1999年6月，霍金，这位终极理论的热情鼓吹者，多次在学术会议上“弹出”较为悲观的调子。他认为终极理论目前远未实现，乐观地说，连一半的路程还未达到。如果要对此有所评论的话，就是霍金的现实感虽有提高，但仍然过于乐观。

无论如何，对于自然界统一的力的探索，这个人类难以割舍的玫瑰之梦，不会就此破灭。也许有暂时的停顿和迂回，有对实验技术的改进的期待，有对于以往的总结和思索，然而正如法拉第（M. Faraday）所激昂诉说的（100多年前了！）：“我所孜孜以求的那个力，它的难以摇撼的特色是多么博大，多么宏伟，多么庄严；而由此为人类思维所开辟的新知识的疆域又将会是何等辽阔。”

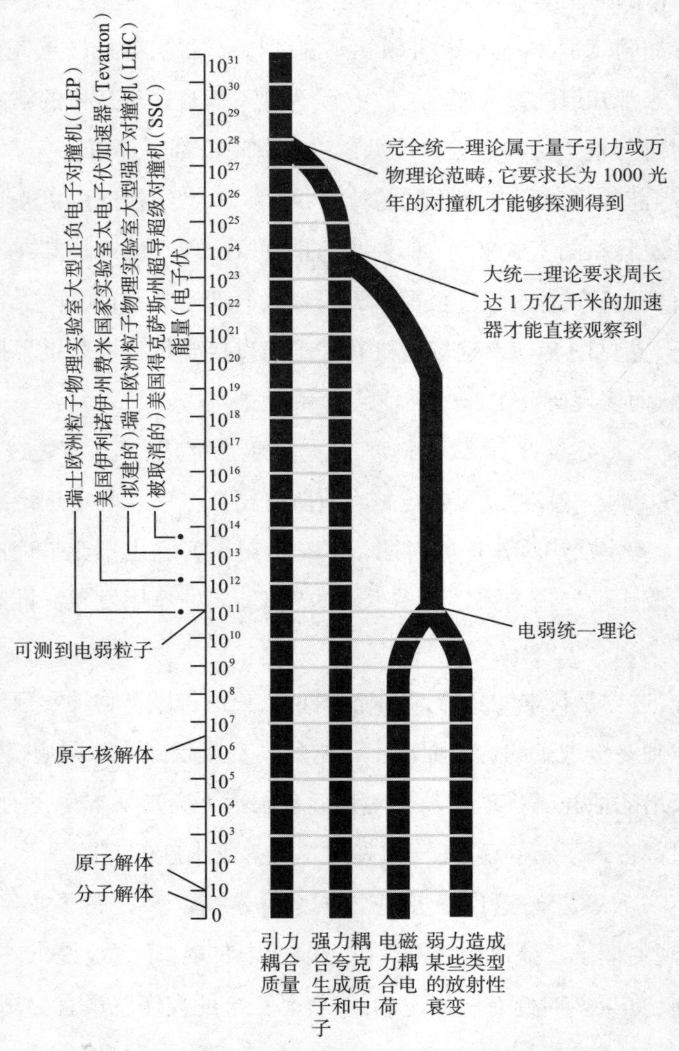


图 8–17　加速器能量与对相互作用统一理论的探索

在新旧世纪交替的时候，实验家给我们送来新探索的成果：发现t夸克，发现中微子振荡现象，发现反原子，发现胶球可能存在的迹象……理论家依然忙忙碌碌，他们知道，探索极微深处的漫漫路途，其修远兮！

让我们回到标准模型，也许更切实、更脚踏实地。在我们畅游大统一、超对称、超引力、超弦的太虚幻境之后，再来回顾标准模型的大观园(图 8-18)。我们看到其中的花团锦簇，飞泉灵石，一草一木，一山一石，真真切切，都是经过实验再三检验过的啊！也许比起太虚幻境来，大观园少一些神奇色彩，少一些诡谲的气氛，少一些仙风道雨，但是，这是确实的真实的世界。

**图 8-18 标准理论的大观园中，第二、第三代夸克和轻子就像贾宝玉的通灵宝玉，是女娲补天多余的顽石——累赘的构件**

也许未来对微观世界的探索，从此出发，会来得真实可靠。实际上在标准模型大观园中，需要我们探讨的问题还多着呢。大自然深层的奥秘或许就隐藏在其中。

一个最显而易见的问题，为什么有三代夸克和轻子呢？实际上，我们这个光辉灿烂的宇宙所有的一切，星星、地球、山山水水、花鸟虫鱼、人类本身，其最小构件无不是由第一代夸克和轻子构成。第二代和第三代除了质量以外，各种性质完全一样。大自然为什么要不断重复自己？大自然在此为何画蛇添足呢？大观园中贾宝玉的通灵宝玉，是女娲补天后多余的顽石，第二代和第三代的夸克和轻子不正像这顽石一样，也是大自然多余的累赘构件么？这是物理学最难解的谜之一。

标准理论，以及以后发展的种种奇妙理论，都找不到这个问题的答案。

第二个问题就是夸克囚禁、色囚禁。由于数学上的问题，标准的量子色动力学对此不能给出令人满意的解释。物理学家想了很多办法，如提出什么袋模型、弦模型、李政道的色介质理论等，但都没有把真正的原因讲清楚。李政道认为这是留给21世纪的两大难题之一。

有许多人相信，夸克的囚禁是相对的，在极高能量下，有可能形成夸克—胶子等离子体(QGP)，虽然存在的时间只有飞秒量级，大约为$10^{-25}$秒，也是对囚禁的解脱。目前高能的重离子碰撞实验目标之一，就是希望探索所谓夸克—强子相变的信号，实际上，它也是探索夸克囚禁问题解决的线索。通常的等离子体，是由自由的带正电的离子与电子构成。这里的夸克—胶子等离子体则是由自由(而不是囚禁的)夸克和自由的胶子构成。新世纪以来，RHIC已运行了几年，大量的实验数据都说明已出现QGP存在时预期的信号，但要把问题敲死，说明这一信号只能来自QGP而不是其他可能，仍需做大量的、系统的研究。

第三个问题，就是对称性自发破缺，以及相关的希格斯粒子(机制)问题。目前标准模型中对称性自发破缺这一部分，最令人感到不安。如果说弱电统一模型是一座坚固的大理石大厦的话，我们借爱因斯坦评价广义相对论方程时的比喻，对称性自发破缺这一部分最多只能算作是竹篱茅舍而已。原因是作为弱电统一模型基础的杨—米尔斯局域规范理论，其原理简明严整，逻辑结构严谨，无懈可击，类似于广义相对论利用几何原理表示引力，清晰、漂亮，无可挑剔。但是自发破缺部分则不那么令人满意了，有许多凑合、不自然的痕迹，有许多人为加进去的自由参数，这一点也像引力方程表达物质的能量部分，一直是广义相对论中让人诟病的地方(图8-19)。

**图8-19　弱电模型的大厦与“自发破缺”茅舍**

实际上，导致自发破缺的希格斯粒子迟至2012年才发现，可以说，弱电统一理论的这一部分终于通过了实验检验。

当然，我们还可以开出一份有待解决的问题的清单：

规范对称性的起源是什么？

在弱相互作用中奇怪的CP破坏的起源是什么？

夸克与带电轻子的质量为何有如此巨大的差别？

但是，对极微世界的探索，实际上就是对物质始原问题的探索，因而就与宇宙的起源问题结下不解之缘。读者在前面章节已多次看到两者难分难解、千丝万缕的联系，难道茫茫宇宙果真蕴藏着揭开极微世界许多秘密的钥匙么？

## 余波荡漾——中微子超光速实验

2011年9月22日，英国自然杂志网站上报道：意大利格兰萨索国家实验室(OPERA)项目研究人员使用一套装置(图8-20，图8-21，图8-22)，接收730千米外欧洲核子研究中心发射的中微子束，发现中微子比光子提前60纳秒(1纳秒等于十亿分之一秒)到达，即每秒钟多“跑”6千米。

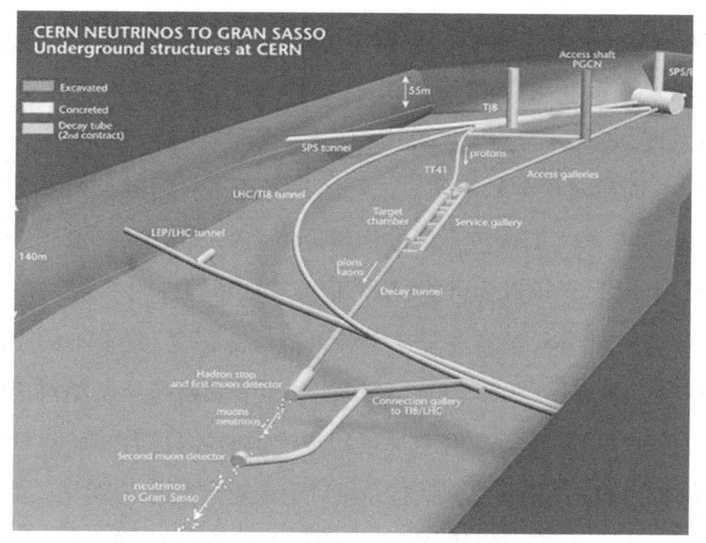


图8-20　欧洲核子研究中心中微子实验的地下结构示意图

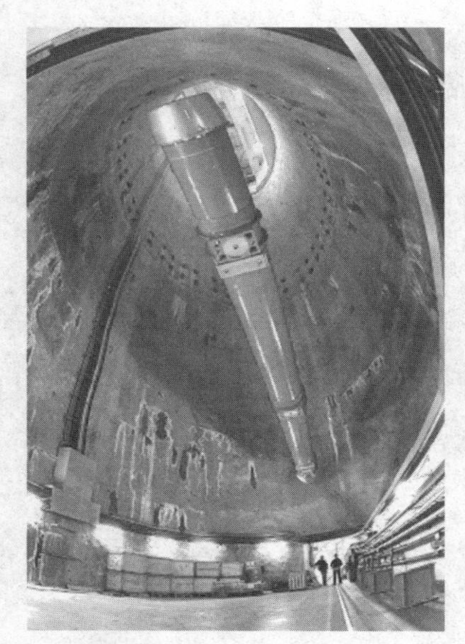

图 8-21　瑞士大型强子对撞机

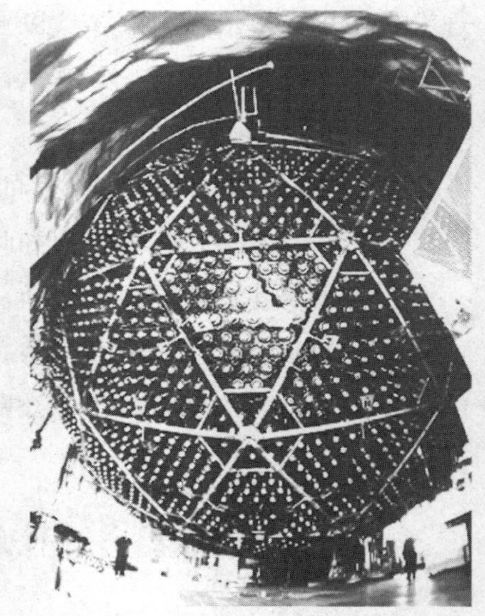

图 8-22　意大利“萨德伯里”中微子天文台里的中微子探测器

这一项目使用一套复杂的电子和照相装置，重 1800 吨，位于格兰萨索国家实验室地下 1400 米深处。项目研究人员说，这套接收装置与欧洲核子研究中心之间的距离精度为 20 厘米以内，测速精度为 10 纳秒以内。过去两年，他们观测到超过 1.6 万次“超光速”现象。依据这些数据，他们认定，实验结果达到 6 西格玛或 6 标准差，即准确无误。

这一发现，之所以震动世界，是因为现代物理学建立在相对论和量子论两大支柱之上，而相对论的基本假设之一就是光速不可超越。如果发现了超光速现象，100 多年来人们深信不疑的相对论将受到严重挑战，也使科幻小说中的星际旅行和时间穿越成为可能，整个物理学要重写。

物理学界大部分科学家对于这个结果持保留态度。最根本的原因是相对论已经被无数实验证实。事实上，原子能和原子弹就是狭义相对论的重要推论。相对论的这些奇怪结果，只有速度接近光速时才显露出来，对日常生活是没什么影响的。但也不是完全没有，相对论最有名的推论就是质能关系 $E=mc^2$；由于光速是一个很大的数，它揭示了质量中蕴藏着巨大能量；原子弹和核电站就是基于这个原理，将一小部分质量转化为能量。

现在 GPS 走进了千家万户。GPS 的定位信号来自天上的 24 颗 GPS 卫星。由于卫星在绕地球高速飞行,它的时间会比在地球上慢,如果不做相对论修正,1 天之后定位就会差好几公里。不过,更大的修正来自广义相对论中地球引力的修正。

100 多年来,相对论得到了多次的精确检验。除了很多专门的检验实验,实验室中的“日常”现象也都在验证着。比如在高能物理的加速器中,电子或质子的能量被加速得很高,但速度只能接近光速。在北京正负电子对撞机中,电子被加速到光速的 99.999997%,每秒钟在 240 米的加速环中转 100 万圈。只要相对论稍有差池,我们就无法控制这样精密的加速过程。

正因为如此,不少知名科学家包括诺贝尔奖获得者,都斩钉截铁地说,肯定是 OPERA 实验错了。的确,OPERA 实验的测量难度很大,只有这样一个结果是很难让人相信的。

欧洲核子研究中心物理学家埃利斯对这一结果仍心存疑虑。科学家先前研究 1987a 超新星发出的中微子脉冲。如果最新观测结果适用于所有中微子,这颗超新星发出的中微子应比它发出的光提前数年到达地球。然而,观测显示,这些中微子仅早到数小时。“这难以符合 OPERA 项目观测结果”,埃利斯说。

美国费米实验室中微子项目专家阿尔方斯·韦伯认为,OPERA 实验“仍存在测量误差可能”。费米实验室女发言人珍妮·托马斯说,OPERA 项目结果公布前,费米实验室研究人员就打算继续做更多精确实验,可能今后一年或两年开始。

伊拉蒂塔托欢迎同行对实验数据提出怀疑,同样态度十分谨慎。他告诉路透社记者:“这一发现如此让人吃惊,以至于眼下所有人都需要非常慎重。”

那么如何解释中微子超光速实验呢?

在 OPERA 实验结果发表后,除了科学家口头表达的看法外,很快就出现了数以百计的论文,探讨实验的结果。

从概率上来说,最大的可能性是这个实验本身有漏洞,只不过现在还没有被发现。有人指出了实验的几个测量环节有可能会出问题。诺贝尔奖获得者格拉肖发表论文，说明如果真的超了光速，中微子的能量会在地下飞行过程中损失，实验结果会自相矛盾。因此，当务之急是重复实验结果。诺贝尔奖获得者鲁比亚在参加北京诺贝尔奖论坛时表示，另外两个意大利中微子实验BOREXINO和ICARUS可以用来验证。美国MINOS实验小组也表示，他们会马上分析数据，给出一个初步结果，然后再改进测量设备，验证OPERA实验的结果。

第二种可能是中微子具有特殊性质，这样相对论也是对的，这个实验结果也是对的。比如说，欧洲核子研究中心发出的中微子有可能振荡到一种惰性中微子，而惰性中微子可以在多维空间中"抄近路"，然后再振荡回普通中微子，这样看起来中微子就跑得比光快了。这种理论认为超光速之所以出现，是因为我们的物理世界具有额外的维度，因而导致从四维空间来看似乎中微子速度超过光速，但实际上中微子由于"抄近路"，速度并未超过光速。

当然也有人认为中微子的质量不是固定的，与暗能量有关联，会随环境变化，这样在飞行过程中看起来比光速快。诸如此类的理论很多，不过这些理论本身就需要大量实验来证实。第二种可能没有否定狭义相对论，但是表明存在着新的未知的物理图像，这当然预示着物理学的重大跨越。

第三种可能就是相对论错了，光速是可以超过的。这么敢想的人还真不多。还是先重复一下实验，证明它对了再说吧。

目前，关于中微子超光速的实验已重启，不同国家不同科研组正在利用各种方法验证有关的实验。欧洲核子研究中心的研究负责人塞尔焦·贝尔托卢奇说，实验团队将采用不同的时间模式来发出中微子束，从而消除可能的系统误差。他表示，鉴于实验的结果对物理学具有颠覆意义，实验过程不会"敷衍了事"。美国费米实验室也宣布将重复欧洲中微子超光速实验。实际上，2007年费米实验室在明尼苏达州矿山曾做过相同的试验，但是结果的误差范围足以令人上窜下跳(欧洲核子研究中心的结果是对边缘统计肯定，这并不是一个意想不到的结果，也许能被视为一个新的发现)。现在团队计划增加10倍左右的实验，同时更新更多的数据，根据报告来做要点备忘录。

MINOS 实验中，从其所在的明尼苏达州北部的实验室发送一束中微子束，使主注入器对中微子振荡搜索（图 8-23）。就像在欧洲核子研究中心的实验，重点是要找出更多有关中微子的变化无常的性质，以确定其接收的频率。但是需要精确测量中微子的分离，穿越地球和到达探测器的时间。

图 8-23　米诺斯远程探测器

MINOS 实验小组使用先进的全球定位系统和原子钟，以及 LED 灯检测中微子束从而得出结果。这些数据的更新正在进行，费米实验室和 SLAC 国家加速器实验室将根据对称破缺原理论证，然后把结果发表在其物理博客上。

与此同时，其他物理学家与国际学者无疑也会检查和复核欧洲核子研究中心的数据，从而确定到底谁才是正确的。

中微子超光速实验将世界科坛的一池春水掀起层层巨浪，直至 2013 年其余波方才平息。回顾近几十年的物理学发展历程，类似的冲击并不少见，但最终往往无疾而终，或者无法验证，使我们感到隐隐约约看到超越相对论和量子论的新物理的微弱曙光，但似乎又不确定……

# 第九章 遂古之初，谁传道之？
## ——宇宙学发轫

### 吾与汗漫期于九垓之外，吾不可以久驻
### ——大、小宇宙研究相互促进

有必要再次向读者强调：我们在宇宙物质之谜的探索征途中，早就发现物质的结构在尺度和能量上呈现不同的层次。我们还知道，这种层次的划分，使空间尺度与能量尺度存在确定的对应关系。我们关心的极微世界，空间尺度最小，只有 $10^{-18}$~$10^{-15}$ 米。即能量尺度相当于 100 吉电子伏到几兆电子伏。目前加速器探测的最高能量是 5000 吉电子伏，相当的空间尺度为 $10^{-20}$~$10^{-19}$ 米。这就是研究极微世界的科学，所谓基本粒子物理学何以又称高能物理学的原因了。

随着空间尺度加大或能量的减少，依次是原子核物理学、原子物理学和分子物理学研究的领域。原子或分子聚集起来，就会构成我们常见的聚集相：气相、液相和固相（通常称为物质三态），以及介乎固相与液相之间的中间相，如液晶（你见过液晶手表吗？）、复杂流体与聚合物等软物质。研究这些形态的物质的物理学分支，称为凝聚态物理学（condensed matter physics）。

由带电的正、负粒子构成的另一类气相物质，在整体上、宏观上是电中性的，称为等离子体，相应的物理学分支称为等离子物理学（plasma physis）。固体力学与液体力学研究的是大尺度的固体与液体运动的规律。

继续扩大物质研究的空间尺度，就进入地球物理学、空间物理学和行星物理学的领域。进而扩展到太阳、银河星系、本星系、本超星系团，乃至整个宇宙，这就是天体物理与宇宙学的领地了。

再次回到物理学的各分支与相应结构尺度图（图 9-1），它形象地表达了本书研究的大宇宙和小宇宙的全部场景，图的底部是小宇宙极微世界；而图的顶端则是茫茫宇宙、浩浩太空。原来我们物理学的各个分支：天文学和天体物理、地球物理学、固体和流体力学、等离子体物理学、凝聚态物理学、原子和分子物理学、原子核物理学以及基本粒子物理学所研究的对象只不过是不同结构尺度的物理体系。当然它们彼此之间研究的空间尺度也许有很少的重叠。

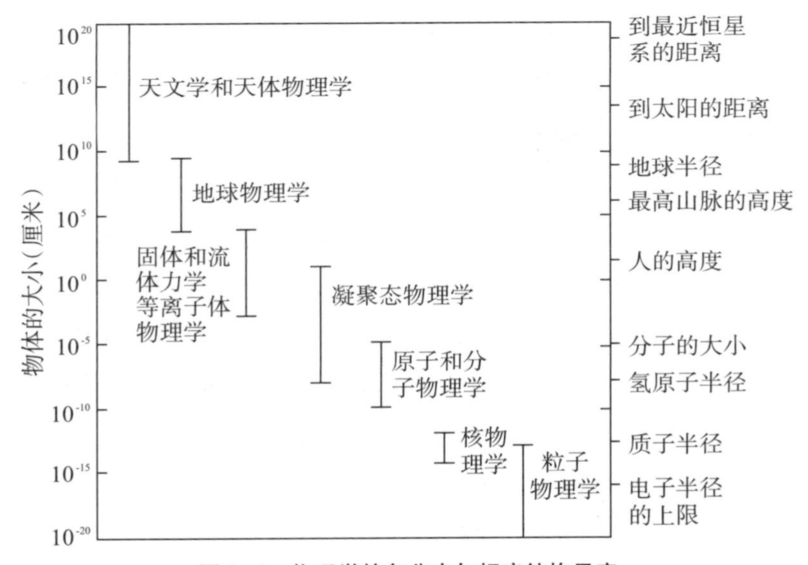


**图 9-1　物理学的各分支与相应结构尺度**

然而，我们决不能忘记这些不同尺度的空间中的物理现象彼此之间存在密切的联系。尤其是我们研究大宇宙，研究宇宙起源的时候，大爆炸瞬间(极早期宇宙)为我们提供了超高能、超高压、超高温的极端条件，此时正好对应粒子物理的标准模型——所谓的大统一能域，或者超大统一能域（当然目前超大统一的严格理论尚待建立），因此我们前面对于小宇宙的研究成果，或者更准确地说基本粒子的标准模型，为我们对于宇宙起源的研究，对于大宇宙的探索提供了坚实的理论基础。

当然,大小宇宙的研究从来是相互促进、相互支持和相互启发的。在下面的大宇宙探索中我们可以看到,前面对于小宇宙研究所取得的成果是如何强有力地促进我们对大宇宙认识的,特别是现代宇宙创生理论——大爆炸暴胀宇宙论的理论基础就是粒子物理的标准模型。

其实,大宇宙的研究和发现一直在丰富、扩展和深化人们对小宇宙的探索。这样的例子举不胜举。

人类历史上第一次测定光速,就是勒麦(O. Romer)在1676年根据木星的一个卫星蚀的延迟现象进行的,尽管数据结果不十分精确。但是直到将近200年后,即1849年,斐索(A. Fizeau)才开始在实验室利用转动齿轮测定光速。

正是由于丹麦杰出的天文学家第谷(B. Tycho)所积累的丰富和精密的天象观测资料,才会有开普勒(J. Kepler)行星运动三大规律的发现,从而导致牛顿万有引力定律在1686年的发现。我们知道,100多年以后,卡文迪许(H. Cavendish)才在剑桥大学的实验中,利用库仑的扭摆秤,测定万有引力常数 $G$。

1825年,法国哲学家孔德(A. Comte)断言,“恒星的化学组成是人类绝不可能得到的知识”。34年后,德国物理学家基尔霍夫(G. R. Kirchhoff)和化学家本森(R. W. E. Bunsen)解开了光谱之谜,发现光谱线与化学元素的一一对应关系。在1884年,瑞士人巴尔末(J. Balmer)发现氢元素光谱中有14条谱线构成一个有规律的系列,现在人们称之为巴尔末系。以后人们又发现其他的光谱系列。光谱系以后成为揭开原子核外电子壳层秘密的“密码”,甚至在现代量子论的建立中也扮演了关键角色。

1868年,洛克耶(J. N. Lockyer)研究在日食发生时太阳色球层光谱,结果解开了太阳的化学组成之谜。原来太阳中无非钠、钙、铁、镍等元素,当然也有意料不到的新发现,如在钠的谱线周围有一条陌生的线,在地球上各元素中找不到这条谱线。洛克耶命名发射陌生谱线的元素叫氦,意即太阳元素。40年后,人们在地球上找到了氦。氦在地球上含量甚少,又是惰性气体,故而难以发现,而在太阳中却是丰富得很,所在皆是。氦在低温物理、超导和超流领域应用极其广泛。天文学和宇宙学的研究表明,宇宙中的所有元素在我们的地球上都能找到,或者能够合成,这一点充分表明在宇宙中物质结构的统一性。

近年来，对于地球、木星和银河系磁场的精密测量表明，麦克斯韦(J. C. Maxwell)的经典电磁场理论完全正确。在经典电磁理论基础上发展的量子电动力学（QED）最重要的结论之一是光子的静止质量为零。应该指出，阿昆(L. B. Okun)和泽尔多维奇(Ya. B. Zeldovich)1978年在《欧洲物理快报》上撰文，提出了光子有质量的理论模型。在这个模型中，预言有一种极轻的带电的标量粒子，但这一点与今天的实验资料完全矛盾。

1971年，戈尔德哈伯(A. S. Goldhaber)和尼托(M. N. Nieto)在《现代物理评论》上综述了关于光子静止质量的测量结果。威廉斯等人(E. R. Williams、J. E. Failer和F. Hill)利用测量在导电壁中封闭小孔的静电场，得光子静质量上限为

$$m_\gamma < 10^{-14}\,\mathrm{eV}。$$

多尔戈夫(A. D. Dolgov)和扎哈诺夫(V. L. Zakharov)假定 $m_\gamma \neq 0$，利用在地球表面与等离子层之间有约50万伏的电势差，在原则上可以测出 $m_\gamma$。戴维斯等人则根据在远处的行星磁场确定 $m_\gamma$。因为如果 $m_\gamma \neq 0$，则磁场将以指数规律 $\exp[-m_\gamma r]$ 随距离 $r$ 减少。戴维斯等人利用美国先锋10号人造行星测量木星的磁场，确定

$$m_\gamma < 10^{-18}\,\mathrm{eV},$$

这大概是迄今直接测量得到的最佳结果。

契比索夫(C. V. Chibisov)等人另辟蹊径，分析银河系或河外星系的磁场来测定 $m_\gamma$。他考虑到麦哲伦星云中星际气体的平衡问题，由于 $m_\gamma \neq 0$，对星际气体有产生附加磁压力，从而他得到的结果是

$$m_\gamma < 10^{-27}\,\mathrm{eV}。$$

面对这些结果，至少有两点结论：第一，目前实验的精度表明，光子有静止质量的可能性几乎不存在；第二，天体物理的实验结果远比实验室的结果（戴维斯等人的）要精确得多。

凡此种种，都是在极微世界的探索中遇到了难题，结果从“天上”——宇宙的宏伟实验中找到了解决问题的金钥匙。

中子星的发现，也是大、小宇宙的研究中相互促进的难得佳话。1932年，查德威克发现中子以后，苏联的理论物理奇才朗道(Landau)马上预言，宇宙中存在

几乎全部由中子所构成的致密星体。德国天文学家巴德(W. Baade)和兹威基(F. Zwicky)明确提出中子星概念,并认为超新星爆发时,其中心会坍缩为中子星。

1939年,美国的原子弹之父奥本海默等人从理论上对中子星(图9-2)进行了深入研究。他们认为这种星体密度极大,核心部分可达每立方厘米100亿吨以上,其内部是一片中子的海洋,半径却只有20千米左右,温度极高。

图9–2 中子星

中子星表面引力极强,比太阳表面要强 $10^9$~$10^{19}$ 倍。即使宇宙微尘降落其上,释放的能量也无异于原子弹爆发。这种星体太古怪了,许多人认为,这只是理论工作者的无稽之谈,天底下会有这种荒诞不经的天体存在吗?有人讥讽说:"究竟有多少天使能在中子星上跳舞呢?"

大气的抖动,会使夜空的繁星闪烁不停。人们早就知道,太阳射出的高速等离子旋风,即所谓太阳风在行星际空间吹动时,会使天体的射电波产生时强时弱的闪烁。这种现象叫行星际闪烁,它首先为英国天文学家休伊什(A. Hewish)所发现。

1967年,在剑桥大学任教的休伊什主持下,一架新型的巨大射电望远镜于7月开始"巡天"了。望远镜占地近20000平方米,由16 × 128个偶极天线组成庞大的天线阵。休伊什的研究生贝尔(J. Bell)女士是一个细心的人,她每天要分析近8米长的记录纸的数据资料。

几个星期以后，贝尔发现一种非常稳定的奇怪的脉冲信号，每隔 23 小时 56 分重复出现一次。进一步的分析表明，脉冲信号源离地球约 212 光年，远在太阳系外，但在银河系内。

有人推测，这是地外文明、“天外人”发来的信号，甚至断言，由于文明的高度发展，“天外人”体格退化，形体极小。最奇怪的是，他们的皮肤是绿色的，能够直接利用光能。也许他们可以不吃饭吧！这些信号是他们发来的吧！真所谓绿衣人似花，爝火来天涯！

休伊什和贝尔继续观察，他们没有发现“小绿人”存在的迹象。如果信号由居住在外行星上的“小绿人”发出，应该观察到由于行星公转引起的脉冲间隔的变化。后来，类似的射电源不断被发现，终于排除“小绿人”存在的任何幻想。

休伊什发现的这个射电源被命名为 $CP_{1919}$，在狐狸星座方向，脉冲周期为 1.3372275 秒，就是说射电源自转周期只有 1 秒多一点。这种疯狂自转的星体，休伊什断定它就是人们早就预言的中子星。几个月以后，戈尔德（T. Gold）等人提出自旋中子星的旋转光束理论，进一步论证脉冲星就是高速自旋的中子星。现已发现好几百个脉冲星。

休伊什由于他对脉冲星的发现所做的巨大贡献，而荣获 1974 年诺贝尔物理学奖。

## 眇观大瀛海，坐咏谈天翁——天问的故事

对于宇宙始源的探索始于人类文明的黎明。最早的探索都保存在古代的神话中。

公元前三百多年，在现在湖南资江县桃花港的地方，江水潺湲，波光粼粼，在东岸的凤凰山腰，金碧辉煌的楚王宫巍然屹立。

楚国的大诗人屈原（图 9-3），峨冠高耸，凝视宫庙两壁绘制的栩栩如生的彩画，面对三皇五帝、先皇贤哲的肖像，山灵水怪、天象山川的神奇胜迹，思绪万千，浮想联翩，不禁朗朗浩吟，发出他震撼千古的“天问”（图 9-4）：

——请问：关于远古的开头，谁个能够传授？

那时天地未分，能根据什么来考究？

那时浑浑沌沌，谁个能够弄清？

有什么回旋浮动，如何可以分明？

无底的黑暗生出光明，这样为的何故？

阴阳二气，渗合而生，它们的来历又在何处？

穹隆的天盖共有九重，是谁动手经营？

（原文，"曰：遂古之初，谁传道之？上下未形，何由考之？冥昭瞢暗，谁能极之？冯翼惟像，何以识之？明明暗暗，惟时何为？阴阳三合，何本何化？圜则九重，孰营度之？惟兹何功，孰初作之？"此处用郭沫若的译文。）

图 9-3　大诗人屈原（约前340—前278）

图 9-4　屈原吟天问的凤凰山

原来，我国的先哲流行一种直观的朴素宇宙观，认为巨大的天穹宛如半球状的盖子，明月星辰都依附于其上，天球绕着一个固定的极——所谓"天极"不断旋转。"天圆地方"，大地则是四方的。大地的四周，每边耸立着两个天柱，支撑着巨大的天球。

神思驰骋的屈原寻根问底，继续问道：

这天盖的伞把子，

到底插在什么地方？

绳子，究竟拴在什么地方，

来扯着这个帐篷？
八方有八个擎天柱，
指的究竟是什么山？
东南方是海水所在，
擎天柱岂不会完蛋？

两千多年过去了，时至今天，我们品味着这些酣畅磅礴的千古绝响，还深深为诗人大胆探索“遂古之初”的难解之谜的批判精神感奋不已！这些铿锵有力的诗句，至今仍激励着我们探求宇宙起源的强烈欲望。

面对浩渺无际的苍穹，关于宇宙的创生和演化，我们的先哲百思不得其解，于是多少奇妙的神话应运而生。

关于盘古开天辟地的传说（图 9-5），至今回味起来还是饶有趣味的。你看：“天地浑沌如鸡子（即鸡蛋），盘古生其中。万八千岁，天地开辟。阳清为天，阴浊为地，盘古生在其中，一日九变。神于天，圣于地。天日高一丈，地日厚一丈，盘古日长一丈。如此万八千岁，天数极高，地数极深，盘古极长……故天去地九千里。”多么动人的传说。

**图 9-5　盘古开天辟地**

在古代，天才的臆测与神话般的幻想往往交织在一起。迷离怪诞的神话却常常透露出人类先民对于宇宙起源永恒之谜的探索的智慧之光。

按 1220 年左右成书的北欧神话集《新埃玛》所言：混沌初开，既没有天也没有地，只有一个裂口。北方是冰雪区域尼夫翰，南方有火的区域木斯皮尔翰。火融化了冰，在融化的水滴中，巨人伊默诞生了……

在这个幼稚的创世记中，我们依稀也看到火的力量。可见“万物生于火”

的朴素想法，是许多地方古人的共同信念。

关于宇宙起源于“宇宙蛋”的神话，也是广泛见于东西方的古籍。除了流传甚广的盘古开天辟地的故事，汉代著名天文学家张衡甚至说，目前的宇宙结构还是“浑天如鸡子，天体圆如弹丸，地如鸡中黄，孤居于内”。我国浑天学派都持这种看法。

印度西北部喜马偕尔邦的坎格拉人汤特里教派（印度教）流传下来的关于“宇宙蛋”的绘画颇为传神（参见图 9-6）。左图为神圣的音节 O—M，由 a—u—m 三个音组成，分别代表三界（地、气、天）、印度教的三个神（梵天、毗湿奴、湿婆）、三卷《吠陀经》文（梨俱吠陀、夜柔吠陀、娑摩吠陀）。这是创世之初，神发出的充满神奇力量的咒语，据说体现了宇宙的本质。

中图为蛇神阿难塔纳，象征着创造宇宙结构的原动力。它维系宇宙结构，也可能破坏整个宇宙。右图则为光焰四射的太阳。太阳的光辉普照大地，赋予世界万物以生命。

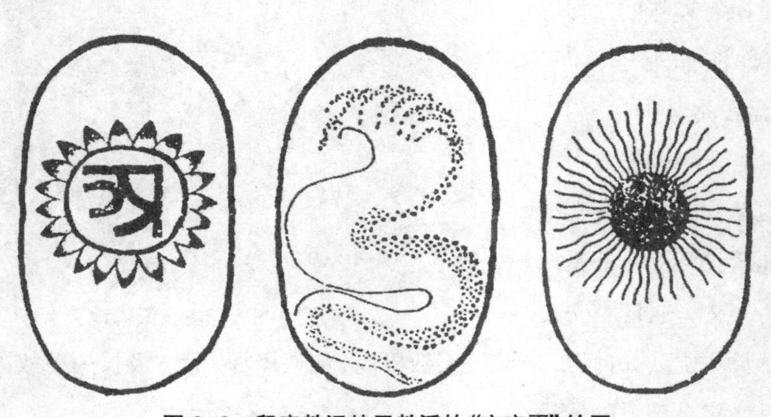

图 9–6　印度教汤特里教派的“宇宙蛋”绘画

如果撇开神话迷雾和种种臆测成分，我们就会发现，现代宇宙论的大爆炸学说的两个重要假设，竟然跟古人的神话“甚为一致”。

古希腊哲学家赫拉克利特（Heraclitus）曾经猜测：“万物都生于火，亦复归于火。每当火熄灭时，万物就生成了。最初，火最浓厚的部分浓缩起来，形成土。然后，当土为火熔解时，便产生水。而当水蒸发时，空气便产生了。整个宇宙和一切物体最后又在一场总的焚烧中，重新为火烧毁。”

万物都生于火。读过但丁《神曲》的人，大概不会忘记对于炼狱的恐怖景象的描写吧。在那幽暗的地狱，升腾着永不熄灭的火焰。生前为非作歹的恶人在这炼狱中，饱受各种酷刑的煎熬……

但宇宙创生时的大爆炸，比起这一切，不知可怕多少倍！

古代埃及人的"创世记"颇富于人情味。古埃及人认为，世界是由太阳神阿蒙·赖创造的。阿蒙·赖有三个孩子：两个儿子，一个叫舒，另一个叫克布，还有一个女儿叫努特。克布和努特时常吵闹，舒为了把他们分开，便把努特高高举起，又让克布卧倒。于是，努特化为天，克布变成地，舒则变化为空气。我们的宇宙原来诞生于太阳神的一次家庭纠纷。

古代巴比伦人以史诗的形式，将创世记的神话，记录在七块泥板上。我们从泥板上的楔形文字中，可看到距今已有三千八百余年的古巴比伦人的众神之王马都克开天辟地的故事。海妖基阿玛总是迫害众神，马都克将基阿玛杀死，并且将他的身体撕成两半，一半被掷向上方，变成了天，另一半摔到下方，便化为地和海洋。

宇宙之谜的探索从神话王国迈向科学之邦的道路是漫长而曲折的，可说是步履维艰，踽踽而行。第一步，就是古人关于宇宙本质的种种天才的臆测。

古印度人曾认为，宇宙是由地、水、火和风构成的。古希腊的伊奥尼亚学派的代表人物泰勒斯（Thales）相信，宇宙的本源是水，大地呈球面形状，周围被与海水相连的天穹包围，天体沿着天穹移动。他的两个学生阿那克西曼德和赫拉克利特（Heraclitus）则认为，万物皆源于火。这个学派对宇宙的认识，抛弃了神的束缚，这是十分难能可贵的。

独具慧心的毕达哥拉斯（Pythagoras）大胆提出：数生万物。由数生点，点生面，面生体，再由立体产生感觉和一切物体，产生世界的四种基本元素：水、火、土和空气。他进一步设想，"天盖"是由二十七层绕地球转动的同心"球壳"构成，并推测"大地"是球形的，大地处于宇宙中央。

"古代最伟大的思想家"（马克思语）亚里士多德（Aristotle）科学地论断，大地确为球形。他还巧妙地设计了著名的九层水晶球天的天球模型。这九层天是宗动天、恒星天、土星天、木星天、火星天、太阳天、金星天、水星天和月亮天。

近代宇宙学的黎明开始于1755年。这一年，德国哲学家伊·康德(Immanual Kant)发表了《宇宙发展史概论》。康德的这本经典名作试图利用牛顿力学解释太阳系，乃至宇宙的起源。康德认为，当初在宇宙中弥漫着许多微粒构成的星云物质，由于力的作用，星云中较大的微粒吸收较小的微粒凝聚成团块，而后继续吸收其他微粒。团块不断增大，最后，其中最大的团块形成了太阳，其他的团块则形成行星(图9-7)。



康德的星云说发表的时候并未引起人们重视。直到法国天文学家拉普拉斯(Laplace)提出太阳系起源的星云说，大家才想起，康德不是有过类似的见解么?

1796年，拉普拉斯在他的《宇宙体系论》的附录中，详细描绘了太阳演化的图景。

与康德不同的是，拉普拉斯认为，原始星云是炽热的，星云由于冷却而收缩，因而自转加快，惯性离心力随之增大，星云变得扁平。在星云外缘，离心力一旦超过引力便分离出一个圆环。于是在继续冷却的过程中，会分离出许多圆环。由于物质分布的不均匀，圆环便进一步收缩，逐步演化为行星，中间部分则凝缩为太阳。

康德-拉普拉斯的星云说，是建立在星云观测、万有引力以及惯性离心力作用的科学基础上，对于太阳系行星运动的特点作出的统一解释。尽管它对太阳系的演化的勾画还是初步的，但是它的许多合理内核，它的基本构想，依然留存在现代宇宙学(尤其是太阳系演化的学说)中。

图9-7 康德及其星云说

在康德—拉普拉斯的星云说影响下，各种天体演化学说相继问世，如近代张伯伦（T. Chamberlain）和泰斯（J. Teans）的行星起源“灾变说”（某偶然靠近太阳的恒星，把太阳上一部分物质吸出，从而形成一个个行星），又如苏联天文学家施米特的俘获说（太阳将星际云俘获，形成星云盘，然后演化为行星）等，莫不起源于康德—拉普拉斯的星云说。

恩格斯高度评价康德—拉普拉斯的星云说，称许它是“从哥白尼以来天文学取得的最大进步”，在 18 世纪僵化的自然观上“打开了第一个缺口”。康德曾经意味深长地说道：“给我物质，我就用它造出一个宇宙来！”这句话正好是星云说体现的唯物主义精神的生动写照。

现代宇宙学的奠基人是爱因斯坦（Einstein）。1917 年，爱因斯坦“根据广义相对论对宇宙学所做的考察”，提出人类历史上第一个宇宙学的自洽的统一动力学模型。广义相对论描述了万有引力的规律。爱因斯坦认为，宇宙的演化由引力所支配。

广义相对论最富于魅力的想法是，引力只不过是四维物理空间弯曲程度的表现罢了（图 9-8）。所谓物理空间，实际上指时空，即时间和空间的“连续统”，也即流形。

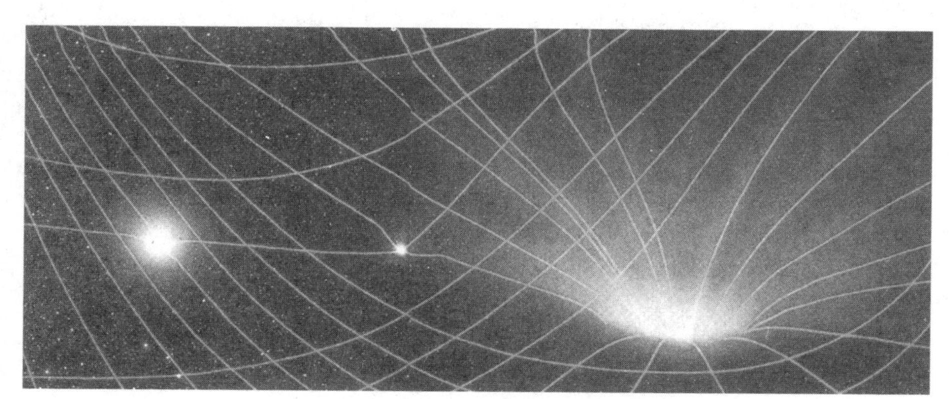

**图 9–8　爱因斯坦的弯曲时空**

德国数学家闵可夫斯基（Minkowski）在广义相对论的数学表述工作中贡献极大。他在 1919 年召开的第八十届德国自然科学家会议上有一段精辟的论述。他说，在广义相对论中，“时间和空间本身，各自都像影子般消失，只留下时间和空间的一个融合体作为独立不变的客观的实体存在。”用术语表示融合体就是流形(图 9-9)。

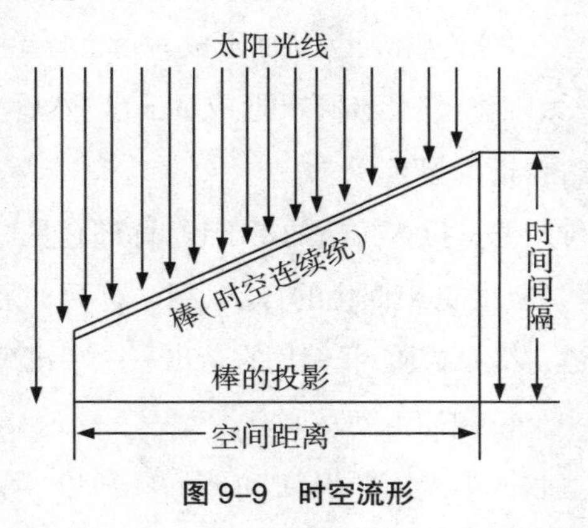


图 9-9　时空流形

照广义相对论看来,质量大的物体,周围引力场强,实际上相应空间弯曲程度越大,像一个凹下去的“洞”。我们通常说,周围物体受到引力场的吸引,实际上是周围物体慢慢“滑进”凹洞。我们用一个二维时空说明这种情况(图 9-10)。

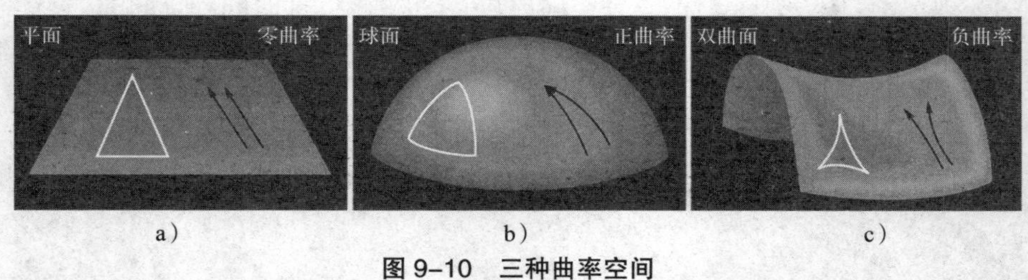


a)　　b)　　c)

图 9-10　三种曲率空间

a)平直空间,曲率为 0,图中三角形三内角之和 180°;
b)球面,其曲率为正,图中三角形三内角之和大于 180°;
c)单叶双曲旋转体,其曲率为负,三角形三内角之和小于 180°

什么是宇宙？宇宙就是时空。爱因斯坦这个观念已成为现代宇宙说的基石之一。说到这里,我们不得不为我们的先贤们深邃的智慧击节叫绝。

公元前三百多年,我国战国时期的尸佼说:“四方上下曰宇,往古来今曰宙。”大体同时的墨翟则说:“宇,弥异所也。”“宇,蒙东西南北。”“久(即宙),弥异时也。”“久,合古今旦暮。”这跟现代宇宙学的定义何其相似!

爱因斯坦发现,在他给出的宇宙动力学方程中,如果附加两个条件:宇宙空间中物质分布均匀并且各向同性，就容易得到方程的一个“动态解”，或者说动态宇宙模型。实际上，几乎同时提出的德西特(W. de Sitter)模型，也有类似的结果。

苏联科学家弗里德曼(A. Friedman)在1922年根据爱因斯坦方程得到所谓准解，或称弗里德曼模型。这个模型告诉我们，“宇宙”始源于一个“点”。这个“点”集中了宇宙全部质量，其密度当然是无穷大。这种“点”就是数学中的奇点，然后宇宙开始均匀膨胀。

照弗里德曼看来，宇宙的物质总量有一个临界值。如果宇宙物质总量少于临界值，则宇宙的膨胀会永远持续下去。这种宇宙叫“开放”型宇宙。宇宙中物质若大于此临界值，则物质的引力会足够强，以致造成物理空间很大的弯曲，从而促使膨胀停止。这种类型的宇宙叫“封闭”型宇宙。

照封闭型宇宙的演化规律，膨胀停止后，宇宙会转而收缩，星系团要越来越靠近，以致挤压在一起，最后竟会使分子、原子乃至基本粒子的结构都“破碎”，“夸克”或“亚夸克”都挤在一起(即所谓坍塌)，宇宙又回复到超致密状态，甚至于集聚到一个原始奇点。

但是，我们的宇宙到底是“开放的”，还是“封闭的”呢？弗里德曼没有作出肯定的结论。因为，这需要取决于宇宙质量的估算，但这是一件极困难的工作。在后面我们会发现，时至今日，关于宇宙质量，或者说宇宙物质平均密度到底是多少，尚无定论。

动态宇宙模型，尤其是弗里德曼模型的基本要素，实际上今天仍然是现代宇宙学的基本出发点。但是，“天不变，道亦不变”的传统习俗的力量太强大了。在20世纪20年代，绝大部分人都笃信我们的宇宙在大范围内不会有什么演化，就是说，应该是“静态”的。

这一回，即使爱因斯坦也未能免俗。他不相信动态宇宙模型的物理图像，更不相信世界会有起点。因此，他对于自己给出的宇宙方程的“解”，无所措手足，难以置信。

怎么办呢？爱因斯坦竟然对他的方程“动起手术”，无端加上一项，所谓宇宙学项，这一项具有斥力性质，其作用在于与引力平衡，从而“抑制”由于引力引起的宇宙演化。爱因斯坦从这个“修正”的宇宙动力学方程得到一个“静态”解。这个所谓静态模型认为宇宙是无界而有限的，就是说，宇宙是一个弯曲的封闭体，体积有限，但没有边界。

爱因斯坦的静态模型认为宇宙万古如斯，绝不变化，很合乎习俗的看法。但是，什么叫“封闭”？什么叫“有限无界”呢？这些概念对于一般人却是太新奇了。

举一个例子，假设有一种扁平动物生活在二维曲面上，它们只有平面概念，没有三维立体概念。对于这些动物，整个平面是无限而无界的，但平面上的圆就是有限而有界（圆）的了。

我们把这些动物放在二维球面上，对于这些只有二维感觉的小生命来说，球面就是有限但无界的。它们无法找到边界，同时却发现这个“球面宇宙”是“封闭的”。后面这一点，从三维空间来看，是不言而喻了。

照爱因斯坦来看，我们的宇宙在四维空间中，其三维空间的广延是“闭合的”，整个宇宙是有限而无界的。照一个“四维超人”看来，我们这些三维感觉的人的行为，就跟我们眼中的二维动物一样：我们沿着“三维球面”走，也许可以绕行球面多圈，却无法找到球面的边界。

静态模型没有被实验证实。爱因斯坦的宇宙学项Λ，从现代天文学资料估算，至少不过 $2\times10^{-56}$ 厘米$^2$。实际上，在现代实验精度之内，没有察觉Λ的任何物理效应。爱因斯坦在生前已经意识到他的错误，他曾经感慨万分，说平白加上一个宇宙学项到宇宙动力方程上，“这可能是我平生在科学工作中所犯的最大错误了”！ 20世纪末发现宇宙的加速膨胀后，人们又赋予Λ以新的角色，即暗能量的近似描写。是耶？非耶？科学无坦途，信哉是言也。

话虽如此，但人们不要忘记爱因斯坦是现代宇宙学的奠基人。他给出的宇宙学的动力学方程，实际上制定了宇宙万物运行的法则。然而，传统俗见在他眼前布下的迷雾，使他在探索宇宙奥秘的征途中趑趄不前了。

坚冰已经打破，现代宇宙学的宫殿的大门打开了。随着时光的流逝，一个令人难以置信的真理越来越清楚地展现在人们面前：宇宙中种种奥秘，无一不与微观世界——小宇宙息息相关，打开大宇宙迷宫的钥匙竟然隐藏在小宇宙之中。

一门新的学科诞生了，它叫粒子宇宙学。粒子宇宙学研究的领域是大宇宙与小宇宙汇合之处。其宗旨在于，从微观粒子的运动规律，探索宇宙的演化规律，它是现代宇宙学的一个基本方向。宇宙空间为微观粒子的运动提供各种可能的极端物理条件，如极高温、极高压、超高致密、超强磁场等；也为各种高能物理现象提供了宏伟而理想的实验场地。另一方面，宇宙演化的早期状况和现状，完全由高能基本粒子的运动规律决定。

时至今日，我们的高能天体物理学家，不仅能凿凿有据地描述“遂古之初”惊心动魄的一幕，而且“创世记”中分分秒秒的温度、压力、密度等，都可以娓娓“道之”，人类的洞察力是何等深邃而不可思议啊！

我们将描述极早期宇宙的壮丽景观。由于涉及的许多问题都是科学家最新的研究成果，往往尚未定论，所以，我们往往采纳大多数科学家接受的观点。为了避免误会，对于不同意见，也适当予以介绍。

## 千钧霹雳开新宇——伽莫夫“大爆炸模型”

现代宇宙学发轫于爱因斯坦的广义相对论。1917 年爱因斯坦基于广义相对论提出所谓宇宙演化方程。他假定宇宙中物质分布在大尺度上是均匀的，并且是各向同性的。这一假说后来称为宇宙学原理，已为天文观测所证实。就是说，如果以 10 亿光年作为尺度，宇宙各处物质分布是处处均匀的，偏差最多 10%~20%而已。

爱因斯坦相信宇宙在大尺度上的特征应是不变的，即所谓稳态宇宙论，人为地在方程中加进一个宇宙项（sea-gull term）Λ，相当一种斥力。因为从宇宙演化方程中，必然会得到宇宙会膨胀或收缩（即演化）的结论，加进Λ可以得到不随时间膨胀的稳态宇宙解。

荷兰天文学家德西特（W. de Sitter）在 1917 年提出所谓“德西特宇宙模型”：一个不断膨胀的宇宙，其中物质平均密度为零。

1922 年，苏联科学家弗里德曼在爱因斯坦方程中去掉宇宙学项，得到的弗里德曼模型，即动态宇宙解，可能是膨胀的，也可能是收缩，或者脉动的。

1927年，比利时教士和天文学家勒梅特(G. Lematire)重新得到爱因斯坦引力场方程的弗里得曼解。勒梅特指出哈勃观测到的宇宙膨胀现象正是爱因斯坦引力场方程所预言的。因此，过去的宇宙必定比今天的宇宙占有较小的空间尺度。并且，宇宙有一个起始之点，称为“原始原子”。

随着科学的昌明，天文观测资料日益精密，静态的宇宙观让位于演化中的宇宙观，世界变了。爱因斯坦后悔在他的宇宙演化方程中，凭空无端加进“宇宙学项”。甚至于梵蒂冈的教皇，也破天荒地承认，300年前对伽利略的审判是错误的。

当然，随着先进观测设备，如哈勃(E. Hubble)空间望远镜和10米的柯克望远镜的投入，两个国际研究协作组在1998年发现$\Lambda>0$，宇宙的膨胀在加速，这又赋予宇宙学项$\Lambda$的研究以新的含义。但这与稳态宇宙的初衷毫无关系。

伽利略说得好，你们可以打我的屁股，可是地球照样在转动啊。是的，宇宙确实在不断运动和变化着，昨天之宇宙不同于今天的宇宙，亦如今天的宇宙不同于明天的宇宙。

这一点，在人们发现我们观测的宇宙在不断膨胀后，再也没有人怀疑了。宇宙在膨胀!这难道真的是事实？爱因斯坦方程，如果不人为加进具有斥力性质的“宇宙项”，本来就有一个膨胀型的宇宙解。弗里德曼和德西特就是抱有这样的信念的。但是，这只是理论物理学家的“纸上谈天”，大多数人都只“姑妄言之，姑妄听之”，并不相信。

图 9–11　哈勃(E. Hubble，1889—1953)

1929年，美国天文学家哈勃(图9-11)在美国《科学院院刊》上发表题为《河外星云的速度—距离关系》的论文，宣称我们周围的星系都在彼此远离而去，就是说，我们观测的宇宙在膨胀!这个惊人的发现，可以说是稳态宇宙论的丧钟，是现代宇宙论新的起飞的里程碑。

原来，自1909年起，美国天文学家斯里弗尔(V. Slipher)在劳维尔天文台用609.6毫米(24英寸)折射天文望远镜着手研究仙女座大星云 M31——这是天幕中最亮和最大的旋涡星云。到了1914年,他积累了15个星云的光谱线资料,发现大多数星云都有红移现象。到了1922年,积累光谱资料的旋涡星云达41个,可以肯定其中36个有很大红移。

什么叫红移呢?研究红移有什么意义呢?话要从多普勒效应说起。多普勒(C. Doppler)是当时属于奥匈帝国的布拉格的一位数学教授。他在1842年发现:当发声器(或光源)离开听众(或光接受器)而去时,音调变得低沉(或光的频率变小);反之,则音调变得尖厉(或光频增大)。

荷兰气象学家拜斯-巴洛特(C. H. D. Buys-Ballot)在1845年做了一个有趣的实验。他让一队喇叭手站在疾驶而去的火车敞篷车上吹奏,果然测量出喇叭声的声调有变化。这个实验是在荷兰乌德勒支市近郊做的。

在可见光中,红光频率最低,蓝光最高。如果星系光谱向红光端漂移,表明该星系远离我们而去,称为红移;反之,光谱线向蓝光端漂移,则表明星系向我们移近,称为蓝移(图9-12)。

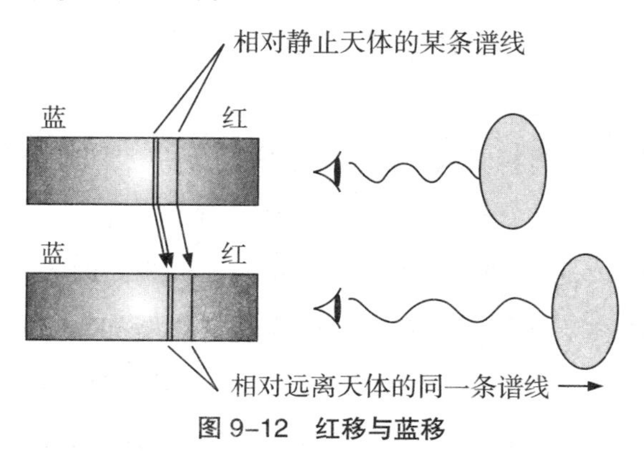


**图9-12　红移与蓝移**

对于这种与现代宇宙学关系重大的现象,大家并不陌生。谁没有过站在火车站台上,聆听来往的火车隆隆声呢?

1919年,哈勃来到加利福尼亚州洛杉矶附近的威尔逊山天文台。这时,第一次世界大战刚刚结束,德西特的动态宇宙的工作传到美国不久。威尔逊山在1908年安装了1524毫米的反射天文望远镜,1917年2540毫米反射望远镜又告竣工。风云际会,适逢其时。

哈勃利用这些巨大的望远镜，分辨出夜空中许多微弱的光斑其实是许许多多的恒星，而且多是远在银河系外的宇宙岛——河外星云。他拍摄了仙女座大星云的相片，估算出该星云离我们约 90 万光年之遥。

从 1925 年起到 1928 年，哈勃测出 24 个星系离我们的距离。1929 年，哈勃宣布他的重要发现：所有星系的光谱都呈现出系统红移，而且红移大小与星系离我们的距离成正比。换句话说，所有的星系都在远离我们而去，而且退行速度跟星系离我们的距离成正比，离我们越远，退行速度越大。

这个结论称为哈勃定律，它是宇宙膨胀的直接证明。50 年来，对邻近星系距离的测定不断改进，更加精确地得出了退行速度与距离的数值关系。作为粗略的估计，可以认为宇宙中两星系的距离每增加 100 万光年，其退行速度要增加 23 千米/秒（更严格地说，介于 15~30 千米/秒）。如果用哈勃常数 $H$ 表示，就是 $H$ = 23 千米/秒 × 百万光年。注意到 1 天文单位 1pc = 3.26 光年，用天文单位表示的哈勃常数 $H$ = 74.98km/s · Mpc。

由于哈勃常数已成为近代宇宙学中最重要也最基本的常数之一，近年来，对它的研究已成为十分活跃的课题。正式发表的有关哈勃常数的论文已有数百篇。1989 年，著名天体物理学家范登堡（Van den Bergh）为天文学和天体物理评论杂志撰写了一篇权威性论文，它综述了截至 20 世纪 80 年代末所有关于哈勃常数的测量和研究结果，最后认为，哈勃常数的取值应为 $H_0 = 67 \pm 8$。

2006 年 8 月，来自马歇尔太空飞行中心（MSFC）的研究小组使用美国国家航天局的钱卓X射线天文台发现的哈勃常数是 77km/s·Mpc，误差大约是 15%。2009 年 5 月 7 日，美国宇航局（NASA）发布最新的哈勃常数测定值，根据对遥远星系 Ia 超新星的最新测量结果，哈勃常数被确定为（74.2 ± 3.6）km/s · Mpc，不确定度进一步缩小到 5%以内。

我们测量到的最远的天体离我们已有 100 亿光年以上，其退行速度竟达 23 万千米/秒，几乎达到光速的$\frac{3}{4}$。21 世纪以来，发现许多红移极大的遥远星系，其中最远的竟有 132 亿光年，该星系大约产生于宇宙大爆炸后 5 亿年。

“所有的星星都在远离我们四散而去”，这岂不是又说地球，或大而言之，太阳、银河系处于优越的中心么？难道托勒密的“地心说”死灰复燃了么？大谬不然！

设想有一个气球，用颜色在其表面涂上均匀分布的小斑点，把它吹胀。此时呆在任何一个小斑点的蚂蚁都会看到所有其他斑点都在“逃离”它所在的斑点，并且离它越远的斑点，其退行速度也越大。此时没有一个斑点处于中心。

在图 9-13 中，星系的退行好比气球吹胀时的情形，这时气球上的各种标记彼此越距越远。图示“气球宇宙”由小到大体积倍增的情况。气球上的点(星系)互相退离的速度与它们相隔的距离成正比。

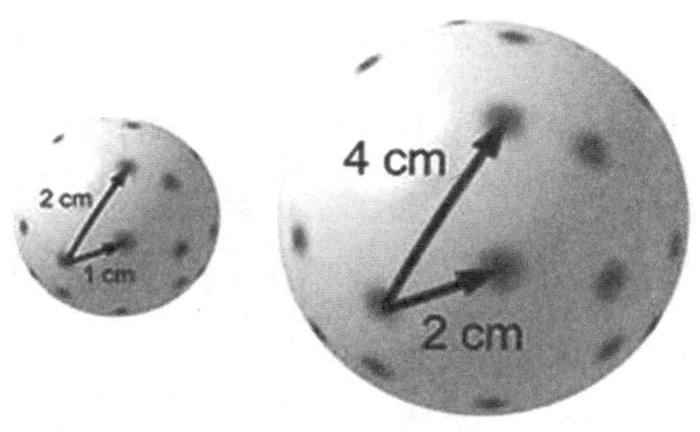


图 9–13 气球宇宙

如果我们考虑到宇宙在大范围中其结构是均匀的、各向同性的，哈勃定律就是非常自然的。均匀性要求宇宙各处的膨胀也是均匀的，就是说，任何两个星系的相对速度必然正比于它们之间的距离。

反过来说，哈勃定律的发现，也可以视为宇宙的结构在大范围内(1 亿光年以上)是均匀的这个重要性质的间接证明。后者被英国天文学家米尔恩(E. A. Milne)称之为宇宙学原理。这个结论对于现代人来说太自然了。为什么宇宙的这一部分，或某一特定方向，会具有不同于其他部分或其他方向的质量分布呢？

自从哥白尼以来，人们已变得不那么骄傲了。在托勒密时代，人类自视为天之骄子，处于宇宙中心的特殊位置的极端狂妄感已不复存在了。宇宙学原理作为朴素的真理，为人们普遍接受。

哈勃的发现，实际上告诉我们，观测到的宇宙有“起点”，而且有“尽头”。为什么这样说呢？这可是与常人的看法“无始无终、无边无际的宇宙……”大相径庭。

根据现代数据，粗略估算出宇宙中星系之间的平均距离为 100 万光年，约 $9.4\times10^{19}$ 千米，如果两相邻星系间的退行速度为 23 千米/秒，那么倒溯回去，

在

$$\frac{9.4 \times 10^{19}\text{千米}}{23\ \text{千米/秒}} = 4.1 \times 10^{18}\ \text{秒} = 150\ \text{亿年}$$

前，宇宙中所有的星系都聚合在同一“点”上。换言之，其时整个宇宙的大小就只那么一“点点”。

我们的宇宙有“起点”，由这一“点”发育成为今天茫茫宇宙。从某种意义上说，这“点”可称为“宇宙蛋”呢！我们的宇宙大约是在150亿年前“创生”的，就是说，年龄约为150亿年。我们的宇宙有大小，“半径”大约是150亿光年。必须说明，根据哈勃天文望远镜的观察，我们观测宇宙的确实年龄为137.8亿年。

1932年，比利时天文学家勒梅特（C. Lemaitre）从膨胀宇宙论出发，提出“爆炸宇宙的演化学说”。他认为，整个宇宙最初聚集在一个“原始原子”里。后来发生猛烈爆炸，碎片向四面八方散开，形成今天的宇宙。但该理论缺乏核物理的支持，没有引起人们重视。

1948年，天资纵横、多才多艺的美籍俄裔物理学家伽莫夫（G. Gamov），偕同他的同事阿尔弗（R. A. Alpher）和赫尔曼（R. Herman）根据当时的原子核理论的知识，结合膨胀宇宙的事实，提出了影响深远的“大爆炸”模型。这无异于现代宇宙学的第一声春雷，左右了现代宇宙学研究的潮流。这实际上是现代宇宙学春天的第一只燕子。

伽莫夫（图9-14）等假定，宇宙开始时其原物质全部为中子，处于极高温度（或熵极大）状态。在150亿年前左右，一次高热大爆炸揭开了我们宇宙的漫长的膨胀过程的序幕。

图9–14　伽莫夫（G. Gamov）

多么大胆的构想！多么使人难以接受的假设!我们这个星光灿烂的宇宙，诞生于一次高温大爆炸！

我们来看阿尔弗等人是如何说的。阿尔弗、赫尔曼在1953年偕同福林（S. W. Follin）对伽莫夫模型进行修正，认为原物质有一半对一半的中子和质子，还有大约数目为中子与质子10亿倍的轻子（即电子和中微子）或光子。它们处于$10^{11}$K（相当1 000万电子伏的能量）状态。

在这样的假定下，他们根据核反应理论进行严格估算。宇宙星系物质中，有22%~28%的重量应该是氦4（$^{4}$He），其余绝大部分是氢（$^{1}$H），还有极少量的氘（D）、锂7（$^{7}$Li）和同位素氦3（$^{3}$He）。1965年，瓦戈纳（R. Wagoner）、福勒（W. Fowler）和霍伊尔（P. Hoyle）各自独立对这个问题进行更细致的计算，也得到类似的结论。

看来，热宇宙模型和冷宇宙模型关于元素丰度的预示截然不同、针锋相对。到底谁是对的？抑或都不正确呢？

几乎同时，天体物理学家对太阳系、银河系及相邻星系内的恒星和气状星云进行仔细观察，发现氦与氢的含量的比例都近似相同，并且你看：

| | | |
|---|---|---|
| 银河系 | 氦丰度 | 0.29 |
| 猎户座星云 | 氦丰度 | 0.30 |
| 大麦哲伦星云 | 氦丰度 | 0.29 |
| NGC40 | 氦丰度 | 0.27 |
| NGC7679 | 氦丰度 | 0.29 |

这难道是巧合吗?天平看来倾向热宇宙模型了。不仅如此，小宇宙传来的信息，似乎也在频频为大爆炸学说擂鼓助威!

大爆炸学说断言，我们宇宙的年龄为100亿~200亿年。小宇宙中的“考古”资料则断言，有的元素产生的年代最早可逆推到110亿~180亿年前。

按照原子核合成理论，在原子核合成的时候，铀235（$^{235}$U）与铀238（$^{238}$U）的比值约略大于1。今日在自然界的铀矿中，其相应的丰度比为$7\times10^{5}:1$。$^{235}$U的半衰期为5亿年，$^{238}$U的半衰期为45亿年。逆推过去不难算出，它们形成的年代距现代有80亿年。如果根据海因巴赫（K. L Heinbach）和许拉姆（D. N. Schramm）更为精确的锇—铼（Re-Os）标时法，则可定出这些铀形成的年代，距今已有110亿~180亿年。他们研究的结果发表在1979年的《天文快讯》上。

根据天文学观测资料，结合恒星演化理论，德马克（P. Demague）和麦克努（R. D. Meclure）断言，某些古老的星体，年龄有120亿~160亿年。

1982 年,德国贝塞尔大学天文研究所的塔曼(G. A. Tammann)等人综合大、小宇宙"考古"的结果,宣称宇宙年龄大于 120 亿年,简直跟大爆炸学说的预言一模一样。你能说,这又是纯属巧合吗?

诚然,宇宙年龄问题,主要取决于哈勃常数的测定。1986 年在北京召开的国际天文联合会第 124 次观测宇宙讨论会认定,宇宙年龄在 140 亿~200 亿年。但是进入 20 世纪 90 年代以后,却产生了"宇宙年龄危机",即由于哈勃空间望远镜等的投入应用,许多观测小组测定哈勃常数值增大,相应宇宙年龄减少到 80 亿~120 亿年。但人们从球状星团的所谓赫罗图推算,此类星团的年龄为 130 亿~182 亿年。这就产生宇宙年龄小于其中星团的谬论。直至 1998 年,这个问题还在深入讨论中,直到哈勃天文望远镜升空,问题终于得到解决。

我们还补充一点,似乎可以更清楚地看出问题来。伽莫夫等人发表《大爆炸》论文时署名中还有贝特。所以他们的理论又称为α β γ(Alpher、Bethe、Gamov)理论。问题是,贝特根本没有介入其事。这是怎么回事呢?

原来,伽莫夫认为,在他们的理论中,借用了贝特的核反应理论,所以没有打招呼,就把贝特的名字加上去了。他们关于氦丰度的计算,主要依据贝特等人的核反应理论。理论的预言与观测值如此吻合,这在天文学上是十分难得的。

有了宇宙膨胀和氦丰度作为大爆炸学说的实验依据,我们似乎不可小看大爆炸学说了。看来这既不是标新立异的"天外奇谈",也不是学者们的文字游戏。

然而很不幸,伽莫夫等人的文章发表以后,许多人正是这样看的。毕竟他们的论点太"离经叛道"了,甚至于不合乎普通常识。

人们提出种种诘难,有人甚至宣称,人类根本没有资格,也没有能力提出宇宙起源,本质上也是物质始原的问题。至少现在还不到探索这个问题的时候。

在这种气氛下,伽莫夫等人的论文发表伊始,就淹没在文献的海洋中,而且至 1953 年阿尔弗修改其模型以后,整整 12 年很少有人沿着"大爆炸模型"的思路前进。因此不足为怪,人们不知道,或者忘记了伽莫夫等在原始论文中的一个重要理论预言:在大爆炸以后,其流风余韵长留至今的,还应有一个微波背景辐射,温度是 5K(后来重新计算,应为 3.5K)!

## 风乍起，吹皱一池春水——微波背景辐射的发现

伽莫夫的“大爆炸”学说在1964年突然时来运转了，第一阵春风来自于美国的新泽西州，可谓“风乍起，吹皱一池春水”。

1964年，美国贝尔电话实验室在新泽西州荷尔姆德的克劳福特山上耸立起一具奇特的天线。7米长的喇叭形天线，宛如巨型“招风耳”。射电天文学家彭齐斯(A. A. Penzias)和威尔逊(R. W. Wilson)利用这具天线，研制出“回声”卫星通信系统图9-15。该系统具有6.1米长的角状反射器，噪声极低。

图9-15 彭齐斯和威尔逊的巨型“招风耳”天线

为了减少噪声，彭齐斯和威尔逊对系统的电路元件，诸如天线、接收器和波导管等不断改进，尽量排除地面干扰。他们希望借助“巨型招风耳”谛听天宇中的各种“噪声”。

他们将天线对准高银纬区，即银河平面以外的区域，测量银河系中无线电波中的噪声。1964年5月，最初的结果使他们大吃一惊！在波长7.35厘米处发现一种微弱的电磁辐射。不可思议的是，尽管该系统极其灵敏，方向选择性极佳，在持续几个月的观察中，居然没有发现这种来自天宇中各个地方的均匀

辐射有任何变化。

或者是天线本身的电噪声吧？他们检查天线金属板的接缝后，没有发现问题。在天线上栖居着一对鸽子，莫非是它们作祟？彭齐斯看到这对鸽子在天线喉部“涂上一层白色电介质”（即鸽粪）。可是在赶去鸽子、清扫鸽粪以后，噪声依然如故。

显然，这种“噪声”不是来自任何特定的天体。太空本身就“沉浸”在这种辐射中，而且处处均匀，各向同性。由于波长小于1米的电波叫微波，现在人们称这种弥漫于太空各个角落的辐射为“微波背景辐射”。直到1965年的春天，彭齐斯和威尔逊才弄清楚这些情况。



人们早已明白，任何高于绝对零度的物体都会发出电磁“噪声”。在一个给定的封闭箱子里，如果波长不变，电磁噪声的强度只与箱壁温度有关，温度越高，噪声强度越大。彭齐斯和威尔逊测定，他们发现的背景辐射，其强度如果用等效温度描述，相当于2.5~4.5K，或平均在3.5K。

从“回声”卫星反射的这种射电噪声异常微弱。但是由于它们弥漫于太空各处，累积起来，相应的总能量却非常庞大。它们从何而来？彭齐斯和威尔逊百思不得其解，因此迟迟未将其发现公布于世。

无独有偶，美国普林斯顿大学的实验物理学家迪克在1964年也安装了一具小型低噪声天线。他相信大爆炸学说，认为宇宙早期既然经历了一个高热、高密度的阶段，就应该有一个辐射遗留下来。他率领罗尔（P. G. Roll）和威金森（D. T. Wilkinson），利用帕尔玛实验室中这具天线，搜寻他们相信理应存在的大爆炸的“回声”。

在迪克启发下，普林斯顿大学的青年理论工作者皮尔斯（P. J. E. Peebles）根据大爆炸学说，从宇宙目前氦与氢的丰度出发，估算出早期宇宙确实留下一个背景辐射，等效温度约在10K。他将其结果在普林斯顿大学作了学术报告。与此同时，泽尔多维奇、霍伊尔和泰勒（R. J. Tayler）分别在苏联和英国也得到类似的结果。

可惜的是，彭齐斯和威尔逊根本就不知道这些工作，他们压根儿不知道什么大爆炸。他们做梦也不会想到，离帕尔玛实验室不过几千米之遥的普林斯顿大学的学术大厅里，皮尔斯正在报告他的所谓背景辐射的预言哩！

正当彭齐斯和威尔逊茫然不知所措之际，喜从天降。彭齐斯偶然从麻省理工学院的射电天文学家伯克(B. Bucke)的通话中知悉伯克的朋友——卡内基研究所的特纳(K. Turner)在普林斯顿大学听到的皮尔斯报告的内容。当即彭齐斯和威尔逊就向迪克教授发出了邀请信。

贝尔实验室与普林斯顿的同仁进行互访。彭齐斯和威尔逊明白了，他们发现的微波噪声，正是大爆炸理论早就预言的背景辐射。更使他们惊讶的是，迪克教授正在安装的天线，除了排除噪声干扰设备等个别部件不同外，其结构竟与他们的“喇叭形”一模一样！

1965 年，皮尔斯、霍伊尔、瓦戈纳和福勒对背景辐射进行了更细致的计算，断定等效温应为 3K。罗尔与威金森等则对于从 0.33 ~ 73.5 厘米波段的微波进行更精确的测量，确定其等效温度确实在 2.5~3.5K。两者符合得丝丝入扣。

彭齐斯和威尔逊在这一年的《天体物理杂志》上发表了两篇通讯，通讯的标题是“在 4080 兆赫上额外天线噪声温度的测量”。此文附注中写道：“本期同时发表的迪克、皮尔斯、罗尔与威金森的通讯，是观察到的额外噪声温度的一个可能解释。”这些平淡话语宣告，宇宙诞生伊始间那雄奇瑰玮的大爆炸场面的帷幕拉开了。

彭齐斯和威尔逊荣获 1978 年诺贝尔物理学奖。瑞典科学院在颁奖决定中说：“彭齐斯与威尔逊的发现是一项带根本意义的发现，它使我们能够获取很久以前、在宇宙创生时期的宇宙过程的信息。”

人们在欣喜之余不免要问：为什么背景辐射发现得这么迟？温伯格问道：“为什么它是偶然发现的呢？”“为什么在 1965 年以前，人们一直没有系统地搜索这种辐射呢？”

诚然，如果没有太多的成见，太多的误会，太多的隔阂，人们在 20 世纪 50 年代中期，甚至在 40 年代中期，就有充分可能发现背景辐射。

1948 年，伽莫夫等人提出大爆炸模型，预言早期宇宙遗留等效温度为 5K 的微波背景辐射。1953 年，伽莫夫在丹麦科学院报的一篇论文中再次提到这个预言，认为等效温度为 7K。迪克教授甚至早在 1946 年，就从一般热宇宙模型出发，预言过宇宙中存在背景辐射。但这些工作没有受到重视，大多数物理学家对宇宙有起源的理论不屑一顾，实验工作者则对“大爆炸”之类奇谈怪论闻所未闻。

迪克小组在1964年着手搜索背景辐射时，完全是在重新独立计算的基础上进行的。令人难以置信的是，他们居然不记得18年前迪克本人的预言，当然更未注意16年前伽莫夫等人开创性的工作。



迪克没有想到，其实在1946年，他领导的麻省理工学院辐射实验室的一个小组，在1.00厘米、1.25厘米和1.50厘米等波长测量到的地球外辐射(当时确定等效温度小于20K)，就是他现在苦苦觅踪的背景辐射。当时迪克正研究大气的吸收问题，他没有把这个结果跟自己预言的背景辐射联系起来。

对于这个历史性的发现，迪克教授是最早的探索者，但几次狭路相逢，居然失之交臂，何其不幸啊!

在整个50年代，没有一个射电天文学家接受大爆炸的预言，去搜寻背景辐射。物理学界也几乎把它忘得一干二净。总结这一段曲折的历史，温伯格痛心疾首地说：“在物理学中，事情往往如此——我们的过错并不在于我们过于认真，而在于我们没有足够认真地对待理论。我们常常难于认识，我们在桌子上玩弄的这些数字和方程到底与现实世界有什么关系。”

在这段时期内，伽莫夫等人为什么不向实验工作者大声疾呼，请他们接受理论的挑战，探测大爆炸的“回声”呢？1967年，伽莫夫老实承认，他和阿尔弗、赫尔曼当时根本没有想到，背景辐射是可以测量的。我们不要忘记，爱因斯坦晚年在回顾他的著名的质能公式时，也感叹地说：“我没有想到有生之年会看到这个公式的应用。”想想原子弹、氢弹，想想原子能发电站吧!

苏联学者倒是有过认真测量背景辐射的打算，但是被美国学者欧姆(E. A. Ohm)在1961年的一篇文章中的一个含混用语引入歧途，而最终打消初念。

对于这段曲折，实验工作者固然难辞其咎，理论家也有责任，自己不熟悉实验，又缺乏与实验工作者主动合作的精神。话虽如此，但也应承认大爆炸理论本身当初太粗糙，容易被人钻空子，缺乏说服力。

伽莫夫等当初沿用的哈勃常数：平均距离为170万光年的两星系的退行

速度为每秒 300 千米。据此算得我们宇宙的年龄不过

$$\frac{170\text{光年}}{300\text{千米/秒}}=\frac{1.6\times10^{9}\text{千米}}{300\text{千米/秒}}=5\times10^{16}\text{秒}=1.8\times10^{9}\text{年},$$

即不超过 18 亿年。这个数字太小，当时人们就已知道地球的年龄为 50 亿年左右。这一点使大爆炸学说的身价顿减。

2012 年 10 月，美国宇航局斯皮策空间望远镜最新测量哈勃常数 $H=(74.3\pm2.1)$km/s·Mpc。由此得到的宇宙年龄约为 137.8 亿年。大爆炸学说的这个漏洞已不复存在。

其次，伽莫夫原来假定宇宙“原物质”全部为中子，认为目前宇宙中的元素全部都是在大爆炸的瞬间形成。现在看来，这个论断过于简单化了。1953 年，阿尔弗、赫尔曼和福林对此重新修正，使大爆炸学说更趋合理，更能反映近代物理（尤其是原子核物理、基本粒子理论）的研究成果。后来人们把这个修改方案称为标准模型。该模型吸取稳态宇宙模型中元素形成理论的某些合理内核，令人信服地解释目前宇宙中轻元素（氢、氦等）的丰度，认为其他重元素的核并不形成于早期宇宙，而是逐步形成于尔后的漫长演化中。

1937 年，美国贝尔电话实验室电信工程师杨斯基（K. G. Jansky）在一篇论文中宣布，他利用特制的天线，发现波长在约 10 米处的天电噪声，其方向指向天空中的固定点，很可能就是银河系的中心。自此以后，一门新的学科诞生了，它叫射电天文学。

射电天文学的崛起，大大扩充了人类的视野。在地球的各个角落，各种类型的巨大射电天文望远镜拔地而起。西德波恩旋转射电望远镜抛物面达 100 米；耸立在中美洲波多黎各的阿雷西姆盆地的射电天文望远镜更为巨大，球面反射面直径超过 300 米，天线接近器有 600 吨重；美国新墨西哥州的 Y 形天线阵的三个臂长达 21 千米，其间分布 27 个各自重达 200 余吨的抛物天线。

一系列惊人的发现联翩而至：硕大无朋的类星体，超新星的剧烈爆发，银河系的瑰丽旋臂结构，河外星系梦幻般的诸多奥秘，黑洞的神秘候选者，广漠太空中的星际分子，以及据说是宇宙之匙的宇宙弦……

原来在浩瀚无垠的宇宙中，千姿百态、形形色色的天体，不论发光还是不

发光的，无一例外都发出电磁波，这就是宇宙射电波。其波长有长有短，强度有强有弱，时断时续，若有若无，宛如雄浑的宇宙大合奏。射电望远镜像天空中的哨兵，日夜巡视天幕上的星星，搜索宇宙的种种奇观，聆听着动人的星星音乐……

彭齐斯和威尔逊的喇叭形天线，就是众多星空哨兵中的一员。它现在捕捉到的宇宙微波背景辐射光子，在大爆炸中颇为活泼。它们在早期宇宙的元素生成和演化中扮演重要角色。只是到了宇宙温度下降到3000K左右，光子才不再与其他粒子相互作用了，术语称之为解耦。这些退耦光子"寻寻觅觅""飘飘荡荡"在宇宙中"游荡"了至少137亿年。

在某种意义上说，彭齐斯和威尔逊无意中谛听到的射电噪声，不就是大爆炸的流韵遗响吗？大爆炸的壮剧余音缭绕在天上人间137亿年，至今仍然是那样激越飞扬、扣人心弦！

背景辐射很微弱，宇宙空间中这些退耦光子，大爆炸的残骸与化石，每升中不过55万个。但比较太空中每千升只有1个核子，"化石光子"的绝对数字却很可观。

彭齐斯和威尔逊的发现，大大抬高了大爆炸标准模型的身价。就是原来对伽莫夫的理论不屑一顾的人，也不得不承认，这个发现是"宇宙起源于热大爆炸的最有力证据"，而给"稳态宇宙和冷宇宙模型"布上疑云。学术的潮流颠倒过来了。

应该指出的是，稳态宇宙论主将霍伊耳爵士尽管笃信稳态宇宙论的基本观点，但却在1964—1955年间不厌其烦地计算大爆炸初期可能产生的氦的数量，得到的结果是氦的丰度为36%。尤其难能可贵的是，霍伊耳承认这个结果为大爆炸理论送去了春风！

多么严肃求实的科学态度，多么高尚大度的"绅士风度"！温伯格觉得"令人惊奇"，我们难道不应拍手称绝么？回顾往事，我们不禁想起与"太阳元素"——氦有关的另一段科学佳话。这些佳话，看来在阳光普照的地方都会永远流传。

说起来那是1868年的事。法国科学院收到洛克耶发现氦的报告。无独有偶，它在同一天也收到法国天文学家詹森（J. Jansen）在印度洋的全日食观测中，在日珥光谱发现氦的报告。天下还有这样凑巧的事吗？荣誉应归于谁呢？两位科学家都品德高尚，互相谦让。

为了表彰他们的杰出贡献，推崇其高尚的风范，法国科学院特地铸造金质奖章，正面镂刻着这两位天文学家的头像，背面雕刻着太阳神阿波罗驾着四匹骏马，下面写着“1886 年日珥光谱分析”。

荣誉属于洛克耶、詹森和霍伊耳等人！科学需要无私贡献，需要执着和求实，需要宽容、公正和大胆探索。

伽莫夫等人没有得到诺贝尔奖，但在宇宙之源的探索中，荣誉应该首先归于他们。诚然，他们的最初工作很粗糙，但却闪烁着真理的光芒。正是他们敢于面对这个所谓“认真的理论学者或实验学者不宜研究的问题”，迈出了可贵的第一步。

我们不要忘记，标准模型还给予我们新的挑战。标准模型预言，宇宙中还存在中微子背景辐射。如何测量这个辐射呢？

在早期宇宙温度下降到 $5 \times 10^9$K 时，正、负电子 $e^{\pm}$ 湮灭，其中中微子与其他粒子解耦。如果中微子的静止质量为零，则标准模型预言，中微子等效温度与微波背景辐射的等效温度应有关系

$$T_v = 0.71 T_{ew},$$

若取 $T_{ew}$=3K，则今天宇宙中中微子等效温度约为 2K。换言之，宇宙空间中每升中有 10 亿个中微子或反中微子！

但 20 世纪 80 年代以来，不断传来中微子质量可能不为零的消息，上述说法有可能要修改。按我国著名天体物理学家陆埮等在 1982 年的计算，中微子等效温度应为

$$T_v = 6.3 \times 10^{-8} \times \frac{30}{m_v} T_{ew}^2,$$

若取中微子静止质量

$$m_v = 0.3\text{eV},$$

则

$$T_v = 6 \times 10^{-8}\text{K}。$$

由于中微子除参与极其微弱的相互作用外，其他作用一概不参加，所以极难检测，有幽灵粒子之称。如果说 2K 的中微子背景目前尚未找到检测的办法，千分之几度的背景的测量就更加难乎其难了。就是说，我们明知道空间每升中有 10 亿个中微子，携带 $5 \times 10^{-11}$ 尔格的能量，却眼睁睁无从查证。

彭齐斯、威尔逊用"喇叭耳"领略到大爆炸回声的主旋律——微波背景辐射。大爆炸回声的另一阕变奏曲——中微子背景更加悠扬，更加细弱，它到底会被谁首先欣赏到呢？要知道，"此曲只应天上有，人间能得几回闻"啊！

# 第十章　万物都生于火，亦复归于火
## ——标准模型素描

### 此曲只应天上有，人间能得几回闻
### ——“大爆炸”学说的演化

伽莫夫的大爆炸学说经过了几个阶段的演化，逐步形成所谓宇宙学的标准模型。伽莫夫、贝特和阿尔弗等人在1948年《美国物理评论》73卷发表论文，提出原始大爆炸学说，即所谓α β γ理论。论文认为宇宙诞生于高温高压的大爆炸，并且给出了早期宇宙中子与质子如何聚合为氦，并且继续演化形成星系等等的趋势，给出了宇宙诞生的一幅“风俗画”。我们今天知道，其主要结果是正确的，但有严重缺点。

我们在此介绍的早期宇宙速写，大部分情节并非属于伽莫夫等人的。这倒不是伽莫夫等人没有本事，原因在于20世纪40—50年代，人们对于小宇宙的研究太肤浅。我们不要忘记，伽莫夫等人是“大爆炸学说”的奠基人。随着粒子物理研究的长足进展，人们对于小宇宙的认识不断深入，这里给出的宇宙诞生的图画还要修改。所谓暴胀宇宙论就是一个成功的修正方案。本节介绍的标准模型不涉及暴胀宇宙论。

据标准模型说，大爆炸开始$10^{-43}$秒以前的事情，我们不得而知。在这个所谓量子引力时代，宇宙中只存在一种力——量子引力。由于引力的量子理论尚未成功建立起来，其规律也无从知道。因而这个时期宇宙的情况，对于我们来说，还是“未知之数”。关于大爆炸以前的问题目前可以根据超弦论进行初步的探讨，这一点以后再说。

标准模型展示的第一组早期宇宙的画面，是所谓辐射相时期的素描，时间在 0~$10^3$ 年。大爆炸后 $10^{-43}$ 秒（称为普朗克时间），宇宙的温度高达 $10^{32}$K，就是一亿亿亿亿度的高温。宇宙的典型线度只有 $10^{-33}$ 厘米。因而宇宙处于不可思议的高密度状态，密度高达 $10^{92}$ 克/厘米$^3$！图 10-1 中横坐标表示宇宙年龄，纵坐标为宇宙介质的温度。

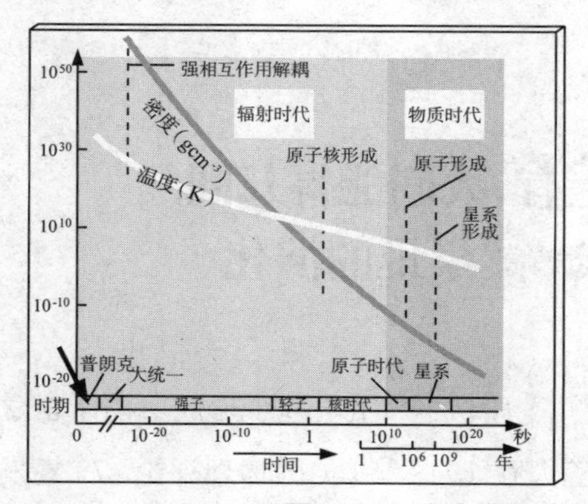


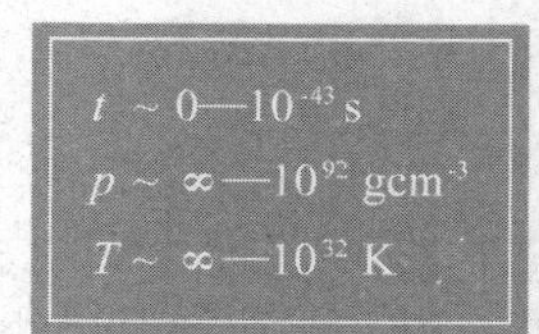


**图 10–1　宇宙演化的普朗克时期**

在这个奇妙的时刻，每个粒子的平均能量高达 $10^{19}$GeV。因此，此刻的宇宙有如一个巨大的粒子加速器。世界上最大的粒子加速器，美国费米国立加速器和欧洲核子中心（CERN）质子加速器至多把粒子的能量加速到 2TeV~7TeV。此刻的宇宙是多么宏伟而理想的粒子物理实验场地啊！

乔治（H. Geogi）和格拉肖（S. L. Glashow）在 1974 年提出一种叫做 SU（5）的大统一理论。这个理论预言，在粒子能量达到 $10^{14}$GeV 时，或当粒子靠近到 $10^{-28}$ 厘米时，我们熟悉的强相互作用、电磁相互作用和弱相互作用，便合三为一，叫做大统一力。

许多人猜测，当能量进一步提高到 $10^{19}$GeV 或粒子靠近到 $10^{-33}$ 厘米时，万有引力的强度也达到和其他相互作用一样的强度，量子引力效应起作用了。

此刻四种力一股脑儿统一起来,并合为一种,叫做量子引力。

超引力的性质人们还不太清楚。所以,在 $10^{-43}$ 秒以前的宇宙的情况,即使对于想象力丰富的科学家来说,也只好语焉不详!不过,我们可以设想,此刻物质的主要成分是亚夸克。还有许多传递超引力的场量子,例如引力子、引力微子等等,正驰骋于宇宙之中。

此刻宇宙中难以想象的高压"压碎"了原子,"压碎"了中子、质子等强子,也"压碎"了夸克和轻子,甚至光子、胶子等规范粒子也可能被"压碎",统统都变为亚夸克。

我们都知道,夸克目前以自由状态存在是不可能的,就是说不能直接观察到。据说是被"囚禁"起来了。"空山不见人,但闻人语响",夸克的芳姿,难以露面啊!至于下一个物质层次——亚夸克,就我们来看,更是笼罩着疑云怪雾,内中情况大多只是推测而已。有关情况在超弦论中可以得到说明。

可是你看,在极早期宇宙,$10^{-43}$ 秒(或用科学术语普朗克时间)以前,整个宇宙是这些神秘的亚夸克的自由天地呢!据有的科学家说,此刻亚夸克与超引力辐射场粒子——引力子和引力微子的相互作用是非常强的,以致我们可以认为,引力辐射(引力场)与亚夸克处于热平衡状态。

在临近普朗克时间的某个时刻(大爆炸后 $10^{-43}$~$10^{-34}$ 秒),观察到宇宙的"粒子汤"中发生第一次"粒子"与"汤"的分离。引力子在 $10^{32}$K 高温下"退耦"了。就是说,引力辐射与其他粒子相互之间不再处于热平衡状态,或者不再发生耦合(实际有微不足道的耦合)作用。宇宙进入大统一理论时代。此时宇宙存在两种力:引力和大统一力。

形象地说,此后的宇宙,对于引力辐射是"透明"的了,它们几乎可以自由自在地在宇宙中遨游。

自此以后,随着宇宙的膨胀,引力辐射的有效温度反比于宇宙的典型长度。如果上述推测是正确的话,今日之太空必定充满引力辐射。据温伯格计算,引力背景辐射的有效温度约 1K。

引力辐射保存着宇宙历史的最早时刻的信息。遗憾的是,引力辐射与物质的相互作用力是中微子与物质的相互作用力的 $10^{-32}$~$10^{-28}$ 倍!看来探测引力背景辐射，只会是极其遥远的事情。

大统一理论时代(图 10-2)，大爆炸后 $10^{-43}$~$10^{-34}$ 秒，温度下降到 $10^{27}$K，宇宙质量密度为 $10^{72}$~$10^{92}$ 克/厘米$^3$，宇宙也在不断膨胀，压力不断减少，引力子退耦的过程完成了。亚夸克聚合为夸克、轻子和光子的过程完成了。此时，可以说宇宙由亚夸克时代进入夸克时代了。

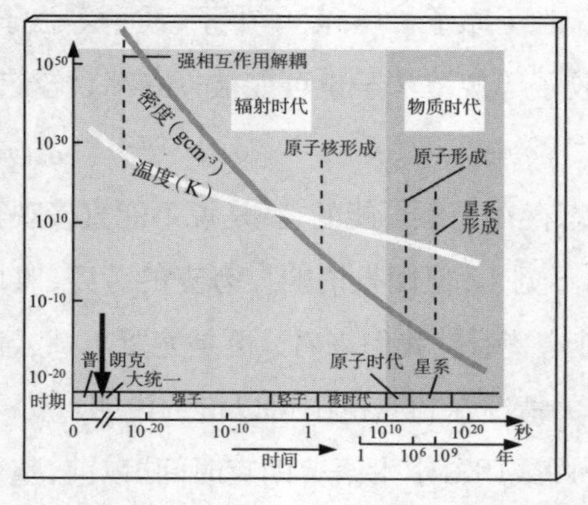


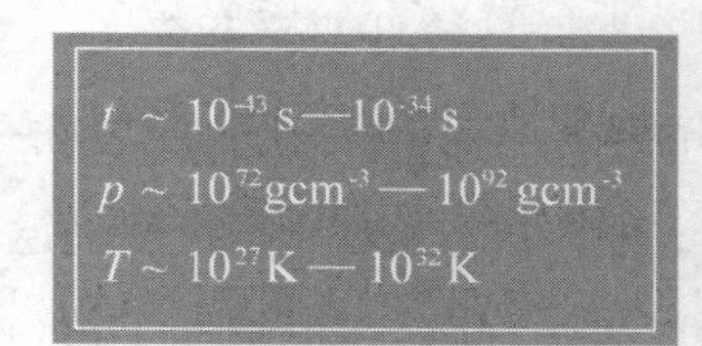


**图 10-2　大统一理论时代**

在人类远古时代，没有文字记载，是所谓传说时代。亚夸克时代发生的事，由于目前没有可靠理论可供估算，所以上面所说的情况，到底有几分可信成分，目前还不得而知，姑妄言之，姑妄听之吧。

从 $10^{-34}$ 秒开始，强相互作用的强度已与弱电相互作用的不一样了。此时粒子能量平均约为 $10^{14}$GeV，夸克、轻子以及光子、胶子和其他规范粒子皆在热平衡状态下彼此耦合极强。物理学家往往戏称它们为“粒子汤”。

在小宇宙中，对在 1~$10^{15}$GeV 的能域，称为“大沙漠”。这样命名的原因是：在这个广大能域，发现的新物理现象甚少。大致可以清楚的是，宇宙年龄在 $10^{-9}$ 秒时，宇宙温度降到 $10^{15}$K。到 $10^{-4}$ 秒时，温度下降到 $10^{12}$K，绝大部分正、反夸克湮灭了。

此时宇宙演化进入新时代——强子时代(图 10-3)。根据莫斯科列别捷夫物理研究所的克尔日尼奇(D. K. Kirzhnits)和林德(A. D. Linde)的看法，在 $10^{-10}$ 秒、$10^{15}$K 附近，电磁相互作用与弱相互作用分开了，弱相互作用不再是长程力。

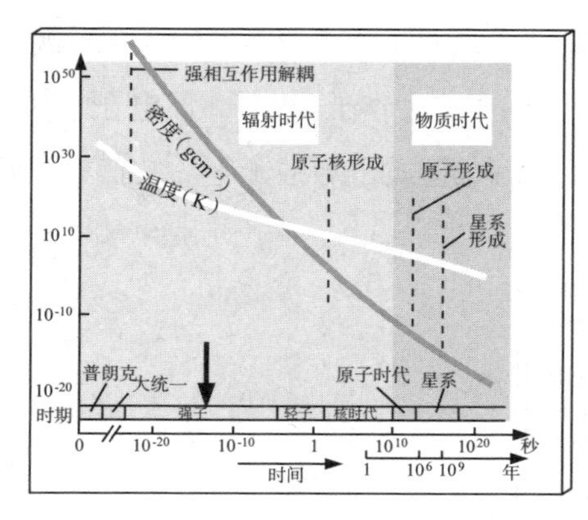


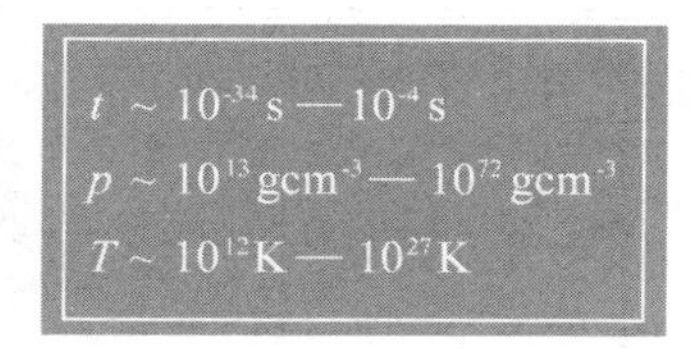


**图 10–3　强子时代（重子时代）**

物理学家把这种情况形象地比喻为“颜色”与“味道”分开了。自此以后，“夸克”就“禁闭”到“强子袋”中，而且似乎难得有出头之日。所以其庐山真面目，人们只能凭想象罢了。

尽管有许多人想，会不会有少数“化石粒子”——夸克逃脱禁闭的厄运，至今还在宇宙空间游荡？近 20 年来，似乎常常传来一些振奋人心的消息，说是捕捉到“自由夸克”的踪迹了。美国实验物理学家费尔班克（W. M. Fairbank）领导一个小组孜孜不倦地寻找它们。然而，经过仔细考究，这些“佳音”都是靠不住的。现在，绝大多数人相信，自宇宙鸿蒙时夸克聚合为强子以后，就不曾有一个“自由夸克”跑出来！

多么长的“囚禁”，多么长的“徒刑”，足足有 138 亿年！

这段时期的特点是，中子与质子等强子生成了。有的天体物理学家认为，有相当一部分物质在高压下形成所谓的“原始黑洞”。

1971 年，英国科学怪杰霍金（S. W. Hawking）指出，现存的黑洞有的很大，质量相当于一个星系；有的很小，叫微型黑洞，只有一个原子大小。霍金认为，太空中每立方光年中，微型黑洞多达 300 多个，其中绝大部分是产生于强子时代。

我们已经讲过，黑洞不能辐射光或其他物质。但是如果黑洞与其他天体相撞，却能产生极高的热量，吸收天体的物质而“自肥”。有的人想象力丰富极了，他们说，“圣经”中记载的多玛城的毁灭，就是被一个微型黑洞所击中。

在宇宙年龄 $10^{-4}$~$10^{2}$ 秒，宇宙进入所谓轻子时代（图 10-4），温度下降到 $10^{9}$~$10^{12}$K。宇宙里包含光子、介子、反介子、电子、正电子、中微子（$\nu_e, \nu_\mu, \cdots$）和反中微子（$\bar{\nu}_e, \bar{\nu}_\mu, \cdots$），以及中子、质子等强子等。它们处于热平衡状态中。

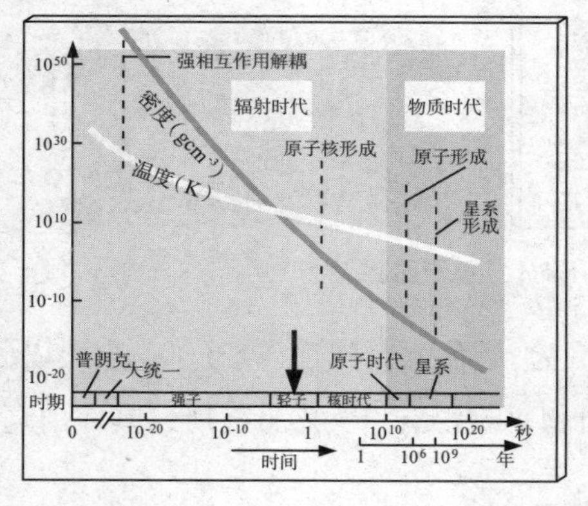


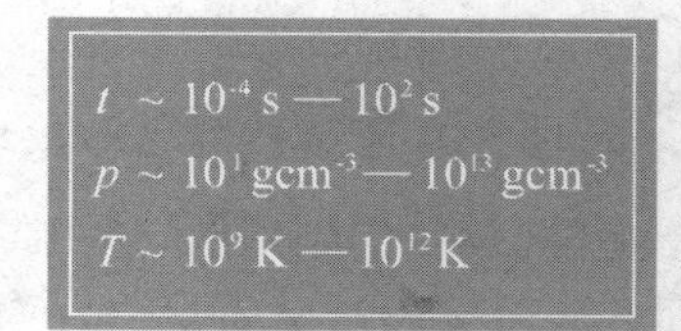


图 10-4　轻子时代

此时，正、反粒子继续湮没。在 $10^{12}$K 处，正、反μ子开始湮没，同时中微子与其他粒子“退耦”，很快宇宙中μ子消失殆尽（$T \approx 5 \times 10^{11}$K 处）。在 $5 \times 10^{9}$K 附近，正、负电子湮没殆尽。

原来，在 $10^{18}$K 处，核子数目大体与光子数目相等，也许核子数目稍多于反核子（这个问题以后要专门讨论）。正、反核湮没后，只剩下数目甚少的中子和质子，加之中子会衰变为质子，所以到 4 秒（$T \approx 5 \times 10^{9}$K）时，中子与质子的比为 1 : 5。

轻子时期大约要延续到 200 秒。宇宙尺度已经膨胀到有 1 光年（约 10 万亿千米）大了，温度下降到 $10^{9}$K。宇宙中物质的平均密度为 $10^{1}$~$10^{13}$ 克/厘米 $^{3}$。太空中主要是光子、中微子等无静止质量的粒子，它们到处自由游荡。相比之下，湮灭后残留的电子和μ子等有静止质量的轻子数目变化不大，但是它们跟质子和中子的数目比，大约是 $10^{9}$ : 1。

大体说来，自强子时代开始，我们可以用广义相对论、统计热力学、原子核物理学和粒子物理学等成熟理论比较准确地描绘宇宙演化图景。可以说，自此以后，宇宙进入“信史时代”。以前，多多少少是“传说”的成分居多。

到现在为止，光子、中微子，也许还要加上引力子等辐射粒子的平均能量密度，大大超过核子、μ子等辐射粒子的平均能量密度，我们称宇宙在此以前处于辐射时代，此刻宇宙居民的主体是光子、中微子、反中微子等。

宇宙诞生 3 分钟后，宇宙进入核时代（$10^2$s~$10^3$yr，图 10-5）。温度下降到 $6\times10^4$~$10^9$K，密度为 $10^{-16}$~$10^1$ 克/厘米 $^3$，平均能量约为 0.1MeV。进入核时代时温度只是太阳中心温度的 70 倍，电子与正电子绝大部分消失。最初的轻原子核氘和氦 3（$^3$He）终于能由质子和中子聚合而成。由于温度较低，氘不会被热光子"劈裂"。

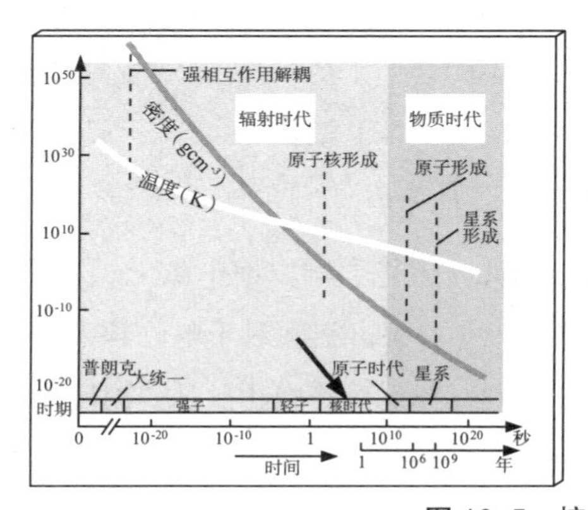


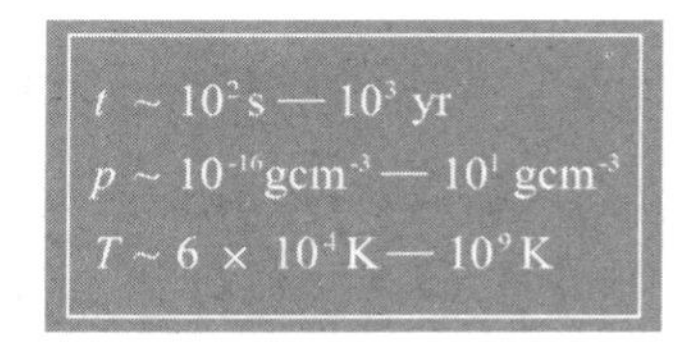


图 10-5 核时代

最后氦 3（$^3$He）与中子，或氚（$^3$H）与质子会迅速聚合为氦（$^4$He）。很容易估算，核反应的结果是，在几分钟内，几乎所有的中子被消耗光，宇宙中的可见物质只有质子、氦核和电子。由于宇宙的膨胀和冷却，氦核无法通过核反应生成更重的元素。当 $t=10^3$ 秒，$T=3\times10^8$K 时，宇宙元素丰度确定。从 $10^9$K 到 $10^{10}$K，$^4$He 的生成百分比约为 25%。核合成开始时质子与中子数目比为 7:1，质子与氦核的数目比为 12:1，这个时代宇宙的轻元素核已经形成，因此称为核时代。

此刻宇宙是由质子、$^4$He（少量 D、$^8$He）以及电子所组成的等离子体。它们与光子辐射场相耦合，处于热平衡状态，成分中没有中性原子，因为宇宙仍然太热，原子核的"束缚力"依然不能把电子拉到自己的周围。

温度继续下降，大概到宇宙年龄 30 万~40 万年，温度达到 4000K，相当于

0.4eV 的能量。宇宙的“等离子汤”形成大量中性氢原子。氢、氦的平均密度（能量）超过辐射能量密度。宇宙进入一个新时代——物质为主的时代，其第一阶段称为原子时代（$10^3$yr~$10^6$yr，图 10-6）。

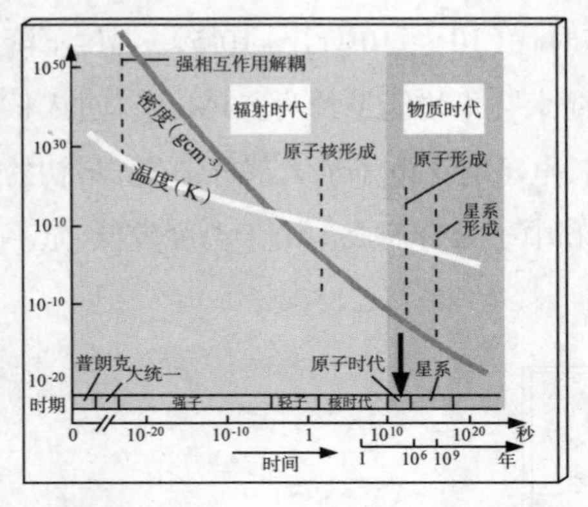


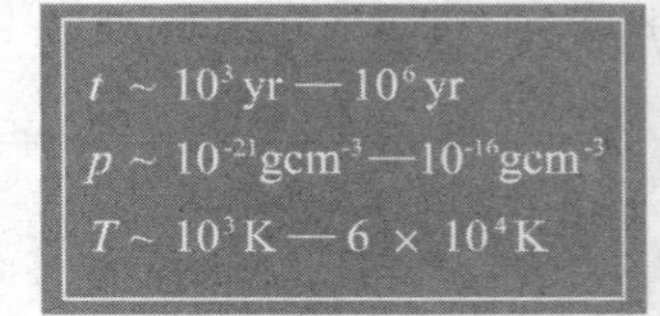


图 10–6　原子时代

宇宙的中性原子气体与光子辐射场此时解耦。跟以前中微子、引力子的情况一样，光子与物质粒子的热平衡脱离了，宇宙空间对于电磁辐射透明化了。此后辐射场与物质气体各自独立演化，辐射场将自由膨胀，温度不断降低，成为微波背景辐射。

这个以物质为主（即中性原子为主）的时代，又叫复合时代（物质相时代），而以前的宇宙处于辐射相时代。原子时代的宇宙物质开始在宇宙中占主导地位，高温使得氢和氦处于电离状态，大量的自由电子导致光子的自由程极短。当温度降至约几千 K，电子与原子核结合形成原子。当 $T\approx4500$K 时，宇宙主要由原子、光子和暗物质构成。

需要说明一点的是，如果不是高能光子太多，本来在 $1.5\times10^5$K 处，中性氢就会形成，因为此时高能光子平均等效能量为 13eV，已小于氢原子的结合能 13.6eV。但是由于光子数几乎比质子数多 $10^9$ 倍，在 $1.5\times10^5$K 处，仍然有足够多的能量大于 13.6eV 的光子存在，它们能够把中性氢原子的束缚电子敲掉，以致不可能有可以察觉的中性原子存在。

一般说来，我们称宇宙年龄 $10^{-35}$ 秒以前为宇宙甚早期。以后延续到 3 分钟（严格说是 5 分钟），叫宇宙早期。早期宇宙的后期发生的最重要的事，是强子聚合为原子核。大爆炸标准模型成功地预言氢与氦的丰度比。1965 年，人类居然聆听到大爆炸的回声——背景辐射。至于宇宙中比锂还重的元素，则是在尔后漫长的岁月中，由恒星内部一系列核聚变所产生的。在超新星的可怕爆发时，有大量比铁还重的元素生成。

我们现在更加清楚，微波背景辐射原来就是在宇宙年龄 30 万~40 万年时，与物质气体脱耦的辐射场，经宇宙膨胀而红移，最后到达地球。背景辐射实际上反映脱耦时宇宙的物质分布特征，正像星光反映光子离开的时候星体表面的特征一样。

历史考古学揭开了许多历史或远古时代的秘密。“天体考古学”居然揭示了宇宙起源，包括宇宙早期的许许多多的情况。

温伯格在 1976 年感触万端地写道，人类能够说出，“宇宙在最初的一秒、一分或一年终了时是什么样子（指温度、密度和化学组成），是一件了不起的事情”，“令人振奋的是，我们现在总算多少有点把握地说一说这些事情了”。

宇宙在 30 万~40 万年以后，一直延续到现在，称为星系时代（图 10-7）。在这个时代由于暗物质、引力作用的不稳定性等原因，造成物质分布的不均匀性。物质气体由于引力收缩，物质逐渐成团，演化为绚丽多姿的星系团（图 10-8）、星系、恒星，而后又有太阳系的形成，地球的诞生，生命的出现，人类的繁衍。

星系与大尺度结构形成，宇宙在宏观上开始表现不均匀性，类星体和第一代恒星开始出现。

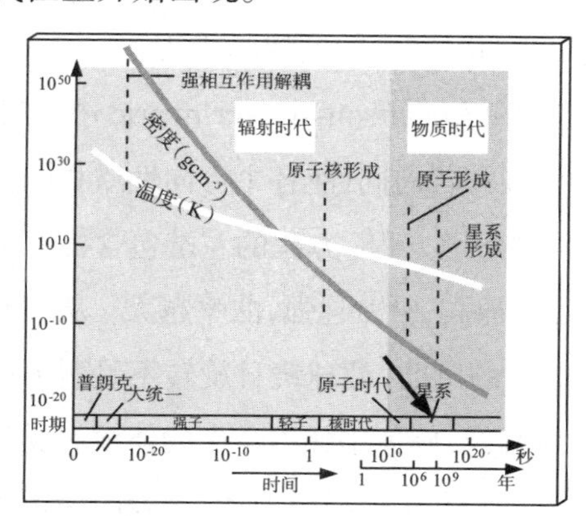


$t \sim 10^{6}\,yr — 10^{9}\,yr$

$\rho \sim 3 \times 10^{-28}\,gcm^{-3} — 10^{-21}\,gcm^{-3}$

$T \sim 10\,K — 10^{3}\,K$

**图 10-7　星系时代**

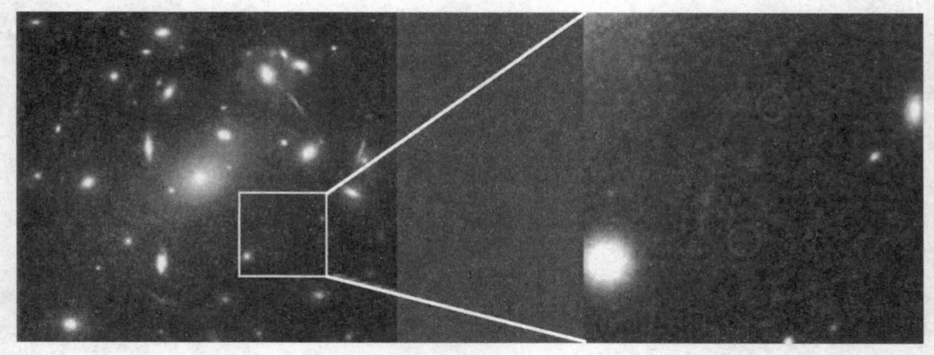

图 10-8 哈勃望远镜观测到的第一代星系团 Abell2218

## 年年岁岁花相似，岁岁年年人不同
## ——标准模型视界问题及其他

标准模型所取得的成功是毋庸置疑的，它在 20 世纪 70 年代已广泛被科学界所接受，以致被赐予“标准模型”的佳号。而直到 50 年代前，人们还普遍认为，早期宇宙是神话、诗歌、宗教和玄学的王国，与一个严肃的科学工作者无关。我们禁不住为人类的智慧和科学的洞察力顶礼膜拜！

然而标准模型只能算作早期宇宙研究中春天的第一只燕子罢了。其中的问题不少，有的还相当严重。实际上，只要对它的基本理论略作考察就容易知道，这些问题的出现是必然的。

我们知道，在广义相对论上，引力用弯曲时空中的度规场描述（图 10-9）。在标准模型中，利用罗贝松—瓦尔克度规场（Robertson-Walker metric）描写空间的引力，这种度规场的特点是具备均匀性和各向同性（各个方向性质相同）。

宇宙动力学方程就是人尽皆知的爱因斯坦方程。方程的左端包含描写引力的曲率，引力用曲率（时空弯曲的量度）描写。引力越强，曲率越大。从广义相对论来看，没有什么引力，有的只是时空的弯曲，地球绕日旋转不是引力产生的，而是引力在相应的弯曲空间中走短程线，好像牛顿力学中物体没有受到力的作用，做匀速直线运动一样。这种用几何方法描写引力场，是爱因斯坦的卓越贡献。方程的右端表示物质（能量）场，迄今尚未找到如何用几何方法描述它们的办法。

图 10-9　广义相对论与弯曲时空

因此，从本质上看，描写宇宙演化的爱因斯坦方程简单说来，就是时空的曲率等于物质的能量密度。广义相对论可以说是科学史上最富独创性、最优美的理论了。但是，爱因斯坦本人并不完全满意。他说，他的方程左端是大理石制成的，严整而雅丽，但右端则是木头制成的，令人不快。

在标准模型中，物质（或能量）当做理想气体处理。在早期宇宙中，由于物质处于极端高温之下，绝大部分有静止质量的粒子都湮灭为γ光子，或其他无静止质量的粒子，如中微子等。极少有质量不为零的粒子存在。此时宇宙间充满γ光子、中微子等辐射粒子。后者与前者的数目之比约为 $10^9$: 1。前面说过，这个时期又称为辐射时代。

这样看来，标准模型对物质场的处理方法，跟实际情况相差不太远。难怪大爆炸模型的许多重要预言能得到观测的强有力支持。一般来说，宇宙年龄 1 秒到 3 分钟之内，标准模型对宇宙的演化的描述大体不错。

然而，聪明的人自然很快就会想到，在早期宇宙的极端高温下，粒子的湮灭和相互转换现象极其普遍。这是典型的量子现象，而不属于经典气体的行为。换言之，标准模型既然将宇宙介质当做经典气体处理，许多严重的问题的产生也是势所必然的。

1980年,美国麻省理工学院的天体物理学家居斯(A. H. Guth)副教授对标准模型进行了重大的修正,提出所谓暴胀模型(The inflationary scenano of the very early universe)。1982年,苏联人林德和美国宾夕法尼亚大学的斯忒哈德(P. J. Steinhardt)副教授各自独立地对该模型作了进一步地修正和发展,提出所谓新暴胀宇宙论。

1983年,林德另树一帜,又提出颇有新意的混沌暴胀宇宙论。科学怪杰霍金的工作,也是值得我们介绍的。本书叙述的重点是暴胀宇宙论。

暴胀宇宙论的基本出发点就是将宇宙介质——物质场,用量子场论,特别是用大统一理论描述。这样,就可比较准确地刻画早期宇宙的物质状态。

什么是量子场论呢?这当然一言难尽。原来在小宇宙中,微观粒子一方面像粒子,另一方面又像波,这就是所谓波粒二象性。此外,在高能领域内,粒子的湮灭和相互转换,也是常见的现象。量子场论是小宇宙中粒子波粒二象性以及粒子的湮灭、相互转换等现象逼真的"速写"或"素描"。

你看,大宇宙和小宇宙的研究就是这样,一荣俱荣,一损俱损,相得益彰。大宇宙的研究每深入一步,就需要对小宇宙的研究前进一步。

在浏览暴胀宇宙的壮丽画面之前,我们先回头看看,标准模型到底在哪些地方出了问题,温故而知新嘛。

标准大爆炸模型的问题很多,诸如重子数不对称问题、磁单极子过多的问题、扰动性问题等。然而最突出的问题,要算所谓自然性问题,亦即视界问题和平坦性问题。

先说视界问题和平坦性问题吧。这两个问题实际上是联系在一起的。

什么叫视界呢?用一句通俗的话说,就是指宇宙中彼此间能够有因果关系的区域的大小。视界的存在,原因在于宇宙在膨胀。

我们知道,狭义相对论的最重要原理就是,任何物理作用,任何信息,都不可能比光信号传播得更快。举一个例子,假如有一个法力无比的灵怪心血来潮,摇动光焰万丈的太阳。以太阳为中心,这一幕奇怪的景观,在时间 $t$ 内,只有在 $r=ct$ 半径之内的地方才可能看到。

当$t$=8 分钟时，$ct$=150000000 千米，此时在地球上的人有可能领略此情此景。在 8 分钟之前，地球上发生的任何事情，都不会与此灵怪摇日有关，即与此事无因果关系。

设在大爆炸瞬间有光讯号发生，由于宇宙年龄至今不过 100 亿~200 亿年，乘上光速约莫就是我们观测宇宙的尺度大小。就是说，目前宇宙的视界，实际上就是我们宇宙的“边界”（图 10-10）。

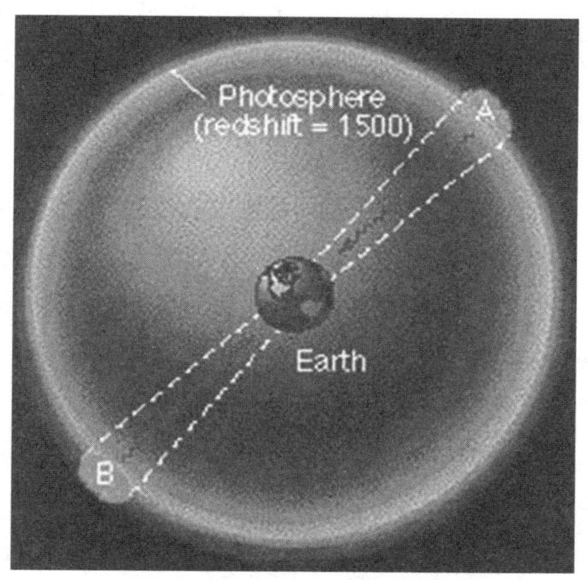


**图 10–10　光子在目前宇宙视界上相对两点间的运行时间超过宇宙年龄**

因此，在大爆炸后的漫长岁月中，宇宙中各个地方在原则上可以由引力或电磁作用等彼此联系着，它们彼此相互影响。一句话，整个宇宙是一个彼此有因果联系的区域。

设想天外有天，在视界以外，离我们更远的地方有许多星系。这些星系的光线，任何信息，甚至任何影响，将永远不会到达我们这里。不管我们怎样改造天文望远镜，或者采用什么最奇妙的测试仪器，都永远“看不到”或“感知”不到它们。视界外的区域中发生的事，跟我们不会有任何因果关系，它们对我们毫无影响。

在早期宇宙情况就不同了。在标准模型中，我们今天观察的宇宙，在大爆炸后 $10^{-35}$秒，其典型尺度（或不那么确切地说为直径）大致为 1 厘米。这时视

界的线度约为

$$
\begin{aligned}
&2\times\text{光速}\times\text{时间}\\
&=2\times3\times10^{10}\text{厘米/秒}\times10^{-35}\text{秒}\\
&=6\times10^{-25}\text{厘米},
\end{aligned}
$$

这意味着,宇宙的线度在那个时候比视界大 24 个数量级。

仔细寻思,问题出来了。在那时宇宙实质上由 $10^{72}$ 个相互没有因果关系的区域所构成。宇宙中这些区域不可能相互影响。我们从天空中两个相反的方向所观察到的微波背景辐射,相应的辐射源的平均距离,在辐射发射的时候,超过视界的 90 倍!

然而,正像我们在前面已经谈到的,我们的宇宙的物质分布,在大范围(超星系团线度的 2 倍,即 10 亿光年以上)是高度均匀和各向同性的。从微波背景辐射来看,宇宙各处的背景等效温差相差不到万分之一摄氏度。

在标准模型中,这一点很难理解。试问,当初原本没有因果联系的 $10^{72}$ 个区域,如何会演化为我们宇宙今天这个样子:在大范围内性质几乎处处相同?视界问题,归根结底就是宇宙结构在大范围均匀性问题。

譬如说,在地球上不同地方一天内诞生好几万个婴儿,一般说,他们彼此之间没有血缘关系。20 年以后,他们都成人了。如果我们一旦发现,他们的面貌、身材、性情、爱好居然全都一模一样,难道不会大吃一惊吗?

要知道,年年岁岁花相似,岁岁年年人不同啊!但是,这样的事竟然发生了。

与此相关的所谓平坦性问题,要稍微谈详细一点,我们在下一节将娓娓道来。但是,所谓扰动性问题,却应该与均匀性问题一起谈清楚。

我们知道,宇宙结构在小范围内是极不均匀地呈块团状结构。物质分布以恒星、星系、星系团和超星系团的形式出现。1972 年,苏联莫斯科物理研究所的泽尔多维奇指出,在宇宙中,如果有一个强度为

$$\frac{\Delta\rho}{\rho}\approx10^{-4}$$

的密度扰动谱,就能解释宇宙结构在大范围内的均匀性和小范围内的不均匀性。这里$\rho$为宇宙介质平均密度,$\Delta\rho$为局部质量扰动密度。

与此同时，美国麻省理工大学的哈里逊(E. R. Harrison)也得到类似的结论。他们都推测，宇宙介质在引力自作用下，由于动力学的不稳定性，会导致在小范围(用泽尔多维奇的话就是100万秒差距内，1秒差距等于3.26光年)结构块状化，这或许可以解释星系和星系团的起源。

问题是扰动是如何产生的？扰动的物理机制是什么？按照标准模型，宇宙介质在极早期宇宙中处于热平衡状态，由于随机统计的热涨落现象引起的扰动谱所造成的不均匀性，会远大于目前宇宙结构的不均匀性。

这就是扰动性问题。1981年，泽尔多维奇和道尔哥夫(A. D. Dolgov)在《现代物理评论》上撰文说，在现代宇宙学晴朗的天空上还有一朵乌云——扰动性问题。

扰动性问题的解决途径，一是中微子质量如不为零，似乎可以解决；二是在暴胀宇宙的框架内，可以自然解决。

1982年夏天，风和日丽，众贤毕至，在纳菲尔德(Nuffield)召开了一次极早期宇宙讨论会。美国华盛顿大学的巴丁(J. M. Bardeen)、波士顿大学的皮索扬(So-Yang Pi)、芝加哥大学的特纳(M. S. Turner)、英国剑桥大学的霍金、莫斯科朗道理论物理研究所的斯塔宾斯基(A. A. Starobinsky)以及居斯、斯忒哈特等人济济一堂，妙语生风。

天体物理学界的诸贤尽管对于暴胀论各个方面都各抒己见，争论热烈。但在一点上却“英雄所见略同”：在暴胀论框架内，扰动性问题可以自然而然地得到解决。

真是“踏破铁鞋无觅处，得来全不费功夫”！

## 念天地之悠悠，独怆然而涕下
## ——平坦性问题与暗物质、暗能量

我们回想第一节所谈到的弗里德曼模型。宇宙演化的总趋势，取决于宇宙的能量密度到底是多少。通俗地说，我们想知道，宇宙中全部物质的质量有多少？或者不那么确切地，宇宙有多“重”？平坦性问题与此密切相关。宇宙的命运与临界质量有关。

目前已经知道，由爱因斯坦的宇宙动力学方程，得到所谓临界质量

$$\rho_0=\frac{3H^2}{8\pi G}\approx 10^{-29}\text{克/厘米}^3,$$

其中，$H$ 是哈勃常数，$G$ 是万有引力常数。物理学家引入平坦度的概念，定义为

$$\Omega=\frac{\rho}{\rho_0},$$

即宇宙的平均物质密度与临界密度之比。

注意，如果$\Omega > 1$，则宇宙将是封闭的；反之，则将是开放的。$\rho=1$，则称宇宙是平直的。详情见表 10-1。

**表 10–1　平坦度与宇宙演化的类型**

| 宇宙类型 | 平坦度Ω | 空间几何 | 体积 | 时间上的演化 |
|---|---|---|---|---|
| 封闭 | >1 | 正弯曲（球面） | 有限 | 膨胀与再塌缩 |
| 开放 | <1 | 负弯曲（双曲面） | 无限 | 永远膨胀 |
| 平直 | =1 | 0 弯曲（欧几里得几何） | 无限 | 永远膨胀，但膨胀率近于零 |

在图 10-11 中，横坐标表示宇宙寿命，纵坐标表示宇宙尺度。最上面的曲线表示开放宇宙，中间为临界状态宇宙，下面曲线为封闭宇宙。我们首先考察普通重子物质，从银河系开始。如将其中两千亿个恒星质量分布到银河系空间内，平均密度只有 $10^{-24}$ 克/厘米$^3$，约每立方厘米 1 个氢原子。估算恒星质量方法很多，如利用双星轨道和距离，利用双谱分光，利用γ谱线和引力红移，利用演化状态，利用分光法，等等。我们且不追究这些方法的详情。

粗糙地说，星系团的总质量平均在 $10^4M_s$ 量级。这里 $M_s$ 表示太阳的质量，星系的平均质量为 $10^{11}M_s$，一般采用光度测量估算。照此推算，宇宙物质分布的平均密度为

$$\rho'=5\times 10^{-31}\text{克/厘米}^3。$$

$$(M_s=2\times 10^{33}\text{克})$$

但是，从动力学估计，星系和星系团中很可能存在大量“看不见”的所谓迷

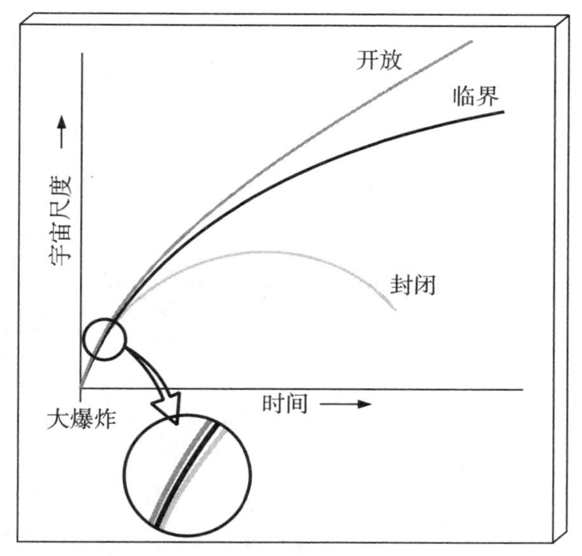


**图 10–11　宇宙演化的三种模式**

失质量。例如，室女座星系团中心区是活动强烈的巨型椭圆星系 M87，有一个直径 100 万光年的发射X射线的星云，其中气体温度高达三千万摄氏度。如此高温的气体，若靠自引力束缚，M87的质量（动力学质量）应比从前估计的高30倍。

星系的动力学质量大于其光学质量的现象甚为普遍。如后发座星系团，其动力学质量是其光学质量的 20 余倍，英仙座星系团则为 100 倍。就是说大量物质尚未被我们观察到，就已经“迷失”不见了。

天体物理学家在广阔的星系际空间搜索，发现并非空无一物。在星系团内每立方厘米含氢原子不超过 0.003 个，而在星系际空间每立方厘米不超过 $10^{-4}$ 个氢原子，相应的物质密度为

$$\rho_{\mathrm{H}}<10^{-34}\text{ 克/厘米}^3,$$

即令加上发现的星际分子——氢分子和 50 余种有机分子，仍然微不足道。

科学家还计算诸如宇宙射线、引力波和中微子背景辐射和微波背景辐射对于宇宙总质量的贡献。如果中微子静止质量为零，则它们对宇宙质量的贡献数量级仍然只有

$$\rho''\approx 10^{-35}\text{ 克/厘米}^3。$$

因此，从现在的观察和理论估算，我们宇宙的物质平均密度约为

$$\rho \approx 2 \times 10^{-30} 克/厘米^3,$$

容易得到宇宙物质的总质量为

$$\frac{2 \times 10^{-30}克}{厘米^3} \times (10^{28} 厘米)^3 \approx 2 \times 10^{54} 克,$$

即一亿亿亿亿亿亿吨！如果我们考虑星际物质，一般认为Ω大于或等于0.1~0.3。

现在我们来估算一下宇宙的质量到底是多少？世纪之交威尔金森卫星的发射和哈勃天文望远镜（图 10-12）的观察完全改变了我们对宇宙物质形态的认识。威尔金森微波各向异性探测器（Wilkinson Microwave Anisotropy Probe，简称 WMAP）是美国宇航局的人造卫星（图 10-13），目的是探测宇宙中大爆炸后残留的辐射热。WMAP 的目标是找出宇宙微波背景辐射的温度之间的微小差异，以帮助测试有关宇宙产生的各种理论。它是 COBE 的继承者，是中级探索者卫星系列之一。WMAP 以宇宙背景辐射的先驱研究者大卫·威尔金森命名。2001 年 6 月 30 日，WMAP 搭载德尔塔Ⅱ型火箭在佛罗里达州卡纳维拉尔角的肯尼迪航天中心发射升空。对宇宙中各类物质的分布最精确地测量是由 WMAP 给出的。卫星所测量的宇宙微波各向异性的分布（图 10-14），给出了质量分布是：宇宙中 4.6%的普通物质（重子），

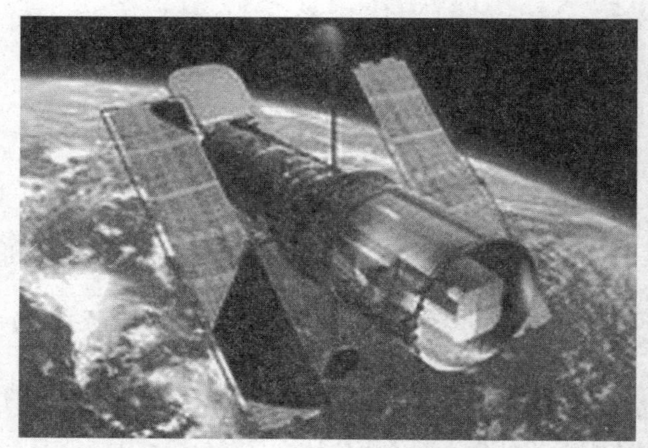

图 10-12　哈勃空间望远镜

图 10-13　WMAP 在太空中

图 10-14　WMAP 所测的宇宙微波各向异性的分布

23%的暗物质以及 72%的暗能量。必须说明，有的科学家将中微子物质作为单独的一类物质形态，本书将中微子物质与通常的暗物质规定为一类。

暗物质和暗能量是世纪之交天体物理和宇宙学的重大发现。大致说来，现代宇宙学的观察认为，宇宙中普通物质大约占总物质的 5%，这些物质是有质量的，是我们最熟悉的物质——质子、中子和电子，它们组成了恒星、行星、人类以及所有我们看见的物体。第二类物质是暗物质，暗物质也应该是由有质量的粒子构成，它们占宇宙质量的 23%，因为我们直接观察不到，所以叫做暗物质。由于它们对可见物体存在引力效应，因而其存在是被我们间接观察到的。它们在引力作用下，也可以形成星系大小的团状物体，对于宇宙星系的存在和运行具有重大作用。一般认为，暗物质分为两类，即热暗物质和冷暗物质。常见的一种热暗物质代表是中微子。我们知道中微子有三种，质量极其微小，但数量巨大，人们估计其总质量不到宇宙的 0.5%。暗物质成分的主要候选粒子是超引力理论预言的最轻超伴子和轴子（axion），其质量被认为是质子质量的 100 倍。冷暗物质中现在大家最关注的是弱相互作用重粒子（WIMP），它们只参加弱相互作用，但质量较大。

暗物质的存在是毋庸置疑的，关于对它的探索和寻找，实验证据和可信度要比暗能量坚实得多。在天文学和宇宙学上可以把暗物质当做一种实实在在的对象来研究，而不是一种科学的假设。

1933 年，瑞典籍的天文学家兹维基（F. Zwichy）用力学和光度学方法观察后发作星系团（Coma cluster）发现，前者推算出的星系团物质的总量竟然超过后者推算出的 100 倍以上。换言之，该星系团中大部分的物质是看不到的，他称这些质量为“遗失的质量”。1975 年美国天文学家鲁宾（V. Rubin）宣布一惊人发现：漩涡星系里的所有恒星几乎以同样的速度绕星系中心旋转。按牛顿的经典引力理论，离星系中心越远的恒星，旋转速度应该越慢。如果我们承认牛顿引力是正确的，那就意味着新系中存在大量遗失的物质，即我们称为的暗物质；意味着所有的旋转星系里都存在一个巨大的暗物质晕，呈球状的暗物质“海洋”。

20 世纪 30 年代，广义相对论预言，天体的引力会产生引力透镜效应，即天体的引力会使周围的时空发生弯曲，从而促使遥远星系发出的光经过这一区域时会有一定程度的弯曲。我们观察星系，所看到的图像是一个环绕在星系周围的一个巨大圆环——爱因斯坦环。20 世纪 70 年代，天文观察证实确实存在这一效应。对这一效应的定量分析表明，星系之间确实有大量不发光的物质——暗物质存在。

近年来，对子弹星系团(Bullet luster)的观察表明，暗物质的确存在。观察由光学和射电天文望远镜进行，可以由图像判断出普通物质的分布情况，而由引力透镜的观察，则可以得到暗物质的分布情况。

实际上，对 Ia 型超新星红移的精确测量，表明宇宙在加速膨胀。这是 20 世纪 90 年代后半叶最重大的天文发现之一。分析表明，宇宙的平均物质密度大约相当于临界密度，而目前光和射电望远镜直接观察到的普通物质的密度不到临界密度的 5%。这是暗物质和暗能量存在的最有力证据。

暗物质到底是什么？目前所知道的暗物质就是中微子。精确估算它最多只占暗物质总量的 10%，其他的暗物质就要靠物理学家推测和预言了。暗物质还有一种分类法，科学家推测有两类暗物质，一类是重子型（中子和质子等）的暗物质，另一类是非重子型的暗物质。它们都不发光，或者几乎不发光。目前重子型暗物质可能还有白矮星、黑洞和一些特殊条件下的星际气体。此类暗物质在暗物质总量中为数很小。

非重子型暗物质除中微子外，均为理论物理学家在不同的模型中预言的新粒子。其中重要的有中性微子（neutralino）、轴子（axion）、卡鲁扎—克莱茵（Kaluza-Klein）粒子等。中性微子实际上是超对称标准模型中中微子的超伴子，是所有超对称粒子中最稳定的，其质量估计为 10GeV 到 10TeV，与普通物质的相互作用非常微弱，因此极难发现。它又称弱相互作用重粒子（Weakly Interacting Massive Particle）。轴子是 1977 年佩西（R. Peccei）和奎因（H. Quinn）预言的一种粒子，没有电荷，质量在 $10^{-6}$ 电子伏到 1 电子伏，与普通物质的作用也极其微弱。他们提出这种新粒子是为了解决宇宙中物质与反物质不对称的问题，学术上称为 CP 破坏。理论物理学家认为在超强的磁场条件下，轴子和光子相互转换，从而提供了未来探测它的途径。卡鲁扎—克莱茵粒子是加入了额外维度的标准模型理论所提出的一种新粒子，WMAP 卫星给出它的质量大致为 0.5~1TeV。人们认为湮灭产生的正电子可能提供检测它的途径。

目前，暗物质的探测在国际上十分热门，大致有超过 10 个暗物质直接探测实验，采用不同的探测技术。主要技术是利用低温半导体（Ge，Si），常温闪烁体（NaI，CsI）和液态的稀有元素（Xe，Ar），这些装置分布在各个国家的地下实验室中。种种迹象表明：人类已经在解释暗物质本性的边沿。在此不想涉及暗物质探测的具体技术细节，只是对其中的最主要方案进行大致描写。目前暗物质探测的最热门粒子是中性微子。因为如能找到中性微子，不仅是探测暗物质的突破，而且也将给予风行 20 余年的超对称理论强大的支持。探测的基本原理是中性微子与普通物质存在类似弱相互作用，因此，它在与普通物质的原子核碰撞时，会发出种种光、电、热等信号，图 10-15 表示的是中性微子在穿过普通物质时发生的物理过程。目前，观察它的领先的探测方案有两类：低温暗物质搜寻计划（CDMS）实验探测声子和电离信号；氙暗物质（XENON）实验探测闪烁信号和电离信号。根据两种信号的比例来区别本底和暗物质。其他的方案还有康普顿空间望远镜携带“高能γ射线实验望远镜”和费米γ射线空间望远镜等实验通过探测中性微子湮灭产生的γ射线来证明暗物质的存在；南极冰原上的“南极μ子和中微子探测器阵列”和冰立方实验则是探测高能中微子等。

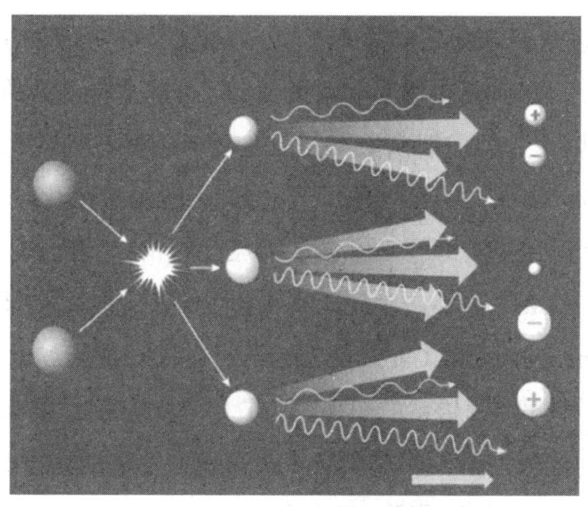

图 10–15　中性微子的湮没过程

2007 年是探测暗物质的丰收年，5 月，天文学家在名为 Cl0024+17 的富星系团中发现暗物质“鬼环”（爱因斯坦环，图 10-16），它是迄今为止暗物质存在最强有力的证据之一。该星系团离地球约 50 亿光年，环的直径约为 260 万光年。“鬼环”的形成正是由于星系团中的暗物质具有强大引力，产生所谓引力透镜效应。

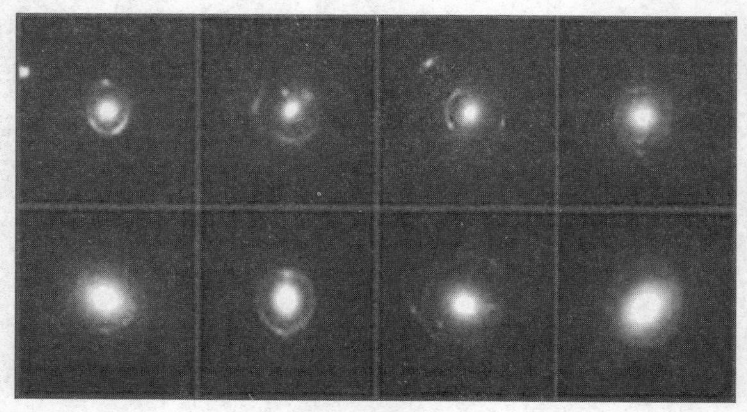

图 10–16 爱因斯坦环

HST（哈勃空间望远镜）的“宇宙演化巡天”项目中，科学家观察约 8 倍满月的天区面积，在夏威夷的 SUBARU 望远镜、新墨西哥州的甚大阵射电望远镜和欧洲 XMM—牛顿X射线空间望远镜观测下，绘制了第一张宇宙中暗物质大尺度三维分布图。这在宇宙学和物质探源上具有重大意义。该图显示了在宇宙年龄 35 亿年~65 亿年，暗物质慢慢地聚集成团，证实了宇宙学中大尺度结构形成的理论。暗物质尽管看不见，其总量却为普通物质的 5 倍。在某种意义上来说，暗物质可以视为宇宙的骨架，而普通看得见的物质：星系等，却只能算作是填充骨架的肌肉。知道暗物质分布图随时间的演化将指明普通物质如何在暗物质的主导下，先形成丝网状，逐渐成团化，最后演化为星系和超星系的梯级式结构，即今天宇宙的大尺度结构。

2009 年 3 月 HST 进一步发现了暗物质的证据。科学家利用 HST 的先进巡天照相机（The Advanced Camera for Survey，ACS）观测英仙座星系团，发现其中心区的 29 个矮椭圆星系的图像中，有 17 个是新的。其形状平滑、规则、完整。进一步的分析表明，这 17 个新星系的质量大于被其周围较大星系的强大潮汐力所撕碎最小临界质量。但在中心区中，不发光物质比发光物质的质量却大得多。由此看来，这些矮椭圆星系是深埋在大的暗物质晕中。

中国科学家积极加入到暗物质的探索行列。国家973项目"暗物质的理论研究及实验预研"已于2010年3月份正式启动，参加单位有：中科院理论所、高能所、紫金山天文台、上海交通大学等，内容是在理论研究、直接探测、间接探测等领域对暗物质展开研究。同时，为暗物质直接探测实验而准备的地下实验室也已基本建成，位于距离成都350千米、西昌70千米的锦屏山，于2008年开通了两条最大埋深2500米的隧道。隧道是二滩水电开发有限公司为了建设水电站而开凿的。一个世界上埋深最大、宇宙线影响最小的地下实验室已于2010年开始投入使用，进行中国首批暗物质直接探测实验。在此将国际上声称已探测到暗物质实验列入表10-2，供参考。

**表10–2　声称已探测到暗物质粒子的实验**

| 实验 | CDMS | DAMA | CoGeNT | PAMELA |
| --- | --- | --- | --- | --- |
| 实验名称含义 | Cryogenic Dark Matter Search | DArk MAtter | Coherent Germanium Neutrino Technology | Payload Antimatter Matter Exploration and light-nuclei Astrophysics |
| 实验地点 | 明尼苏达Soudan矿井 | Gran Sasso地下实验室（意大利） | Soudan矿井 | 附于俄国卫星 |
| 实验看到了什么 | 2个反冲事例 | 反冲事例数的年度变化 | 反冲事例 | 正电子数超额 |
| 为什么说信号可信 | 直接测量，预期的暗物质信号 | 统计显著性 | 对超低能反冲事例灵敏 | 直接测量，预期的暗物质湮灭信号 |
| 为什么信号可能不是真的 | 没有统计显著性 | 被其他实验明显排除 | 也可能是普通核事例 | 天体物理的来源也可以解释 |
| 什么实验将继续此实验观测 | 超给CDMS，NENON | XENON，MAJORANA | XENON，MAJORANA | 阿尔法磁谱仪 |

除开普通物质与暗物质外，宇宙中70%以上的质量是以暗能量的形式存在的，暗能量并不直接与粒子相关。存在暗能量的主要证据是20世纪90年代后期发现的宇宙加速膨胀。暗能量的确切性质，是物理学尚未解决的最深奥问题之一。暗能量的研究是物理学和天体物理学中最激动人心的前沿之

一。记得前面讲过,爱因斯坦在20世纪20年代提出宇宙演化的基本方程式,加进了一个所谓宇宙项的常数,其目的是要构造一个稳态的宇宙,必须外加一个排斥力。宇宙膨胀的发现,曾经使爱因斯坦后悔不已,认为不应该加一项没有根据的宇宙常数。但是宇宙加速的膨胀,意味着存在着强大的排斥力。对排斥力最朴素的描写,就是爱因斯坦的宇宙常数。在现代物理学的量子场论中,人们早就观察到一个有意义的事实,就是真空场(即宇宙中能量最低状态)其实不空,且具有非常复杂的物理性质,其基本的特性之一就是具有排斥力。换言之,真空场和暗能量具有某种共同性质,但是从数量上进行研究,如果把暗能量视同为真空场,数量级竟然相差几十倍。这就是说,暗能量的问题远远没有解决。

关于暗能量的寻找,目前还处于探索阶段。HST在宇宙学的一系列重要发现中,起到了独特作用。20世纪90年代,两个独立的观察小组对Ia型超新星红移的研究已确定了宇宙的膨胀规律。关于Ia型超新星红移,实际上是天文学家在确定遥远星系的距离时使用的一种 “标准烛光”。历经几年艰苦搜寻,两个研究组观测了几十颗遥远的Ia型超新星。1998年发表的观测结果,使他们大为惊讶,完全推翻了他们原来的设想,宇宙近几十亿年正在加速膨胀!这种加速膨胀,表明宇宙中存在一种反引力,促使物质之间相互排斥。我们提到真空场的能量会产生相互排斥力。科学家就将引起宇宙加速膨胀的能量称为暗能量。

2001年4月,HST发现离地球约100亿光年远的Ia型超新星,观测数据表明宇宙在早期是减速膨胀,直到最近的几十亿年才开始加速膨胀。这一重要发现说明,宇宙只在最近的几十亿年其暗能量的斥力才超过引力。天文学家的解释是,宇宙在大爆炸诞生后,开始是物质的引力强于暗能量的斥力,减速膨胀;只在最近几十亿年其暗能量的斥力才超过引力,开始加速膨胀,而且将永远加速膨胀下去。紧随其后,探测宇宙微波背景辐射的空间望远镜WMAP的观测结果表明,宇宙在构成上暗能量占72%,暗物质占23%,普通物质占4.6%,进一步证实了暗能量的存在。

暗能量本质是什么?有科学家还认为暗能量可能不存在,其物理效应可能是别的原因引起的，是否在宇观尺度上存在着新的物理学？总而言之，暗能量或许是21世纪科学所面临的最大挑战之一。目前两个研究组提出了探索暗能量的新的研究计划：寻找更多、更可信的直接实验证据。一组提出天空制图者计划，用大望远镜观测南天的遥远的Ia型超新星；另一组提出发射一颗专用于研究遥远的Ia型超新星和暗能量的卫星。

近年来，名叫Boomerang和Maxima的两个气球在高空测量了微波背景辐射上的温度各向异性。理论上假定了扰动的幂律谱后，可以算出今天应观测到的温度的各向异性分布。当然，这分布依赖于宇宙平坦度$\Omega_0$等若干参量。利用观测结果与理论的比较，可以定出这些参量的取值。用这样的测量和理论分析，研究者才较令人信服地取得了宇宙的总密度。若把等效真空平坦度$\Omega_\lambda$包括在内，它是

$$\Omega_0 = \Omega_{m_0} + \Omega_\lambda = 1.0 \pm 0.005,$$

其中，$\Omega_{m_0}$是实物平坦度。等效真空平坦度$\Omega_\lambda$实际上包括了暗物质和暗能量的贡献。

因此，照目前观测值来看，我们的宇宙很可能处于临界状态。其归宿不难推知——一个无限冰冷、无限稀薄的死寂世界。难道这就是我们这个花团锦簇世界的归宿？它来自炽热无比的原始火球，归结于死寂和冰冷？

科学地说，天文学家花费极大精力还是无法确定Ω的数值。比较可靠的一点就是Ω介乎0.1~2。看来，宇宙的命运正好介乎于开放与封闭之间，真正是“半开半闭奈何天”！

从数量级来看，目前测量的$\Omega \approx 1$，这点是断然无疑的。根据标准大爆炸模型，只要Ω微微偏离1，随着宇宙的膨胀，偏离会急剧增长。

无论如何，以目前$\Omega \approx 0.1$~2逆推回去，在大爆炸后1秒末，$\Omega = 1 \pm 10^{-16}$。追溯到宇宙年龄$10^{-35}$秒，则$\Omega = 1 \pm 10^{-15}$。就是说，宇宙空间偏离平坦的程度只有$10^{-51}$。如果翻译为牛顿力学的语言就是，在宇宙的普朗克时间$10^{-43}$秒，宇宙的物质的动能与势能应完全相等，相差只不过在小数点后50多位！

人们要问：如果宇宙在现在并非严格平坦，那么在其甚早期为什么以如此惊人的程度接近于完全平坦？其故安在？标准模型将宇宙早期十分接近完全

平坦作为初始条件接受下来，这实际等于说，不管事情多么离奇，情况本就如此，何需再问。如果要问，无可奉告。

首先指出标准模型的这个缺陷的，是普林斯顿大学的迪克和皮尔斯，他们把这个缺陷称为平坦性问题。在1979年，他们宣称，甚早期宇宙的平坦性问题，在标准大爆炸模型的框架中，是难以得到令人信服的解释的。

上节提到的视界问题和本节讲到的平坦性问题，统称为标准模型的自然性问题。它们反映出标准模型理论的内在不协调性。探索解决这些矛盾的途径正是导致暴胀宇宙论创立的直接契机。

## 金风玉露一相逢，便胜却人间无数——反物质问题

在第三章中我们提到过。1928年，英国年轻的物理学家狄拉克提出电子理论中著名的相对论性狄拉克方程。1930—1931年，他根据这个方程预言自然界存在正电子。正电子在各个方面的性质，如质量、自旋和参与的相互作用等，跟电子一模一样，唯独电荷和磁矩与电子相反。可以说，狄拉克的预言，用笔尖揭开一个新世界的面纱。我们不由想起发现海王星的故事。1843—1945年，法国年轻的天文爱好者勒维烈（U. Leverrie）和英国剑桥大学的学生亚当斯（J. C. Adams）在笔尖上发现海王星的故事，已作为理论的洞察性和预见性的范例，一百余年来，广泛在人间流传。

如今狄拉克却用他的“笔尖”，发现一个一直不为人们察觉的世界——反物质世界。这难道不更值得诗人讴歌、哲人赞叹么！

1933年，美国物理学家安德逊（C. D. Anderson）从“天外来客”——宇宙射线中发现了正电子，跟狄拉克预言的一模一样。1955年，张伯伦（O. Chamberlain）和西格雷（E. Segre）发现反质子。1953年，莱因斯和柯万探测到反中微子$\bar{\nu}_e$。1956年，柯克（B. Cork）等在反质子—质子的电荷交换碰撞中，证实存在反中子。如此等等。

人们发现所有的粒子都有相应的反粒子。如电子—正电子，质子—反质子，

中子—反中子，中微子—反中微子等等。当然，也有少数中性粒子的反粒子就是其自身，如$\gamma$光子，$\pi^0$个子等等。

图 10–17　王淦昌（1907—1998）

值得一提的是，我国著名物理学家王淦昌（图 10-17）于 1959 年 7 月在苏联乌克兰的基辅举行的第九届国际高能物理会议上，宣布他领导的杜布拉联合研究所的一个小组"找到了"反粒子家庭的一个新的成员——反$\Sigma$负超子，记作$\bar{\Sigma}^-$。这是人类发现的第一个带电的反超子。王淦昌、王祝翔和丁大钊等报道这一发现的文章发表在苏联《实验和理论物理杂志》（1960 年）的第 38 卷上。

有趣的是，紧接着在 1959 年 8 月，意大利的三个科学家就宣布发现新粒子的伙伴——反$\Sigma$正超子，$\bar{\Sigma}^+$。

物质的这种新的形态——反粒子、反物质的存在，展示了小宇宙的一种新的不寻常的对称性。人们一般称之为正—反粒子对称，有时更学究地称为电荷共轭对称或 C 对称。

1956 年，杨振宁、李政道在理论上预言弱相互作用中宇称（P）不守恒。随之在 1957 年，吴健雄等又巧妙地用实验予以证实。自此以后，人们对于宏伟的对称王国的认识日臻丰富与完善。无论是大宇宙，还是小宇宙，对其对称性质的研究都是至关重要的。

从小宇宙的各个基本动力学方程来看，粒子与反粒子的地位完全平等。如果有一个由反物质构成的"反人"，他遇到我们称为"正粒子"的粒子，叫什么呢？"反粒子"。这就是所谓 C 对称。

从大宇宙的动力学演化方程来看，正、反粒子也是完全等价的。这样，至少从原则上来说，在标准模型的框架内，似乎正、反粒子（物质）应该一样多。

正物质与反物质如果撞在一起，就会"湮灭"得无影无踪，同时"爆发"巨大的能量，辐射无数高能$\gamma$光子。1 千克物质与 1 千克反物质相撞，湮灭后"释放"的能量，可以转换为 5 亿度电。换言之，我国最大的水电站——长江三峡水电站满负荷工作一个昼夜,发出的电力也只有这么多!

真是“金风玉露一相逢,便胜却人间无数”!不过,这不是无量数的柔情蜜意,而是石破天惊的怒吼,摧枯拉朽的爆发!

于是,一系列猜想臆测出来了。或许在茫茫太空的深处,隐藏着一个“反世界”吧!那里的原子是由反质子、反中子和反电子构成……

1908年6月30日,在西伯利亚通古斯河中游莽原茂林的上空,突然掠过一个神秘的天体。随之一次可怕的猛烈爆炸发生了,声浪所及,在英伦三岛也记录到了。火光冲天,云霞斑斓,甚至在欧洲、非洲北部接连三天看到白夜……

引起爆炸的天外来客到底是什么?尽管组织过几次科学考察队进行实地考察,然而直到现在,这次爆炸仍然是一个谜,各种说法纷纷攘攘,莫衷一是。

难道是地外文明使者的飞船失事?或者是微黑洞的袭击?……至少已有二十几种解释。其中有一种猜测,曾使许多人拍手叫绝:这是来自反世界的“不速之客”——飞船与地球相撞,然后引起一次猛烈的湮灭过程……

超新星爆发是星空中最壮观的景象之一。一个本来暗淡的小星,突然光度增加到太阳的千万倍,乃至一亿倍,在漆黑的夜空中,像一座灯塔,光芒四射,宛如宇宙中蔚为奇观的焰火。

我国的《宋史》记载,至和元年五月己丑日(1054年7月4日)凌晨,东方天际出现一颗极其明亮的星星,颜色赤白,光辉灿烂,犹如太白金星。司天监的官员对它仔细观察,发现这颗“客星”,整整643天才消失。我国史书记载此类客星有10颗之多,是世界上保存最早、最准确和最完整的超新星的记载。

超新星的猛烈爆发,一瞬间可释放$10^{44}$焦耳的能量,相当于太阳在90亿年间向太空释放的总能量。超新星中心温度达几十亿度,爆发时喷射的物质的速度高达每秒一万千米。

射电源星云的爆发则更具戏剧性了。巨大的喷流横贯天际,往往达几百万光年之遥。离我们约一千万光年的大熊星座 M-82射电源的两股喷流总质量有太阳质量的五百万倍。射电源NGC4151是旋涡结构的赛弗特(Seyfert)星系,从其核心喷射的三个硕大气壳,相当于每年抛射一百个太阳质量的物质。

此类猛烈的爆发,其巨大能源从何而来?有人猜测,或许就是巨大的星云与反物质构成的反星云冲撞的结果。

1963年，自从美国天文学家施米德(M. Schmidt)和马修斯(T. A. Mathews)等发现类星体3C48以来，天文学家已发现几千个这种奇怪天体——类星体。

类星体的最突出的特点是，它们有巨大的红移。由此看来，它们离我们极远，而且退行速度极大。从射电望远镜来看，类星体极像恒星。

例如，红移为3.53的类星体OQ172，退行速度达每秒27万千米(即光速的0.9倍)，离我们的距离约100亿光年。类星体体积很小，一般来说，其直径不过一光年(银河系的直径有10万光年)。但它们爆发时，最大的辐射功率竟超过1000个正常星系。

类星体的巨大能量从何而来？就是类星体中每天爆发一个超新星，也只能解释其中的一部分能量。有人说，会不会是在类星体中间同时会有物质和反物质，两者相遇，"同归于尽"而发生猛烈的爆发呢？

天文学家曾经发现一颗奇异的双尾彗星——阿伦达·罗兰，它有一根短而细的尾巴，竟然是朝着太阳的。按照通常的说法，彗尾在所谓太阳风的作用下，应该背向太阳。后来发现，具有这样反常尾巴的彗星，远非阿伦达·罗兰一颗。

有人又遐想不已：这条反常尾巴是反物质构成的，因此有这反常现象的出现……

遗憾的是，这些大胆的设想，尽管十分诱人，却都站不住脚。在我们所观测的宇宙中，所谓反物质，真是"凤毛麟角"，少到极点。即令曾经有过大量密集的反物质存在，大概在某个时刻，它们靠拢"正常"物质时，老早就"湮灭""熔化"得无影无踪了。

关于超新星的爆发、彗星的反常尾巴，已有为大家接受的理论解释。有兴趣的读者可以参见有关天体物理读物。其他现象的谜底虽未解开，但可断言与反物质关系不大。

实际上我们仔细分析现有实验资料，就可发现反物质在我们观测所及，确实寥若晨星。

太阳系似乎不是反物质的藏身之地。我们已经讲过，在太阳大气的最上层——日冕不断喷射由正离子和电子构成的热等离子体气体，温度很高，约一百多万度,速度很大,每秒 300~800 千米。这就是所谓太阳风。

由于太阳的自转和太阳磁场的影响,太阳风实际是高速等离子旋风。它随着太阳活动激烈程度的变化,时大时小,不断“吹向”星际空间,影响涉及太阳系所有的地方,概莫能外。

如果太阳系内某处有大量反物质存在,太阳风与反物质相遇,就会产生强烈的γ辐射,其强度要高于我们目前的观测值的 5~6 个数量级。换言之,我们对空间γ辐射的观测,否定了太阳系内有反物质集聚的任何想法。

在星系团的星系际热气体会发出X射线,我们并未在其中观察到正、反物质湮灭时所辐射的γ射线。由此推知,反物质在星系团气体中的含量不超过万分之一。

宇宙射线是奥地利物理学家亥斯(V. F. Hess)在 1911 年用气球把静电探测器带到高空所发现的来自宇宙深处的神秘射线。宇宙射线中绝大部分是质子和α粒子,但也几乎包括元素周期表上所有的核。这些神秘的天外来客的来历尽管还未完全弄清楚。但大体上可认为,它们大部分来源于银河系,少部分来自超新星、脉冲星等,河外星系和类星体也是可能的来源地之一。

但从宇宙线的成分来看,反粒子几乎没有,表明它们来自的地方:银河系、超新星等,其中反物质的含量也在其物质总量的 1%以下。

射电天文学发现所谓法拉第现象(效应),就是星际磁场的影响,由河外星系的射电源所辐射的电磁波的偏振面有旋光现象,即旋光效应。

如果在河外星系大量聚集反物质,这种效应原本会抵消的。法拉第效应的发现,说明河外星系确无反物质聚集。这也暗示我们,在观测宇宙中,“反世界”是没有希望找到了。

我们现在在大爆炸学术的框架内考察宇宙正反物质不对称的情况。粗略的估算表明,目前普通重子物质,在宇宙中每立方米的空间平均有一个重子,反重子数目近似认为是零。宇宙现在的尺度约为 $10^{28}$ 厘米的数量级。就数量级而言,宇宙中现有的重子数为

$$(10^{28})^3 \times 10^{-6} \times 1=10^{78}\text{个。}$$

按照标准模型,追溯到大爆炸后 $10^{-36}$~$10^{-35}$ 秒,宇宙的线度约为 1 厘米。

大体可以认为，当时宇宙中的重子与反重子数目的差就等于现在宇宙中重子的总数。

另一方面，根据大爆炸模型，粒子数密度与温度 $T$ 有关系

$$n=\frac{1.2}{\pi^2}N'(T)T^3,$$

式中，$N'(T)$是粒子的内部自由度，

$$N'(T)=N_B(T)+\frac{3}{4}N_F(T),$$

这里 $N_B(T)$为玻色子的内部自由度，$N_F(T)$为费米子的自由度。累计夸克（费米级）、光子（玻色子）、胶子（玻色子）和引力（子）等的所有内部自由度：色、味、自旋，$N'(T)\approx1000$。由此看来，当大爆炸 $t=10^{-35}$ 秒，相应温度 $T\approx10^{28}$K 时，粒子密度为

$$n=\frac{1.2}{3.14^2}\times 1000\times(10^{28})^3\approx10^{87}\text{个/厘米}^3,$$

此时正、反粒子的比重为

$$\frac{10^{87}\text{个厘米}^3}{10^{78}\text{个厘米}^3}=10^9,$$

显然，目前宇宙重子数是当时正、反粒子湮灭后，多余的重子。就是说，在 $t=10^{-35}$ 秒时，反粒子与粒子的比例为 $10^{-9}:1$。

这样看来，在极早期宇宙中，重子不对称的程度很小，不过 $10^{-9}$ 而已。10 亿个重子，就有 10 亿差一个反重子伴随。尽管如此，这 $10^{-9}$ 的不对称，仍然是大爆炸学说头上的巨大问号：它从何而来？

在宇宙年龄 $10^{-3}$ 秒，宇宙温度下降到 $10^{18}$K，重子与反重子之间的湮灭过程便急剧进行。绝大部分的重子与反重子，都“湮没得”无影无踪。重子中，只有 10 亿分之一是“净多余”的，由于找不到配对的反重子发生“火拼”，它们“大难不死”，劫后余生，一直保存到今天。

不管多么令人难以置信，我们宇宙所有的天体：恒星、星云超新星、类星体等等，几乎全部都是由这些劫后余生的“幸运儿”构成的。包括我们这个美好的蔚蓝色的地球上所有的一切：高山大泽、树鸟花卉，乃至人类本身。

所有这一切，都只是由于极早期宇宙曾经有那么一点点重子与反重子的

不对称罢了。

但是，这 $10^{-9}$ 的不对称到底从何而来？

第一种说法是，这种不对称由“初始条件”给定。就是说，混沌初开，乾坤伊始，本来如此。对于“冷宇宙”或“稳态宇宙”论，这种说法勉强说得过去。对于大爆炸理论，就太不自然了。

第二种说法是，宇宙在整体上来说，物质与反物质是对称的，数量一样多。但在我们生活的这个区域，占优势的是正物质，在另一些我们观察所不及的区域，反物质占优势。

我们试看，1933 年 12 月 12 日，狄拉克在荣获诺贝尔奖时的演讲是怎样说的吧：

“如果我们采纳迄今在大自然的基本规律中所揭示出来的正负电荷之间完全对称的观点，那么，我们应该看到下述情况纯属偶然：地球，也可能在太阳系中，电子和正质子在数量上占优势，十分可能。对某些星球来说，情况并非如此，它们主要由正电子及负质子构成。事实上，可能各种星球各占一半。”

阿尔文（H. Alfven）和克莱因（O. Klein）很早就提出这样的模型，其中物质世界与反物质世界靠磁场与引力场分开。这个模型不能解释微波背景辐射，没有受到人们重视。

奥姆勒斯（R. L. Omnes）1969 年在《物理评论快报》上撰文，提出了一个在大爆炸学说基础上的正、反物质对称的宇宙模型。他认为，在宇宙温度大约 $4\times10^{10}$K 时，宇宙介质的高温等离子场会发生相变，重子与反重子互相排斥，从而在不同区域分别出现重子过剩与反重子过剩的两种状态（或“相”）。

随着宇宙的膨胀，这两个区域（世界）不断增大。奥姆勒斯认为，两区域接触的地方湮灭所释放的能量，会驱使两区域逐渐远离。他称这种分离现象是由于一种类似水力学的分离机制产生的。现在两世界间横亘着线度为 $10^{22}$ 厘米的隔离区。

奥姆勒斯的想法是相当吸引人的。不幸的是，实验和理论上的检验，都说明这个理论站不住脚。

如果奥姆勒斯的理论正确，在他的理论中出现的聚接过程（Coalescence process）所释放的湮灭能量应大于背景辐射的20倍。即使释放的能量减少到1/200，我们看到的背景辐射也不是今天观测到的这个样子了。

按奥姆勒斯的说法，在正、反粒子混合的地方，应有湮灭过程进行。其中会有这样的反应：

$$p(\text{质子})+\bar{p}(\text{反质子})\to\pi^0(\text{中性}\pi\text{介子})+\text{其他粒子},$$

$$\pi^0\to2\gamma(\text{光子}),$$

其中，产生的γ光子能量在50~200MeV。然而我们没有找到这样的γ光子。

苏联人泽尔多维奇和诺维可夫（L. Novikov）在1975年从理论上批评奥姆勒斯的模型。他们援引波格丹诺娃（L. Bogdanova）和夏皮罗（L. Shapiro）在1974年的计算，指出在核子与反核子之间，引力始终占优势。即使在高于300MeV的温度时有排斥力产生，也是在等离子体中的自由夸克之间出现的。自由夸克之间的相互作用遵从量子色动力学，不会导致使"物质"与"反物质"分离的相变发生。

奥姆勒斯的理论从根本上被驳倒了。

第三种解释，看来是最自然、也最为可取的了。主张这种方案的科学家认为，大爆炸之初，正、反粒子是对称的，这一点很合大家的"品位"。至于现在观测到的正、反物质的巨大不对称，是尔后动力学演化的结果。

然而，具体的动力学机制到底怎么样，那就"仁者见仁，智者见智"了。众说纷纭，百家争鸣，好在有一点倒是共同的：几乎所有理论的出发点都是"基本粒子"层次。

因此，无足为怪，在这方面辛勤耕耘的"园丁"有许多驰名遐迩的高能物理学家：才气横溢的温伯格，风华正茂的爱里斯（J. Ellis），苏联氢弹之父萨哈诺夫（A. Sakharov），以及兰诺坡诺斯（D. Nanopoulos）、阿昆等等。

从小宇宙的观点来看，动力学演化方案最基本的要求是，必然有重子数不守恒的过程发生。否则，由"对称"是无法演化为"不对称"的。因此，人们自然想起，乔治和格拉肖所提出的大统一模型。这个模型曾风靡一时，使许多人为之倾倒。其中最吸引人的地方就是，它不仅很自然地将强、弱相互作用和电磁力统一起来,而且预言自然界中存在重子数不守恒的过程:质子衰变……看来解决问题的关键或许就在这里。

于是,在探索反物质问题的漫长道路中,我们终于触碰到暴胀宇宙论的门坎。我们将会发现,反物质问题的解决在暴胀宇宙论的框架中颇有希望。更凑巧的是,大爆炸理论的另一个棘手问题——磁单极问题,在暴胀论中居然也迎刃而解。

但是,什么是磁单极子呢?标准模型中的磁单极子问题是什么呢?

## 上穷碧落下黄泉,两处茫茫皆不见——标准模型中磁单极子问题

爱动脑筋的读者一定对"电"与"磁"的对称性问题感兴趣。为什么自然界中存在单独的电荷(正电荷和负电荷),而没有单独的"磁荷"存在呢(图 10-18)?

所谓"磁荷"就是"磁极",或磁力产生的源。磁极永远是南(S)、北(N)两极相伴出现的。你如果将磁体一分为二,那么两个半边各自又出现南、北两个磁极。这样不断"分"下去,即令是一个单独的基本粒子,如质子、中子等,都相当于一个"磁偶极子",即有两个极的微型磁体。

真的没有单独的磁荷存在吗?人们对此一直是怀疑的。我国汉代王充在其名著《论衡》中说:"顿牟掇芥,磁石引针。"就是将电现象与磁现象相提并论。在西方,早在 1269 年,佩列格利纳斯就讨论过单独磁荷存在的可能性。正是他首先提出"磁极"的概念。

图 10-18 中国罗盘——司南

磁学的先驱之一,吉尔伯特(W. Gilbert)更深入地讨论了磁极问题。在欧洲,由于人们对地磁场不了解所造成的神秘感,使许多人相信,地球的北极有一座大磁山。有人相信,罗盘磁针指向北方,是由于明亮的北极星传来指向力。吉尔伯特的工作,

将此类“神话”一扫而空。

图 10–19　麦克斯韦（J.C.Maxwell，1831—1879）

1862 年前后，麦克斯韦（图 10-19）的经典电磁理论问世了。他的方程是那样完美和富于美学的和谐。人们在欣赏和赞叹他的成就的同时，往往忘记了，麦克斯韦曾多次考虑，是否在方程中要加入“磁荷”项，或自由磁荷所产生的“磁流”项。

由于冷酷的实验事实表明：没有发现带一种“磁荷”的粒子存在的迹象，即现在术语的磁单极子（Magnetic monopole），麦克斯韦最终没有加上磁单极子项。在他的方程里，电与磁既是统一的、和谐的，但又是不对称的。

在本书的前面，我们曾提到，现代实验资料以极高精度证明麦克斯韦理论的正确性。麦氏方程组中，电与磁的明显不对称性，归根结底，反映了自然界中有自由电荷存在，却无自由磁荷存在的现实。

但对自然界磁荷自由存在的信念，在科学界并未完全泯灭。难道上帝不喜欢和谐对称么？1931 年，灵智飞扬的狄拉克质问道：“如果自然界不应用这种（指电与磁的完全对称性）可能性，则是令人惊异的。”

狄拉克从一个新的角度，重新提出磁单极问题。1913—1917 年，密立根（R. A. Millikan）教授利用油滴实验准确确定油滴所带的最小电荷，即基本电荷（现在知道，就是 1 个电子电荷）

$$e = 1.6 \times 10^{-19}\text{库仑},$$

人们一直为这个问题困扰：为什么自然界的所有的电荷都是基本电荷的整数倍，即

$$q = ne\,(n\text{是整数}),$$

这个问题叫电荷的量子化问题。狄拉克将此与磁单极联系起来。

他用量子力学证明了，只要宇宙中有一个磁单极子存在，电荷的量子化条件就马上可以得到。他在麦氏方程中添上自由磁荷项后，得到电荷与磁荷的关系

$$eg = n \cdot \frac{hc}{2}（n\ 为整数）,$$

式中,$g$ 为磁荷,$h$ 为普朗克常数,$c$ 为光速。

当 $n$=1,得到所谓基本磁荷

$$g = \frac{hc}{2e} = 68.5e,$$

就是说,基本磁荷(磁单极子的磁荷)约为电荷的 70 倍。这个数值很大,狄拉克因此预言,磁单极子穿过物质时,很容易引起电离,从而与物质中的离子结合成为束缚态。这或许是难以见到它的"庐山真面目"的缘故罢。



这道理也很简单。两磁荷之间的相互作用与两电荷之间的相互作用的强度比为

$$\frac{g^2}{e^2} \approx 4692.25,$$

就是说,前者约为后者的 $5 \times 10^3$ 倍,是一种超强相互作用。它引起的过程不同于通常的磁现象,它比强作用甚至还要强 300 余倍!

狄拉克没有预言磁单极子的质量。其后 40 余年,人们从一般常识出发,多半默认磁单极子的质量大致跟中子、质子等强子差不多。狄拉克"请来"磁单极子这种美妙的粒子,使麦氏方程组获得电、磁的完全对称性。

但是,这种"功勋卓著"的粒子,到底是狄拉克"神来之笔"下的幻想之物,还是像正电子一样,由于稀少,由于难于探索,而一直"藏在深闺人未识"的"国色天香"呢?

人们记得安德逊发现正电子,鲍威尔(C. F. Powell)发现π介子,都是从天外来客——宇宙射线中找到其踪迹。人们又在宇宙射线中开始紧张搜索,想尽了各种方法寻找,可是没有找到。"上穷碧落下黄泉,两处茫茫皆不见"。

彷徨增加了,怀疑增加了。也许压根儿就没有"磁单极子"存在吧?也许狄拉克的预言这回是放空炮了吧?以致狄拉克本人在苦苦等待 40 年的磁单极子的佳音福旨未果,大失所望之余,在 80 岁高龄的 1981 年,写信给萨拉姆说:"现在我是属于那些不相信磁单极子存在的人之列的。"

然而,更多的人却相信,磁单极子是实有其物的。物理大师费米(E. Fermi)在理论上考察磁单极子以后,得出结论:"它的存在是可能的。"

1974 年，苏联科学家波利亚科夫（A. Polyakov）和荷兰科学怪杰特·胡夫特（Gerard't Hooft）从近代非阿贝尔规范场理论出发，提出关于磁单极子的新思想。他们对狄拉克理论一些不令人满意的地方，如奇异弦（即磁单极子的磁势，在空间的一条曲线上其值无穷大）等，进行了合理的处理。波利亚科夫和胡夫特证明，在 SU（2）的规范理论中，或者进一步推广到 SU（5）大统一理论中，真空自发破缺，必然导致磁单极的出现。

真空自发破缺机制是近代物理（粒子物理、固体理论等）中一个十分重要的概念，我们后面还要进行比较详细的介绍。

我们只想在此指出，真空对称性经自发破缺后会变成许多真空。空间分割为一个个的区域，同一区域的真空态是一样的，不同的区域就是不同的真空态。两区域的交界形成面状缺陷。在每一个交界处可能有叫做“扭结”一类的点缺陷出现，这就是磁单极子（图 10-20）。

磁单极子与区域壁一类面状缺陷关系十分密切，我们在此不深究了。

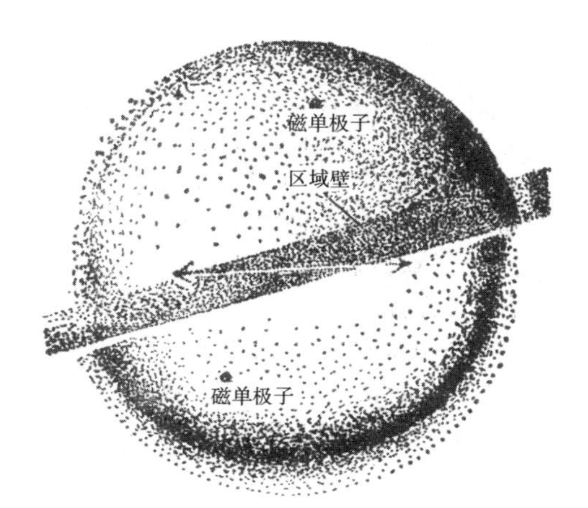


**图 10-20　磁单极子与区域壁缺陷**

波利亚科夫和胡夫特的论文发表以后，一时间，一股磁单极子热席卷物理学界。杨振宁和吴大峻关于磁单极子的工作尤其出色。他们把磁单极子、规范场和一种深奥的数学理论“纤维丛”（fibre bundle）联系在一起，为磁单极子的存在提供了深邃的理论基础。

杨振宁跟现代微分几何大师陈省身说到，他对磁单极、规范场居然会跟纤维丛此类玄而又玄、极少人懂的数学概念发生联系，感到“既惊奇，又困惑，因为他们数学家能无中生有地幻想出这些概念”。陈省身回答说：“这些概念并不是幻想出来的，它是自然的，而又是真实的。”

各种磁单极子理论，如烂漫山花在科苑竞相开放。这些理论对磁单极子的质量进行估计。按波利亚科夫和胡夫特的理论，如果用中间玻色子质量 $m_W$ 表示，磁单极子的质量为（α是精细结构常数）

$$m_N=\alpha^{-1}m_W\approx(5\sim10)\text{TeV}\quad\left(\alpha=\frac{1}{137}\right),$$

即质子质量的 5000~10000 倍。在小宇宙中，这已算庞然大物了。

根据普里斯克尔（J. R. Preskill）等人于 1979 年提出的所谓重磁单极子理论，磁单极子的质量异乎寻常地大，约有 $10^{16}$GeV，就是质子质量的一亿亿倍，相当于 $10^{-8}$ 克。在小宇宙中有这样的参天巨人，真不可思议！

我们下面估计在宇宙中残留的磁单极子的数目，或密度数。在大统一框架中，在爆炸后 $10^{-36}$~$10^{-35}$ 秒，温度下降到 $10^{28}$K，相当于 $10^{15}$GeV 的能量，真空对称发生自发破缺，大量的磁单极子突然“诞生”了。

磁单极子出现在不同真空态区域的交界处。由此推定，其数目大致与这些区域的数目相当，至少在数量级上是一致的。

每个区域的体积实质上就是视界所界定的空间。我们在视界问题一节，已经知道此时宇宙的体积约为 1 厘米$^3$，而视界范围为 $10^{-26}$ 厘米。不难算出，区域的相应体积为

$$(10^{-26}\text{厘米})^3=10^{-78}\text{厘米}^3,$$

在这样大的体积内，产生的磁单极子的数值其数量级也为 1。宇宙中产生的磁单极的总数为

$$\frac{1}{10^{-78}}=10^{78}\text{个},$$

或者说，此时宇宙磁单极子的密度数为

$$n_m\approx10^{78}\text{个/厘米}^3。$$

读者当记得，这个数字正好就是重子与反重子数的密度差。如果这些大爆炸的残骸——磁单极子全部“健在”，那么今日宇宙中，每个重子都对应有一

个磁单极子。

有人认为，两种磁单极子，N 极和 S 极单极子，会像正、负电子一样，绝大部分会湮灭掉。即令如此，今日的磁单极子数目依然很大，其密度是

$$n'_m \approx 10^{-19} \sim 10^{-16} \text{个/厘米}^3.$$

如果这样估计不错，由于磁单极子的质量极大，宇宙中它们的总质量比重子至少大 10 万倍，比目前公认的宇宙物质的总质量的上限至少大一千倍。这当然是不可想象的事情。

卡兰（C. Callan）和鲁巴可夫（G. Rubakov）认为，早期宇宙的磁单极子比上面估计的要少得多。波利亚科夫讨论过色磁单极子（Colored monopoles）方案，他认为，跟在低温（低能）下“夸克禁闭”相反，磁单极子在温度 $10^{13}$K 处有一个“相变”高于这个温度，磁单极子“禁闭”机制起作用了。其中起作用是所谓的胶子弦。1980 年，林德、丹尼尔等人也进行过类似的讨论。

波利亚科夫估计，目前残存的磁单极数目比原来估计的要少 $10^{4000}$ 倍。这实质上意味着，宇宙中的磁单极子等于零。大多数人坚持认为，磁单极子作为“大爆炸”的奇怪产物，理应存在，而且是确实存在的。

我们来检查从宇宙射线中和利用加速器搜捕磁单极子的战况吧。

1976 年，布鲁曼（A. Bludman）和拉德曼（M. Ruderman）对星系际的磁场进行详尽分析，认为如果磁单极子的密度足够大，它将由于被星系际的磁场加速，而使磁场的能量消耗殆尽，从而使银河系的磁场受到破坏。由此估计，磁单极子的密度为

$$n_m < 10^{-26} \text{个/厘米}^3。$$

1970 年，阿斯博恩（W. Z. Osborne）根据高能磁单极子由微波背景辐射散射，由宇宙射线的资料，确定目前宇宙中磁单极子的密度为

$$n_m < 10^{-24} \text{个/厘米}^3 (\text{若其质量为 } 10^3\text{GeV}),$$

$$n_m < 10^{-26} \text{个/厘米}^3 (\text{若其质量为 } 2.5 \times 10^3\text{GeV}),$$

一般来说，即使根据实验资料估计，结果仍然视磁单极子的实际质量而定。

撇开“术语”的迷雾，事实很简单，我们没有找到一个“活生生”的磁单极子。当然，间或也有好消息传来。

1975 年，澳大利亚的普赖斯（P. Price）、塞克（E. Sirk）、平斯基（L. S. Pinsky）和奥斯博恩宣称，他们把测量仪器放在高空气球的吊篮中，在高空中从宇宙射线中，捕捉到一个磁单极子。

1982 年，美国斯坦福大学的凯布雷拉（Cabrera）声称利用超导干涉器，花了 200 多个日日夜夜，记录到一个磁单极子，同时还确定了它的磁荷。据说与理论完全吻合。

难道真的是“众里寻他千百度，蓦然回首，那人却在灯火阑珊处”么？这些发现，曾深深使科学界激动。

按布鲁曼等人的分析，普赖斯等人的发现颇值得怀疑。尽管他们于 1975 年、1978 年两度声称，他们的测量表明，发现了磁单极子。

凯布雷拉等人的结果，虽使人兴奋一时，但经不住推敲。首先，如果凯布雷拉测量正确，则磁单极子的密度至多要比目前天文学家公布的数值高出 15 个数量级。

其次，凯布雷拉的实验设计确实巧具慧心。笨重的磁单极子，运动速度很慢，不会超过光速的十分之一，极易“钻入”地球表面。我们在实验室中，即使用一千吨的最强大的电磁铁，也只能使磁单极子的运动方位偏转 $10^{-8}$ 度。所以探测极不容易，只有用所谓动态感应探测器才有可能探测。凯布雷拉探测器即属此类。

令人沮丧的是，人们重复凯布雷拉实验，而且进一步扩大搜索的范围，改进实验方法，磁单极子却是音讯杳然，踪影全无。

人们想到，目前加速器的最大能量不过 10000GeV。磁单极子的质量理论估计最少为 10000GeV，最大为 $10^{16}$GeV。看来，不大可能产生磁单极子。宇宙射线中粒子最大能量为 $10^{11}$GeV，不可能找到重磁单极子，但有可能含有轻磁单极子。

在太阳系内，由于流星的引力较小，可能为磁单极子提供一个安全的“避风港”。太阳也可能是磁单极子“源”。有人估计，太阳中包含有 $10^{26}$ 个磁单极子，每秒钟发射 $10^{9}$ 个。月亮、陨石都可能藏有磁单极子。中子星从理论上看，也是相当好的磁单极子“源”。

为了捕获磁单极子,人们发展了一整套探测技术。例如,利用磁单极子穿过导电环中会产生感生电流的原理,设计了超导量子干涉仪(凯氏法即属此类);利用磁单极子穿过物质时会引起电离并伴随光子发射的特性,设计了“电离法”装置等等。真是“尽人间之智慧,穷造化之工巧”!

然而,结果令人沮丧,人们自然怀疑凯布雷拉测量的结果。一个科学实验,如果不能重复,怎么能取信于人呢?

当然,也不全是坏消息。人们对太阳的观测表明,太阳似乎具有磁单极子矩,似乎可以用太阳物质中含有 $10^{29}$ 纯 N 单极子来解释。这给人们一线希望。

总而言之,从目前的实验资料来看,虽不能说,宇宙中压根儿就不曾存在“磁单极子”这种粒子,至少可以断言,其数目必定十分稀少。有的实验工作者甚至推测,磁单极子的数目也许只有重子的亿亿亿分之一,即 $10^{-28}$。加上它们行踪古怪,难怪人们“千呼万唤不出来,踏破铁鞋无觅处”!

但在标准模型的框架内,磁单极子的数目估计应比实验观测的极大值大得多。如果我们相信铁一般的事实:在“阿波罗”号飞船在月宫宝殿采集的样品中,我们用极强的磁场始终没有汲取到磁单极子;在中子星和超新星中也未找到磁单极子等等。那么唯一的结论只可能是:标准模型本身有问题。

人们在焦思灼虑之中,意外发现在暴胀宇宙论中,磁单极子问题竟然不存在了。

啊,暴胀宇宙论……

## 附录 反物质探寻实验近况



粗略的估算表明,目前宇宙中,每立方米的空间平均有一个重子,反重子数目近似认为是零。宇宙现在的尺度约为 $10^{28}$ 米的数量级。就数量级而言,宇宙中现有的重子数为 $10^{78}$ 个。就是说,重子数与反重子数的比例为 $10^{9}:1$。尽管如此,人们在自然界寻找反物质的努力还是没有终止。人们不断地通过各种探测手段,如发射各种探测卫星、天文望远镜、γ射线探测器等等,寻找自然界中的反物质。

人们不屈不挠，继续反世界的探索，近年来不断有所发现。1997年，美国人在银河系就发现了一个比较强大的反物质的喷射。值得大书特书的是以丁肇中为首席专家的阿尔法磁谱仪探测项目组，目的是去太空寻找反物质。

1998年6月2日，美国“发现”号航天飞机携带阿尔法磁谱仪（图10-21）发射升空。该仪器的核心部分由中国科学家制造，是当代最先进的粒子物理传感仪。阿尔法磁谱仪这次随“发现”号上天，尽管没有发现反物质，但采集存贮了大量珍贵的科学数据。原计划2002年将它送上国际空间站，进行长达3年的数据采集工作，探索反物质。但是由于种种原因，一直到2011年5月16日，美国“奋进”号航天飞机才携带着中国参与制造的阿尔法磁谱仪，从佛罗里达州肯尼迪航天中心发射升空，前往国际空间站。人们对此次探索，充满期望。因为此次探测器的灵敏度要高于此前的探测器的$10^4$~$10^5$倍。

图10-21　阿尔法磁谱仪

阿尔法磁谱仪（AMS02）重达6700千克，系由美国麻省理工大学的丁肇中教授构思建造的物理探测仪器。他所带领的高能物理团队将三十多年来研究粒子加速器所积攒下来的经验推向太空。阿尔法磁谱仪将依靠一个巨大的超导磁铁及六个超高精确度的探测器来完成它搜索的使命。它会在国际空间站（ISS）的主构架上放置三年，远离大气层以保证不受干扰，并充分利用国际空间站上的系统来采集数据。阿尔法磁谱仪电磁量能器能够测量能量高达TeV的电子和光子，是寻找暗物质的关键探测器。

参加阿尔法磁谱仪国际合作的中国单位包括中国科学院电工研究所、上海交通大学、东南大学、山东大学、中山大学，以及中国台湾的“中央研究院”物理研究所、“中央大学”、中山科学研究院等。其中，中国科学院高能物理研究所和中国运载火箭技术研究院与法国、意大利的两个单位合作，研制了阿尔法磁谱仪电磁量能器。该项目首席科学家是丁肇中。这一项目投入达20亿美元，研究人员来自美、欧、亚三大洲 16 个国家和地区的 56 个研究机构，是继人类基因组计划、国际空间站计划和强子对撞机计划之后的又一个大型国际科技合作项目。

整个探测器的机械结构的设计、制造和环境试验由中国运载火箭技术研究院承担，精度非常高，能达到航天飞机在起飞和着陆时对机械结构强度的十分苛刻的要求。中国水利水电科学研究院承担了对机械结构强度的试验。1998 年 6 月，安装了各种探测仪器的阿尔法磁谱仪在航天飞机上进行了为期 10 天的飞行，获得了大量的科学数据。同年 12 月由原航天总公司科技委对 AMS 主结构进行了技术鉴定，鉴定认为：阿尔法磁谱仪主结构的成功研制开创了中国航天技术进入国际高能粒子物理研究领域的先河，主结构在薄壳结构设计分析、制造工艺和地面试验方面达到了国际先进水平。

阿尔法磁谱仪进行大型粒子物理实验，将具体观测太空中高能辐射下的电子、正电子、质子、反质子等。人们期望它探测到几种理论物理学家预测的新粒子，并得到粒子和它们远方的天体来源的宝贵信息。结果有可能解答关于宇宙大爆炸一些重要的疑问，例如“为何宇宙大爆炸产出如此少的反物质？”或“什么物质构成了宇宙中看不见的质量？”让我们期待阿尔法磁谱仪在探测反物质和暗物质等方面的好消息吧！

阿尔法磁谱仪探测实验的一个主要目的，就是探索宇宙学的难题之一——反物质问题。通俗地说，就是回答大自然的古怪偏好——为什么找不到反物质？

我们生活在一个由物质构成的世界，宇宙万物——包括我们人类在内都是由物质构成的。反物质就像物质的一个孪生兄弟，携带相反电荷。在宇宙诞生时，“大爆炸”产生了相同数量的物质和反物质。然而，一旦这对孪生兄弟碰面，它们就会“同归于尽”，并最终转换成能量。不知何故，早期宇宙正反物质湮灭反应后，有少量物质幸存下来，形成我们现在生活的宇宙。而其孪生兄弟反物质却几乎消失得无影无踪。为什么大自然不能一碗水端平，平等对待这对孪生兄弟呢？

正如狄拉克在荣获诺贝尔奖时所说的，科学家一直有一个普遍朴素理念，在宇宙中正反物质总量应该相等。但是现实宇宙是由物质构成，所存反物质极少。

用科学术语来说，大自然中存在的物质和反物质总量严重不对称。现在我们无论是用人工制备方法，还是在自然中寻找反物质，目的之一就是解释这种严重的不对称。解决难题的线索终于出现了。1964 年，科学家发现某些过程在非常罕有的情况下，CP 对称性（宇称与电荷共轭联合对称）也会遭到破坏。科学家们惊奇地获悉如果我们的宇宙具有 CP 对称性破缺，则可以解释宇宙中物质与反物质比例的不对称问题。CP 对称性破缺一直是各个大高能实验室研究的重点，1999 年 3 月 1 日，美国费米国家实验室宣布，他们测得的 CP 破坏参数为 $10^{-4}$~$10^{-3}$，与欧洲同仁的一致。这是 CP 研究的重大进展，至少我们可以排除超弱力的存在。这样一来，CP 破坏到底如何产生，谜底至少减少一点不确定性。

至于 CPT 对称性则有深厚的科学基础，与描述基本粒子和基本相互作用的量子场论原理相关。半个多世纪以来，整个粒子物理学理论始终都是以量子场论为基础的。如果 CPT 对称性遭到破坏，这将意味着该理论可能垮掉。新的结果将是建立一个超越粒子物理学标准模型的物理理论的主要线索。幸运的是现有的实验没有发现 CPT 对称性破坏的迹象。

CPT 定理的重要推论之一，是粒子与反粒子的质量和寿命应该完全相等，而它们的电磁性质（如电荷及内部电磁结构）相反。现代实验表明，中性K介子$K^0$与其反粒子的质量在精度 $7 \times 10^{-15}$ 之内是相等的。μ子与其反粒子的质量在精度 0.5%之内是相等的，π介子与其反粒子的寿命在精度（0.0275 ± 0.395）%之内是相等的，K介子与其反粒子的寿命在精度（0.045 ± 0.39）%之内是相等的。现代实验资料以极高精确度证明 CPT 对称性是成立的，说明它们都是对称的。自然界中许许多多对称性就是世界简单性的反映。但是往往有一些对称性在一定条件下发现失去对称情况，这就是对称性破缺。“破缺”就是自然界复杂性的生动写照。

但是，在更精确地测量时，检验正反物质其质量寿命等性质是否完全相同正是 21 世纪物理学面临的重要挑战。最近，在 2010 年希腊雅典召开的中微子研讨会上，费米实验室的MINOS实验组宣布了一个可能表明中微子与其反粒子之间的重要差别的结果。这一令人惊奇的发现，如果被进一步的实验所证实的话，将有助于物理学家探索物质与反物质之间的某些基本差别。MINOS 实验组对粒子加速器产生的中微子束的振荡问题进行了高精度的测量。在离中微子加速器约7.5千米的Soudan矿井中的探测器测量结果表明，μ子反中微子与τ反中微子的($\Delta m^2$)值为$3.35 \times 10^{-3} eV^2$，比中微子的要小40%。2006年费米实验室测量得到上面两种中微子质量本征态之差的平方($\Delta m^2$)为$2.35 \times 10^{-3} eV^2$，这个结果的置信度为90%~95%。这一结果如果能够得到进一步的证实，将对局域相对论的量子场论和标准模型产生重大影响，但为了证实这一差别不是由于统计涨落误差所造成的，还需要更高的置信度。大自然对于正物质和反物质似乎同样眷顾，两者许多性质相同；但似乎又表现出偏好，两者在宇宙中分布的巨大差异和性质上可能的微小差异都说明这种微妙的情况。

LHCb(大型强子对撞机里的一个实验组)实验将寻找物质与反物质之间的差异，帮助解释大自然为何如此偏向。此前的实验已经观察到两者之间的些许不同，但迄今为止的研究发现还不足以解释宇宙中的物质和暗物质为何在数量上呈现出明显的不均衡。

我们应当记住LHC运行以后，2010年3月，CERN(欧洲粒子中心)的物理学家首次实现了7TeV的质子—质子对撞。11月4日再次将铅离子注入对撞机，8日11时20分获得铅离子对撞实验稳定条件，让铅离子以接近光速对撞，成功创造了迷你版的“宇宙大爆炸”，产生了一个温度为太阳核心温度100万倍的火球(10万亿摄氏度)，这意味着产生了夸克—胶子等离子体。根据“宇宙大爆炸”理论，在宇宙大爆炸初期，正是这种夸克—胶子等离子体填满了整个宇宙。这个结果可以用于解释137亿万年前宇宙诞生之初的物质形成过程。当然，从严格意义上来说，LHC没有重现大爆炸，但它确实成功再现了大爆炸发生后极短时间内宇宙小范围的情形。实验将为宇宙的早期演化研究提供新的线索；也为基础理论物理实验研究提供新的途径，包括一些由弦理论提出的观点。

# 第十一章　道始于虚霩，虚霩生宇宙
## ——暴胀宇宙场景

### 月有阴晴圆缺，此事古难全——真空自发破缺

我们现在开始介绍暴胀宇宙论。要明白暴胀宇宙论，首先要弄清楚什么是真空的对称性自发破缺。因为暴胀宇宙论的关键机制是真空的自发破缺。

什么是真空？就其本意，就是空虚、了无一物的地方。所谓形而上学的绝对空无一物的地方，现代科学技术已证明是不存在的。现代的“真空”概念，实际上就是“系统”的能量最低的状态。

在现代理论物理中，人们用一种奇怪的背景场——希格斯场描写宇宙的能量密度。希格斯场是标量场，这意味着，相应的场量子——希格斯粒子的自旋为零。

在微观世界粒子物理中希格斯机制在构建弱电统一模型中起到了关键作用，在固体物理中（如超导）也有重要意义。希格斯机制的作用在于对称性自发破缺。自发对称破缺的概念最早是南部阳一朗（Nambu）在1960年在固体物理的研究中提出来的。“自发对称破缺”（Spontaneous symmetry breaking）这个名字是巴克（M. Barker）和格拉肖在1962年发表于《物理评论》上的一篇文章中定的。

物理学家在近50年来才逐步认识到所有物质场的基本方程，或者说自然界各种物质形态所遵从的基本动力学规律，从根本上来说，都取决于不同的对

称性原理。

对于对称性的自觉、广泛、深入的研究，引起物理学的深刻革命。爱因斯坦的超群绝伦的广义相对论，巴丁、施里弗(J. R. Schrieffer)和库柏(N. Cooper)的精妙奥秘的超导理论，以及现代理论物理的主流之一——杨振宁和米尔斯的非阿贝尔规范场理论等，莫不肇源于某种对称性。

我们已经知道，对称性破坏有两种途径。一种是明显的破缺，比如一个人从鼻梁画一条中轴线，以此线为对称轴，则两边大体是对称的。但是，仔细一瞧就不然了，比如可能左眼稍大一点，就使左右对称产生一点破缺。这是明显的破缺。另一种就是所谓自发破缺(隐藏对称性，hidden symmetry)。

希格斯机制在宇宙学中同样扮演重要角色。希格斯标量场描述宇宙介质，比较铁磁理论，希格斯场的"自能"(自相互作用能)即场的势能，这相当于铁磁质量理论中的自由能。

如果我们用希格斯场描述宇宙的背景，则其势能取最小值的状态，就是真空态。此时，"隐藏的对称性"不是转动对称性，而是所谓U(1)对称性。前者是几何对称性，比较直观。后者是内禀对称性。就没有那么直观了。

U(1)对称性指的是，希格斯场中发生一个相因子变化：

$$\varphi \rightarrow \varphi' = \varphi \exp[\mathrm{i}\theta],$$

其中，$\theta$为普通的数，系统的物理状态不变，则称此系统具有U(1)规范不变性。图11-1(a)中是无破缺的情况，图11-1(b)则是有自发破缺的情况。

就自发破缺的情况而论，有两种可能的真空态(有时可能更多)。这种情况物理学家称作真空简并。由于现实的物理真空只能是一个，因此U(1)对称性必然遭到破缺。这种情况我们叫真空自发破缺。



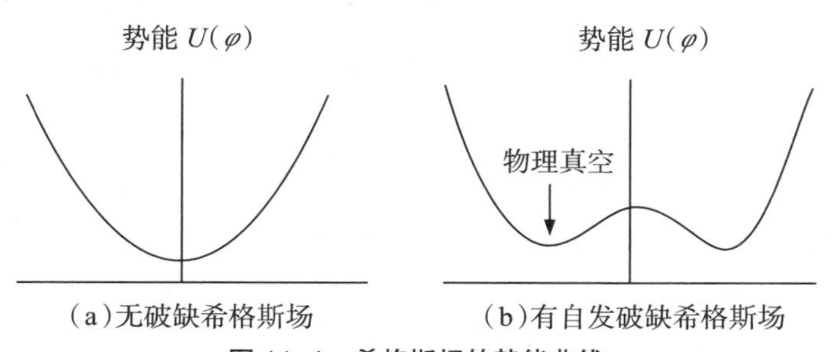


**图 11-1　希格斯场的势能曲线**

我们回忆，对称性自发破缺理论解决了物理学家一直困扰的一个问题。原来，杨振宁、米尔斯在 1954 年提出非阿贝尔规范理论[SU(2)]后，人们想，规范对称性要求规范粒子的静质量严格为零，例如电磁理论中的光子，但是弱相互作用和强相互作用都是短程力($10^{-19}$~$10^{-16}$m)，传递它们的粒子不可能为零，因此不可能用规范理论描述它们。

按照量子论，传递相互作用的粒子（在规范理论中就是规范粒子）的静质量与相互作用的范围成反比

$$m \propto \frac{1}{\Delta r},$$

由于电磁相互作用是长程力，其力程$\Delta r \to \infty$，故 $m=0$。

希格斯等人的工作，使人们得以建立一种规范理论，既保持规范不变性，又能使规范粒子获得静质量。只要引入希格斯场，简并基态（真空）的对称性自发破缺，规范粒子可以靠“吃”希格斯粒子而“自肥”——产生静质量。

在规范理论的框架内，将弱相互作用和电磁相互作用统一起来的想法，是施温格（J. Schwinger）和格拉肖（Glashow）早就有的。但是由于规范粒子的质量问题，他们只得望洋兴叹，畏而却步。

自发破缺机制被提出后，1967—1968 年，温伯格（时在麻省理工学院任教）和萨拉姆（时在伦敦帝国学院任教）各自独立建立起弱电统一模型。这个模型取得极大成功。它预言的弱电规范介子 $W^{\pm}$、$Z^0$（质量 80~100GeV）已经发现。这我们在前面已经谈到过。

顺便说说，自从 1986 年柏德洛兹（J. G. Bednorz）和缪勒（K. A. Muller）发现高临界温度超导体以来，世界范围内的超导热方兴未艾。这种材料是陶瓷。其中有两个系列，一种含稀土元素（如 Y-Ba-Cu-O 钇钡铜氧），另一种不含稀土（如含铋等）。其具体机制尚不明了，但所谓库柏对（Cooper pairs）在其中起的重大作用则可断言。

早在 1950 年，伦敦（F. London）就指出，超导性是宏观量子现象的一个难得范例。巴丁等人的 BCS 理论对于一般超导性提供了令人信服的理论基础。粗糙地说，BCS 理论认为超导体中的传导电子与原子晶格的相互作用（电声相互

作用)使电子之间产生吸引力,当电子能量很小时,这个吸引力会超过正常的库仑排斥力,从而将电子两两束缚为库柏对。库柏对对于超导性的出现起关键作用。

库柏对中两个电子的自旋方向,一"上"一"下"正好相反,所以从整体上其自旋为零,就是说它是玻色子,其电荷等于 2e(e 为电子电荷)。由于束缚力很弱,一个库柏对的有效尺寸约为 $10^{-4}$ 厘米,这个范围覆盖面很大,大约会与一百万个其他库柏对交叠,这个重叠使得各库柏对之间产生一种强的关联,因此,使得在超导体中的电流,就像一个自由量子力学粒子一样,没有电阻。

从规范理论角度来说,库柏对的作用在于引起规范对称性的自发破缺,亦如前面说的希格斯场。可见对称性自发破缺机制,在物理学的各领域中都起着十分独特的作用。在宇宙学中所谓真空自发破缺,其情况如图 11-1 所示。如果我们宇宙的物理真空处于图 11-1(b)所示地方,则此时真空产生自发破缺。因为如果观察者处于图 11-1(b)所示的地方,他会感到希格斯的曲线不对称,但是如果有个客观的观察者,居高临下考察势能曲线,看到的依然是对称的。这就是为什么对称性自发破缺又称为隐藏对称性的原因。

希格斯机制中所预言的希格斯粒子,到底在自然界中存在与否,自然为人们所关注。目前实验物理学家正在紧张地寻找它的踪迹,在 2012 年,欧洲核子中心的科学家宣布发现这种粒子,现已确证该发现。

总而言之,希格斯粒子的存在性问题已基本解决。按一部分人的意见,希格斯机制只是唯象理论,因为,对于严密优美的规范理论来说,自发破缺机制中的任意性还是太多,显得不十分协调。

无论如何,自发破缺理论的提出,给规范理论的发展注入了强大的动力,尤其是对宇宙大爆炸的标准模型的进一步修正与发展,增添了新的活力。



## 火中凤凰,再造青春——暴胀宇宙论

1980 年,居斯提出暴胀宇宙论、这是大爆炸学说的一个重大突破。标准模型暴露出来一些问题:如视界问题,均匀性、平坦性问题,反物质问题以及磁单极子问题，等等。在暴胀论中有的问题得到比较圆满的解决，有的看到了解决的可能性。大爆炸标准模型经过“暴胀”烈火的煅炼，凤凰涅槃再造青春，成为当前宇宙学的代表学说。

在暴胀宇宙论中，宇宙真空、宇宙的基本粒子介质，可用一个等效的希格斯势能描写，如图 11-1 所示。暴胀宇宙论发展很快，我们在此仅介绍两种基本模型。实际上 1983 年夏天，林德又提出混沌暴胀论（the Chaotic Inflationary Theory），1989 年拉（D. La）和斯忒哈德则提出扩充暴胀宇宙论（the Extended Inflationary Cosmology），进一步发展和完善暴胀宇宙论。总而言之，作为大爆炸学说目前最成功的代表，它标志着宇宙学发展的新阶段，在各方面都取得令人瞩目的成果，可以说是令人赞叹的雄浑创世纪的交响乐，令人击节称赏。当然，由此也引发更深层次的问题。宇宙学的发展，物质始源的探索，新的动力有赖于极微世界的捷报!

在大爆炸后 $10^{-43}$~$10^{-34}$ 秒这段时期，暴胀宇宙所揭示的宇宙演化场景与标准模型完全一致。宇宙介质相应的希格斯位势如图 11-2（a）所示。此时宇宙介质处于对称相，真空具有完整的对称性，宇宙的范围跟标准模型一样，以 $\sqrt{t}$（$t$ 为宇宙寿命）的规律膨胀。

到了 $10^{-34}$ 秒左右，宇宙介质温度降到 $10^{28}$K。此时等效希格斯位势如图 11-2（b）所示，呈现 W 形，真空已处于破缺，出现能量相同的两个真空——对称真空和对称破缺的真空。

对称真空处于$\varphi = 0$处，宇宙此时实际上处于这个真空，我们称为物理真空。$\varphi=\sigma$所对应的真空，叫做对称破缺真空。两真空间横亘着势垒，就是说由物理真空过渡到对称破缺真空，要消耗能量克服势垒。

$T\approx 10^{28}$K 时对称自发破缺发生。此时两真空能量相等，这个温度叫做自发破缺相变的临界温度。

随着宇宙的膨胀，宇宙介质的温度继续下降，对称真空的能量渐渐高于对称破缺真空的能量，横亘其间的势垒变得又高又宽。从热力学观点来看，对称真空是亚稳态，而对称破缺真空由于能量较低，处于稳定状态。如果没有势垒隔着，宇宙应自发地过渡到破缺真空。

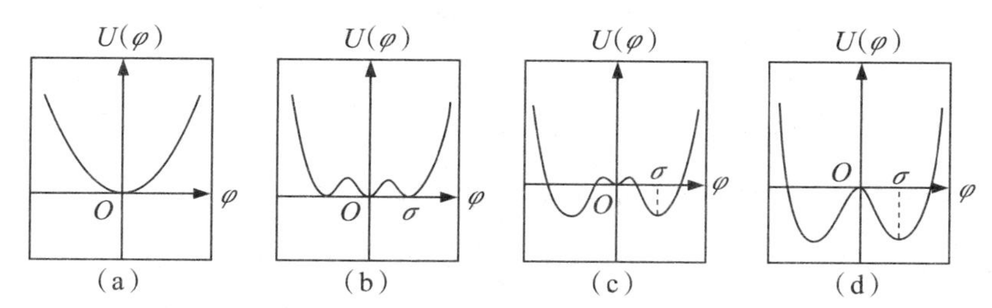


**图 11–2 宇宙介质的希格斯场随温度的演变**

(a) $T \gg Tc$：$\varphi=0$ 是能量最低态，它是对称真空。
(b) $T=Tc$：$\varphi=0$ 的对称真空与 $\varphi=\sigma$ 的对称破缺真空能量相等。
(c) $T \ll Tc$：$\varphi=\sigma$ 是能量最低态，它是对称破缺真空。$\varphi=0$ 的对称真空是亚稳状态。
(d) $T=0$：$\varphi=0$ 的对称真空是不稳态，$\varphi=\sigma$ 的对称破缺真空才是物理的真空。

但是，这种现象并未马上发生。原因在于有势垒，而且从经典力学的观点来看，这种过渡完全不可能。我们设想，一个人掉到三四米深且四壁光滑的井中，即令井外就是比井底更深的凹地，他能跳出来吗？

在量子理论中，或小宇宙中，情况就不同了。由于场的量子起伏，或粒子的波粒二象性，会有一些宇宙介质在局部空间通过所谓隧道效应，穿过能量势垒，过渡到对称性破缺的真空，凝聚为若干破缺相的气泡。只有在开始时，由于势垒又高又宽，隧道效应比较小，微不足道。

这种情况有点像神话小说“封神榜”的一则故事。有一个个儿不高、神通广大的神人，叫土行孙，他会“土遁”，就是能像穿山甲一样，破土穿山。但是如果让他穿过的山峦既高峻又庞大，大概也不是轻而易举的吧。

对称真空的能量密度很高，高达每立方厘米 $10^{100}$ 尔格。能量越高，状态越不稳定，所以对称真空又称假真空（false vacuum）。由于有势垒阻隔，隧道效应引起的对称自发破缺的相变进行得极为缓慢，假真空可以存在一段时间，所以它是一个亚稳定状态。

温度从 $10^{28}$K 下降到 $10^{27}$K，宇宙介质暂处于假真空，能量密度仍然高于 $10^{95}$ 尔格/厘米$^3$，是一个原子核的能量密度的 $10^{59}$ 倍。此时破缺真空的能量已经低于假真空的很多了，出现所谓过冷现象，过冷温度有可能达到 $10^{23}$K。

过冷现象在凝聚态物理中十分普遍。例如，如果快速冷却水，我们可以得到冰点下 20 多摄氏度的过冷水。

这时对称真空与破缺真空之间的势垒已经又低又窄，加上两真空的能量差已经很大，破缺真空能量低，所以是不稳定状态，又称真实真空。隧道效应，或量子起伏现象开始迅速和剧烈地进行。

按哈佛大学的柯勒曼（S. R. Coleman）的说法，此时宇宙介质（希格斯场）借助于隧道效应，随机地穿过势垒到达对称破缺的真空中，集核形成破缺相的“气泡”（bubbles）。相变进行很快，气泡以接近光速的速率急剧膨胀。

由于假真空能量密度较高，在相变——气泡形成时，有大量假真空的能量（潜能）释放出来。相变后处于对称破缺相的“泡”就是在潜能的驱动下逐渐扩大的。

至于尚未相变而处于过冷对称相的背景部分则以指数规律膨胀。这个背景部分我们称为区域。膨胀的机制可作如下定性说明：

由于假真空能量密度较高，真实真空能量密度较低，气泡扩大。这从力学观念来说，就是由于真实真空的压力大于假真空的压力。一般认为，真实真空的压力为零，故假真空有“负压力”。进一步的研究表明，这个负压力值等于能量密度的数值（图 11-3）。

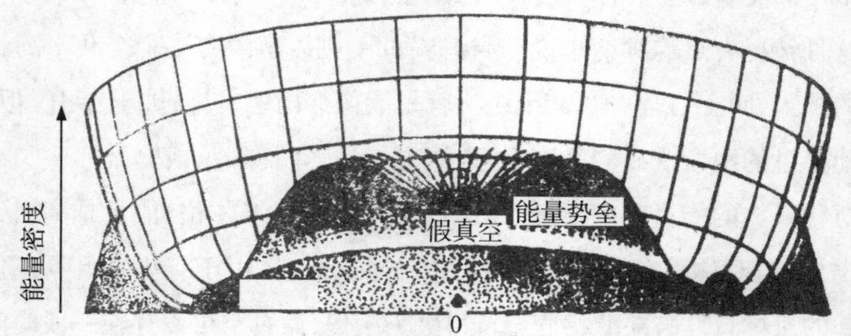


图 11-3　真实真空与假真空的能量密度曲线

区域中气体的膨胀，由于气体介质彼此间具有吸引力而不断延缓。我们记得，在广义相对论中，

吸引力≈能量密度+3 ×压力（负号）。

由于压力对假真空的贡献超过能量密度的贡献（事实上，对于深度过冷的宇宙介质，物质场的能量密度确可稀释到可忽视的程度，而以真空能为主），压

力产生于真空能。因而，对于假真空，非但没有吸引力延缓其膨胀，而且有一个负压力加速其膨胀。

定量来说，此时区域的膨胀规律是，宇宙范围 $R$ 按指数规律膨胀，即

$$R = R_0 \exp[Ht],$$

式中，$R_0$ 为相变时宇宙的范围，$H$ 为哈勃常数，此时

$$H \equiv \sqrt{\frac{8\pi G}{3} U(0)} \approx 10^{-84} (U(0) \text{为真空能}),$$

$G$ 为万有引力常数。此式清楚地显示，如果相变由 $10^{-34}$ 秒开始，$10^{-32}$ 秒结束，则

$$R \approx R_0 \cdot e^{100} \approx 10^{43} \cdot R_0,$$

就是说，区域要扩大 $10^{129}$ 倍，这真是可怕的膨胀！难怪人们称这个阶段为暴胀阶段。

一般人设想，对称破缺的泡最后会充满区域各处，发生合并，泡壁破裂所放出的潜能重新加热宇宙，相变宣告结束。潜能释放，此情势在水凝结为冰时也会看到。此时巨大的潜能使宇宙介质重新加热，几乎又达到相变开始时的温度，即 $10^{27}$K。

实际上，相变过程可能稍长于 $10^{32}$ 秒，因此，区域膨胀至少使其线度增加 $10^{50}$ 倍，这就是暴胀模型得名的由来。宇宙演化的这一个阶段，按术语又称处于德西特( de Sitter )相。

这个时候暴胀停止，区域将继续膨胀，但速率慢下来了，又恢复到以原来的 $R \approx \sqrt{t}$ 的“标准速率”膨胀了。我们观测的宇宙就完全处在这样一个区域内。

从上面的描述看来，暴胀宇宙论的主要特点是，宇宙在 $10^{-34}$ 秒开始有一个暴胀阶段，延续时间不长，不过 $10^{-32}$ 秒或稍长一点，但宇宙的范围却一下子暴胀了 $10^{50}$ 倍以上！而按标准模型，在这一段时间，宇宙的尺度最多只会膨胀 10 倍而已。

还应提及的一点是，我们在此提出一个比“宇宙”这个概念范围更大、外延更广的概念“区域”，实际上意味着我们将讨论的对象，已由“空泛的宇宙”转到“我们观测的宇宙”。这点似乎是无关紧要的“改变”，其实关涉到认识论上的一些重大争论。以后我们还要回到这个问题上来。在图 11-4 中，黑色背景表

示暗能量(宇宙学常数),球状中的斑点表示观察宇宙,图下亮色部分表示希格斯标量场,其中存在假真空,也有真真空。

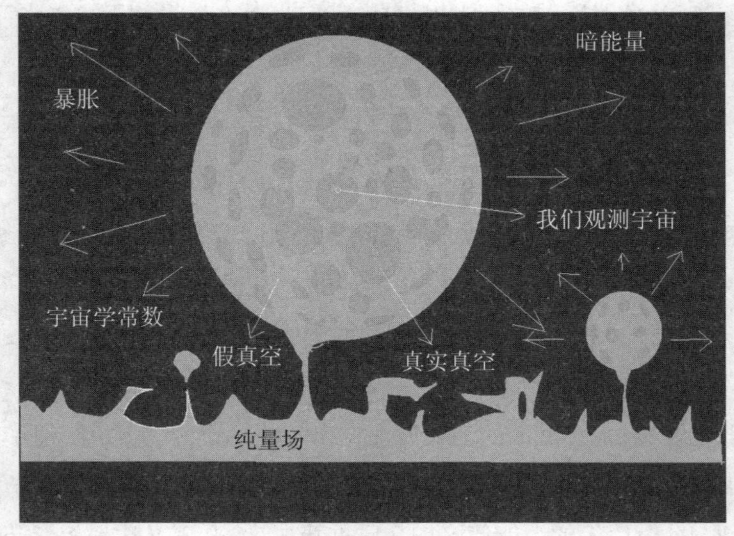


图 11–4　暴胀宇宙示意图

用居斯和斯忒哈特在 1986 年的话来形象地总结暴胀宇宙论的独特地方,就是认为观测宇宙镶嵌在一个大得多的空间区域内,该空间区域在大爆炸后的瞬息之间经历了一个异乎寻常的暴胀阶段。

由于有了“异乎寻常的暴胀阶段”,标准模型原来存在的视界问题和均匀性问题就可迎刃而解了。

标准模型和暴胀论都认为,大爆炸后 $10^{-32}$ 秒,宇宙的尺度约为 10 厘米。由此逆推到 $10^{-35}$~$10^{-34}$ 秒,按标准模型,宇宙的尺寸为 1 厘米,而按暴胀论,则不过 $10^{-49}$ 厘米。我们记得,这个时候,视界半径是 $10^{-24}$ 厘米。就是说,宇宙的尺度远远小于视界。

这样一来,观测宇宙自“诞生”之刻起,其中各个部分都有因果联系。就是说,今日的宇宙自“诞生”起,完全有充分时间使其各部分均一化,达到一个共同温度,处于热平衡状态。

由于暴胀是在一个很小的均匀的范围内开始的,所以不难理解今日的微波背景辐射何以如此各向同性,何以如此均匀。因为,在天空中各个角落传来的背景辐射，它们的“源”原来都拥拥挤挤地聚集在一起，有着极密切的相互作用和相互影响。

这样一来，视界问题或均匀性问题就自然不成其问题了。

对暴胀宇宙论，平坦性问题也一笔勾销。事实上，由于有一个爆炸阶段，不管在暴胀前宇宙的平坦度Ω为多少，它都会很快趋于 1。这一点极易理解。设想有一弹性极好的气球，如果不断迅速、急剧地充气，气球迅速膨胀，其表面会变得越来越平坦，越来越光滑。这就取消了原来对爆炸之初的宇宙Ω必须严格等于 1 的要求。

因此，暴胀论有一个直接推论，或者也可以说一个预言，即今天宇宙的平坦度$\Omega = 1$。我们曾经说过，对于观测值，目前认为

$$0.1 < \Omega < 2,$$

预言值在这个范围之内，就是说，预言与观测并不矛盾。看来，对Ω值作更可靠的测定，将是对暴胀宇宙论的一个严峻考验。

由此可见，对于暴胀宇宙论，平坦性不仅不成为问题，反倒成为支持该理论的重要依据之一。

居斯的暴胀宇宙论(图 11-5)问世伊始，立即以其“迷人的风姿”风靡学界，吸引着人们。然而，即令是绝代佳人，也不免美玉微瑕。人们仔细考究，发现暴胀模型着实缺点不少呢！暴胀宇宙论并不能提供一个现实的宇宙演化理论。

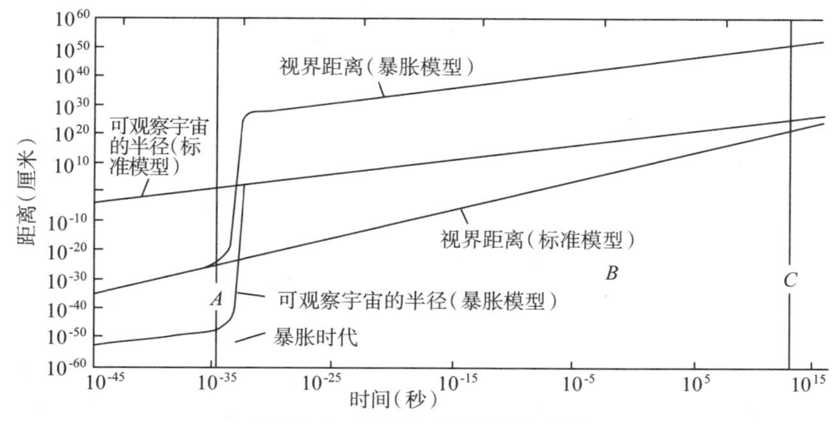


**图 11-5　暴胀宇宙的演化与视界**

首先，暴胀固然可消除原来对于宇宙极早期必须是严格平坦的假设，但却要求今日宇宙必然是严格平坦。目前固然有一部分天文学家相信事情的确如此，但大部分人仍然心存疑虑，并不相信。严格平坦，意味着我们的宇宙是一个平直空间，会永远膨胀，但膨胀率接近于零。因此，平坦性问题并未完全解决。

其次，更严重的问题在相变中。其中有两个问题。其一，正如居斯、温伯格在1983年指出的，背景区域膨胀太快，是以指数律暴胀，而破缺相的气泡膨胀太慢，是以$\bar{R} \approx t^{\frac{1}{2}}$的规律膨胀。因而，这些“泡泡”团，非但不会像人们预计的那样，并合在一起，充满整个区域，反而会越来越稀疏地分散在背景区域。这样，对称破缺的相变何日终结？相变不会终结，上述宇宙的演化岂非痴人说梦，凭空编造么？其二，对称破缺的“汽”仍系杂乱无章地随机集核产生的。气泡都是处于彼此分离的团（Clusters）中，每个团由团中最大的泡所支配。团内所有的能量几乎全部集中在最大的泡的表面上。在泡泡并合时，泡壁会释放巨大的潜能，从而引起宇宙结构的巨大不均匀性。换句话说，出现了更为严重的均匀性问题。

我们本来以为，在探索宇宙起源的漫长征途中，已经看到曙光，谁知迎接我们的，又是一片阴霾和迷雾。真是“路漫漫其修远兮”！

## 踏遍青山人未老，风景这边独好
## ——新暴胀宇宙论一览

鉴于旧暴胀宇宙论的一些严重缺陷，苏联学者林德、美国宾夕法尼亚大学的奥尔布莱希德（A.Albrecht）和斯忒哈特两个研究组，各自独立地提出新暴胀宇宙论。这种理论保持原来模型中所有成功之处，却几乎避免它的所有问题。在攀登探索宇宙之源的险峻山峰中，我们又越过一座峻岭。真是“踏遍青山人未老，风景这边独好”！

新暴胀宇宙论的显著特点是，采用所谓相变慢滚动机制。假真空处于相当平坦的位势顶面上，其周围不存在与真实真空阻隔的势垒。类似的希格斯势能曲线是哈佛大学的柯勒曼和温伯格早在 1973 年就采用过的。大致演化过程如图 11-6 所示。

随着宇宙的膨胀,宇宙介质温度下降,甚至低于相变温度 $T_c$,此时理应发生真空自发破缺。但是,冷却速度大大快于相变速度,跟旧暴胀论的情况一样,宇宙的介质大都过冷到相变温度以下,直到 $10^{21}$K 左右,对称性仍未破缺。

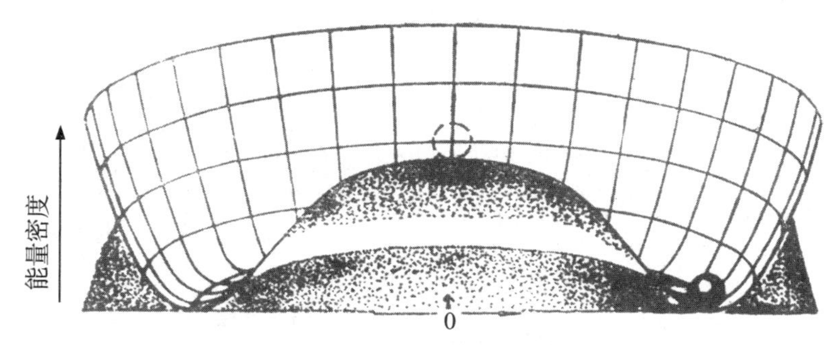


**图 11–6 新暴胀宇宙论的能量密度曲线**

能量密度曲线在希格斯场为零值(假真空)附近是颇为平坦的,所以尽管由于量子起伏和势起伏,介质所处区域会偏离假真空,希格斯场会逐渐增加,开始由对称相向破缺相的真实真空相变,但是相变进行得极为缓慢。

这种情况,就像一个小球处于类似于这种能量密度曲线形状的平缓山坡,自然滚动缓慢。所以人们称这种相变机制叫做缓慢滚动机制。宇宙的早期阶段,能量密度曲线几乎不变,同时,“区域”则不断暴胀,大约每隔 $10^{-34}$ 秒,其尺度就增加一倍。

当希格斯场到达曲线较陡的部分,膨胀会停止暴胀,变成正常膨胀。此时,区域膨胀到暴胀前的 $10^{50}$ 倍以上,尺寸可达 $10^{26}$ 厘米以上。此时我们观测宇宙的尺度不过 10 厘米,只是区域的“沧海之一粟”罢了。暴胀前视界与区域的尺度大体相等,约为 $10^{-24}$ 厘米。这样自然性问题就避免了。

暴胀以后,粒子的密度稀释到几乎为零的程度,所以区域内的能量大体就等于希格斯势能(真空能)。当希格斯场到达曲线凹部,它就会在真实真空值附近迅速振荡起来,形成了希格斯粒子的高密度态。希格斯粒子不稳定,很快衰变为更轻的粒子。于是,区域就变成处于热平衡的基本粒子的热气体。在这个时期，希格斯场释放大量潜能，重新加热宇宙，宇宙的温度大概会重新上升到相变温度的$\frac{1}{10}\sim\frac{1}{2}$。人们称宇宙介质在这个重新加热时期处于振荡相。宇宙温度又达到约 $10^{28}$K。

以后宇宙的演化就跟标准模型描绘的一致。新暴胀模型极早期宇宙演化情况可归纳如表 11-1 所示。

**表 11–1　新暴胀宇宙论的概况一览表**

| 温度 | 时间 | 场论 | 宇宙学 |
|---|---|---|---|
| ∞ | 0 | | |
| $10^{32}$K（$10^{19}$GeV） | $10^{-43}$ 秒（普朗克时间） | 量子引力 | |
| $10^{28}$K（$10^{15}$GeV） | $10^{-35}$ 秒~$10^{-34}$ 秒 | 真实真空$\varphi$=0<br>大统一理论 | $R(t)\approx\sqrt{t}$<br>（标准模型） |
| $10^{21}$K | $10^{-34}$ 秒~$10^{-33}$ 秒 | 慢滚动相（暴胀）<br>加速相（暴胀）振荡相 | $R(t)\approx e^{Ht}$<br>德西特时期<br>$R(t)\approx e^{Ht}$<br>德西特时期<br>重加热时期 |
| $10^{27}$~$10^{28}$K | $10^{-32}$ 秒 | 真实真空$\varphi=0$（对称破缺） | $R(t)\approx\sqrt{t}$<br>标准模型 |

这里叙述的相变过程过于简单化了。实际上，也许存在许多种希格斯场，因此，可能存在许多不同的对称破缺态，正如在晶体中晶轴有许多可能的取向一样。每种对称破缺态由一种取非零值的希格斯场确定。

随机的热起伏和量子起伏使希格斯场随机地达到非零值。“原始宇宙”（注意：不同于我们观测宇宙）的各个“区域”分别进入不同的对称破缺态，或者说，处于不同的真空态中。这就是说，原始宇宙有许多不同的真空状态存在。我们所处的观测宇宙镶嵌在其中一个区域中。

图 11-7 表示暴胀对于宇宙尺度演化的影响，其中纵坐标表示尺度因子的对数，其中标度 1 即为今天宇宙的尺度，横坐标表示宇宙演化的时间。图中的实线画的是暴胀模型的演化曲线，而虚线则代表没有暴胀的标准模型，在图中暴胀从大爆炸后 $10^{-35}$ 秒开始，持续了 $10^{-33}$ 秒。宇宙的尺度的对数增加了 43 倍，即宇宙尺度增加了 $10^{43}$ 倍，大致相当 $e^{100}$ 倍。我们注意到，图中视界的直线

在暴胀以后就处于演化曲线的下方。实际上，暴胀宇宙中温度的演化也有其特点，图 11-8 就是表示暴胀对温度的影响。其中纵坐标表示宇宙的温度，我们可以清楚地看到在相变前的暴胀中，因真空处于过冷态，宇宙气体的温度骤然下降。真空相变完成后，释放出相变潜热，使气体重新加热，其温度重新回到相变前的温度附近。除相变区外，宇宙温度的演化跟经典标准模型相同。

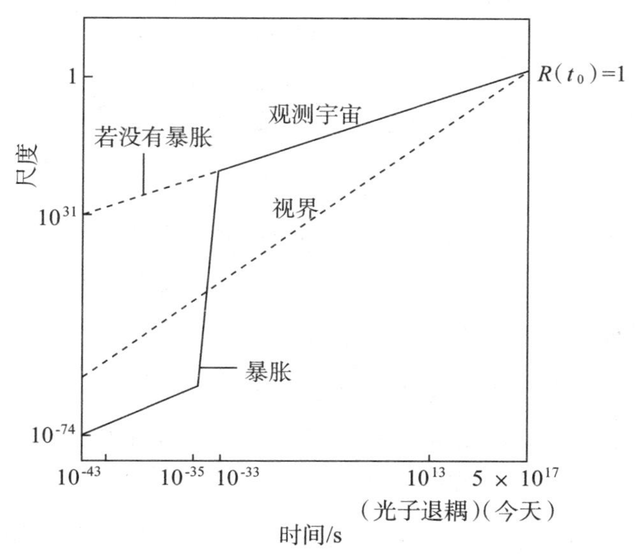


**图 11-7　暴胀对尺度的影响**

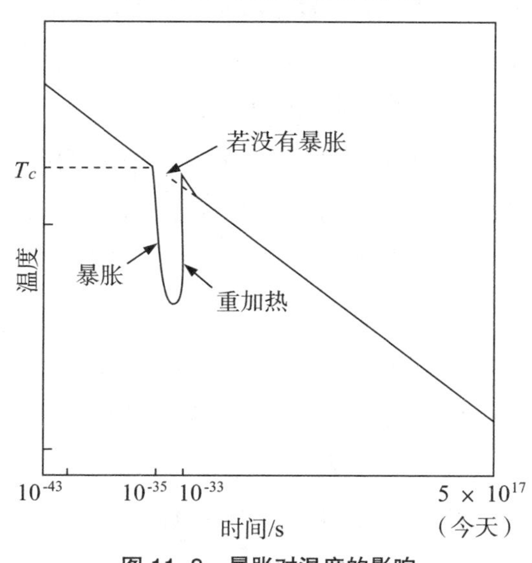


**图 11-8　暴胀对温度的影响**

我们再来分析新暴胀模型有何特点，从而看看它是如何避免原来理论存在的问题的。

第一，旧暴胀论中处于对称破缺的单个气泡，现在代之以“区域”。慢滚动转变的区域，被其他区域所包围，而不是被假真空所包围。区域本身没有变为球形的趋势，故不采用气泡这个术语。每个区域在相变的慢滚动阶段，都在暴胀，原则上都可以形成一个巨大的性质均一的空间，其中装下我们的观察宇宙绰绰有余。

由此可见，原来理论中由于泡膨胀慢而不会并合，因而相变不会终结的矛盾不存在了。视界问题和均匀性问题也避免了。

第二，当温度降到 $10^{21}$K，宇宙介质处于的过冷对称相，从亚稳态变成了不稳定态。相变由这个温度真正开始，自此以后，希格斯场在接近于不变的位势曲线上，慢慢滑行，同时，区域指数般地暴胀。

一句话，暴胀是与相变的进行同时完成的。

第三，宇宙介质进入振荡相后，很快进入$\varphi=\sigma$（某常数值）对称破缺的相，从而使相变完成。与此同时，相变潜热的大量释放，使宇宙重新加热到$T_e\approx10^{28}$K。希格斯场（粒子）辐射（衰变），在宇宙中形成基本粒子的热气体。

一句话，再加热时期使宇宙重新达到使重子数不对称发生的相变温度。

下面我们来看，在新暴胀宇宙中，磁单极子问题、反物质问题和“泡壁”破裂所引起的均匀性问题，是如何得到解决的。

先看反物质问题。在再加热阶段后，宇宙介质的温度接近统一理论（GUT）的相变温度 $T_c$。大统一理论最激动人心，同时也引起争论最多的预言，莫过于重子数不守恒。通俗地说，就是认为像质子一类原来认为是绝对稳定的粒子，其实迟早是要衰变的。

质子衰变的根本原因，大统一理论认为是夸克会衰变为轻子。如下夸克 d 就会衰变为电子和一种大统一理论中特有的超重规范粒子X（$m_x\approx10^{14}$GeV）：

$$d\rightarrow e^-+X,$$

从而使质子衰变为一个正电子加上一个介子，即

$$质子\rightarrow e^++M。$$

这样，即令在大爆炸开始，比如说，正、负物质（正、反粒子）是相等的，此时，超高能碰撞产生的超重X规范介子与其反粒子$\overline{X}$数目相等，如图 11-9（a）所示。在此以后，温度已下降，不能再产生X和$\overline{X}$粒子了。

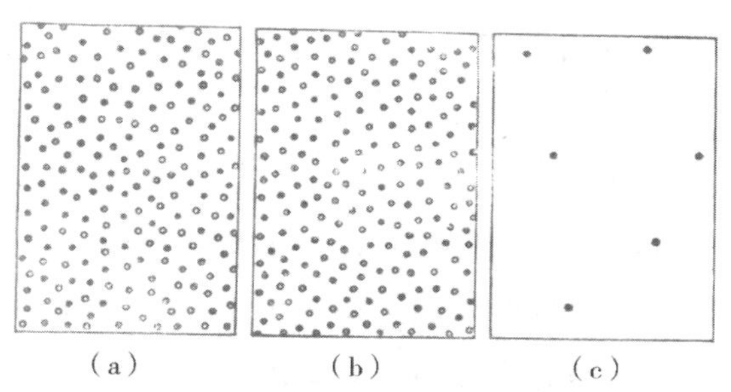


（a）开始时，重子（●）与反重子（○）数目相等
（b）$10^{-32}$～$10^{-4}$秒，重子数略多于反重子$10^{-9}$
（c）$10^{-3}$秒到现在，宇宙余下10亿分之一的重子

**图 11–9　观测宇宙物质与反物质不对称性的产生**

在 $10^{-32}$ 秒，温度重新加热到 $10^{-28}$K。从 $10^{-32}$ 到 $10^{-4}$ 秒，X粒子衰变为质量较小的粒子，从而造成宇宙中物质（重子）略多于反物质（反重子）的所谓不对称性。并且在“原则上”，可以定量给出不对称性约为 $10^{-9}$。

这就是说，在每 10 亿对重子与反重子对中，大概只有一个没有配对“反重子”伙伴的重子剩余出来。

自此以后，这种轻微的不对称性就被永锁在膨胀的宇宙中。但配对的重子和反重子，在宇宙温度降到 $10^{18}$K 左右，将成对湮灭，只有过剩的重子留存下来。我们的宇宙，所有的星系、星系团、星系际物质，乃至于人类的摇篮——地球，我们人类本身，都是由这点点不对称性所产生的。

**图 11–10　安德烈・萨哈洛夫**
**（1921—1989）**

在此需要说明的是，1967 年，苏联的萨哈洛夫（图 11-10）指出，从重子—反重子对称的宇宙，演化为重子数不（守恒）对称的宇宙所需的三个因素是：

(1)存在改变重子数的作用;

(2)电荷共轭C与宇称P的组合CP都不守恒;

(3)存在对热平衡的偏离。

简单的大统一理论,已预言重子数不守恒过程如质子衰变,满足条件(1)不成问题。

至于条件(2),早在1964年,克朗宁(J. W. Cronin)和费奇(V. L. Fitch)在长寿命的K介质子的衰变过程中,发现CP和C不守恒,所以条件(2)是可能满足的。克朗宁由于这个发现,在33年后,即1987年获得诺贝尔物理学奖。

至于条件(3),是X和$\overline{X}$自由衰变所必需的。实际上只要X的衰变速率与宇宙膨胀的速率相等,温度低于$10^{18}$K就可以了。这个条件当然也可以满足。

在暴胀宇宙的框架中,确实给出物质与反物质不对称一个合理、自然的解释。但是要作出定量的描述,得到$10^{-9}$这个数据,目前理论的结果尚不够明确、肯定。斯拉姆(D. N. Schramm)在1983年对这个问题进行过细致分析。无论如何,反物质问题的解决已出现曙光。

有趣的是,大统一的力造成我们这个世界物质与反物质的不对称,创造了我们这个世界。但是,也是它正在驱使我们世界毁灭。

不要忘记,我们这个绚丽多彩的宇宙,都是由原子构成,原子又是由质子、中子和电子构成。大统一理论预言,质子要衰变,必然导致原子解体,使世界化为乌有。

当然,我们在震惊之余,不必恐慌。质子固然不稳定,但寿命看来至少在$10^{31}$年以上。我们宇宙的年龄迄今不到$10^{10}$而已,质子的寿命比宇宙的年龄还要长一万亿亿倍!

我们不禁想起,法国哲人康德1775年在其名著《宇宙发展史概论》中有一段精彩的论述:“这个大自然的火凤凰之所以自焚,就是为了要从它的灰烬中恢复青春得到重生。”

据说,火凤凰是阿拉伯神话中的异鸟,它寿命极长,往往几百岁而不死。它们临终之时,栖居于香木构成的巢之中,自焚而死。然而,死去的神鸟在灰烬中又神奇地复活，使青春得到重生。我们的宇宙，在某种意义上也是一只火凤凰啊！

再来看看，新暴胀模型是如何巧妙地避开磁单极子问题，以及在旧暴胀模型中由“泡泡”壁破裂引起的不均匀问题的。

我们讲过，在新暴胀宇宙论中，“原始宇宙”被划割为许多区域。每个区域都具有特定的真实真空，或者说特殊的对称破缺相。如同在晶体中，一个晶轴有许多可能的取向。可以认为，液体分子的“取向”是转动对称的，但一旦凝结为晶体时，分子便沿着其本身的结晶轴方向作有序排列，转动对称性发生破缺。所谓特定破缺相，相当于此处分子沿一个特定方向排列。宇宙中存在多种希格斯场，当它们取非零值时，便形成不同“取向”的对称破缺相。

图 11-11　暴胀宇宙

我们所处的宇宙，处于其中一个区域的一隅。区域的范围大约比我们观测宇宙大 $10^{25}$ 倍。我们观测的宇宙的尺度，现在约为 $9 \times 10^{10}$ 光年。而我们所在的区域的边缘却远在 $10^{35}$ 光年的地方。不过我们还需记住，我们的视界却跟宇宙尺度大体相等。就是说，在我们所在的区域，除观测宇宙外其他的地方，跟我们没有任何因果关系，其中任何信息，我们永远不会察觉到（图 11-11）。

各个区域之间，由所谓区域壁隔开。每堵壁的内部都是大统一理论的对称相。质子和中子穿过这样一堵壁就会衰变。相邻的区域，由于区域壁有随时间逐渐变直的趋势，可以平滑地进行并合。在约 $10^{35}$ 年以后，较小的区域（也可能包括我们所在的区域）将会消失，大的区域会变得更大（图 11-12）。

这里所说的区域，除了没有球形化的趋势，跟旧暴胀论的“泡”实际上别无二致。在旧暴胀论中，我们观测的宇宙中有许多泡，而新理论中，观测宇宙只不过是一个区域中的微不足道的小角落而已。

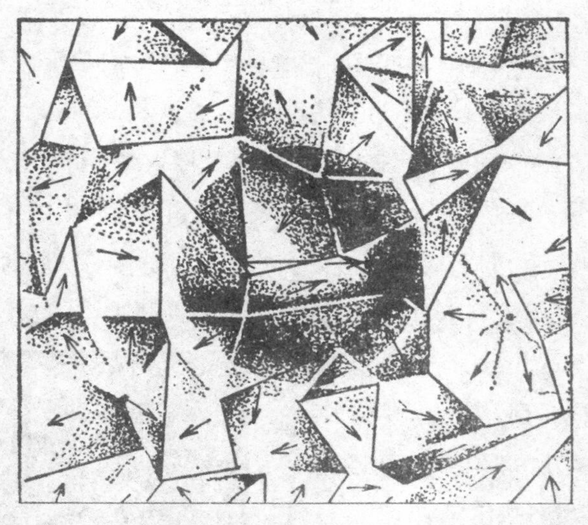

图 11–12　新暴胀宇宙中原始宇宙区域蜂窝状结构

区域壁是原始宇宙结构的面状缺陷，磁单极子则是结构的点状缺陷。在每一个区域的内部，结构是基本均匀的，是没有缺陷的。人们只有在区域交界的地方，偶然发现一个磁单极子（点缺陷），发现物质密度和速率的不连续性。

由于区域是这样广大，而我们观测的宇宙相形之下又是如此渺小，无怪乎我们找不到磁单极子。在我们宇宙中，存在磁单极子的概率只不过是 $10^{-25}$。

既然区域内部是一个无比广阔的均匀空间，我们观测的宇宙怎么会发现在旧理论中"泡泡"壁破裂所造成的各种不均匀性呢？

到目前为止，标准模型中的许多难题：视界问题、平坦性问题、均匀性问题、反物质问题以及磁单极子问题等，在新暴胀宇宙论中似乎都已冰消瓦解，一切都顺利异常，真乃是"春风得意马蹄疾"。

对于大爆炸伊始的种种状况，或者文绉绉地说，对于宇宙演化的初始条件，尽管我们知之甚少，可是使我们十分满意的地方就是，在暴胀宇宙论中，宇宙演化的规律，以及演化到今天宇宙的样子，居然跟这些条件没有什么关系。

当然，遗憾的是，暴胀宇宙论的彩笔给我们描绘的原始宇宙的无与伦比的壮丽结构，不管是多么神奇、多么诱人、多么令人信服，我们似乎永远无法证实。对于在因果关系之外的一切，叫我们怎么理解呢？

我们要问：除了这点小小遗憾之外，宇宙之谜是否大体揭晓了呢？用霍金的话说，“理论物理学是否已达到它的终结呢”？

## 大鹏一日同风起，扶摇直上九万里
## ——哈勃望远镜及其他

我们在回顾宇宙学近年来蓬勃发展的时候，一方面要感谢理论物理学家们坚持不懈地努力，从爱因斯坦、伽莫夫一直到霍金等天才的理论探索；另一方面决不能忘记上述的所有成果都是建立在丰富确凿的实验观察基础上。新世纪前后COBE、WMAP探测卫星，尤其是哈勃天文望远镜给我们提供了大量生动确实的天文观测资料。其总量可以说超过有史以来天文观测资料的许多倍，因而，使得我们的宇宙学发展建立在坚实的实验基础上。

我们首先介绍 COBE 卫星项目及其取得的巨大成果。领导该项目的约翰·马瑟和乔治·斯穆特（图 11-13）因发现了宇宙微波背景辐射的黑体形式和各向异性共同获得 2006 年诺贝尔物理学奖。

图 11-13　约翰·马瑟（左图）和乔治·斯穆特（右图）

1974 年，美国国家航空航天局（NASA）戈达德航天中心的高级天体物理学家约翰·马瑟等建议美国宇航局实施COBE 卫星项目，并领导组成了 1000

多人的庞大研究团队。在这个项目中，马瑟是卫星远红外线绝对光度计的负责人，他在揭示宇宙微波背景辐射的黑体形式的实验中承担主要工作；斯穆特是另一决定性设备的负责人，负责探寻微波背景辐射在不同方向的微小温差。

我们已经知道在宇宙大爆炸后30万~40万年，遗留了一个微波背景辐射作为大爆炸的“余烬”，均匀地分布于宇宙空间。通过测量宇宙中的微波背景辐射，可以“回望”宇宙的“婴儿时代”场景，并了解宇宙中恒星和星系的形成过程。1964年，彭齐斯等人发现微波背景辐射的存在的迹象，并获得诺贝尔物理学奖。但是由于其测量工作一开始都是在地面上展开，进展十分缓慢。严格地说，微波背景辐射的坚实实验证据，一直有待确认。原因是在20世纪开始普朗克预言，所有黑体都会辐射电磁波，并且不同的等效温度都会对应于确定的辐射特性谱。大爆炸理论曾预测，微波背景辐射应该具有黑体辐射特性，而彭齐斯等人只是找到了黑体辐射谱曲线中的几点，因而微波背景辐射一直未能得到地面观测结果的确认。

经过长期的努力之后，1989年11月18日，COBE卫星终于被送入太空。1990年1月，约翰·马瑟(John C. Mather)在一个会议中展示了COBE探测到的黑体辐射光谱曲线，这条曲线最终被证明完全符合黑体辐射特征，它的波长对应于绝对温度2.7度(零下270.46摄氏度)的光谱。马瑟等人的探测结果如图11-14所示。图中横坐标是微波频率，纵坐标是能量密度。观察数据与绝对温度2.7度黑体辐射谱完全吻合。这也是人类第一次用实验验证了黑体辐射的理论曲线。因为黑体辐射在当初提出来时完全是一个理想的理论模型，在我们的现实生活中，找不到一个绝对黑体。这就告诉我们宇宙在大爆炸后30万~40万年对于微波辐射确实是一个理想黑体。

在分析了COBE的数据之后，斯穆特发现了宇宙微波背景辐射的各向异性。1992年，他向世界宣布，他发现了“涟波辐射”：宇宙微波背景辐射温差为十万分之几，这表明宇宙早期存在微波的不均匀性，大爆炸之后的各向异性作用于星系的发展，使人们因此而有可能明白地了解像星系、星体这样的结构是如何从各向均匀的大爆炸中产生的。这是迄今为止大爆炸学说最强有力的证据。斯穆特等人的观察结果如图11-15和图11-16所示。

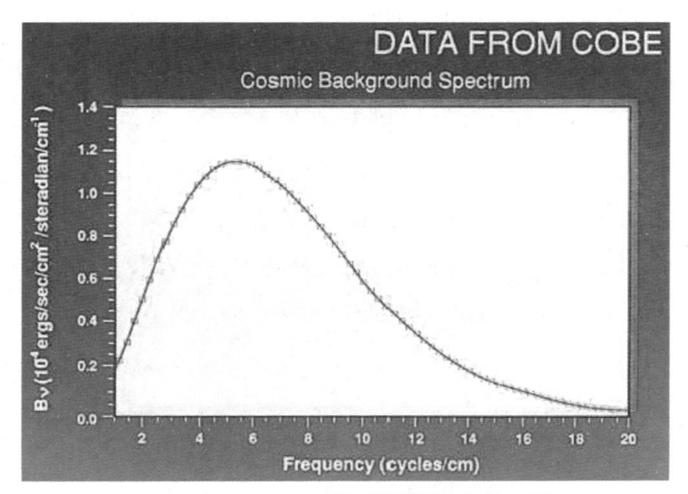


图 11–14　COBE 观测的微波背景辐射谱

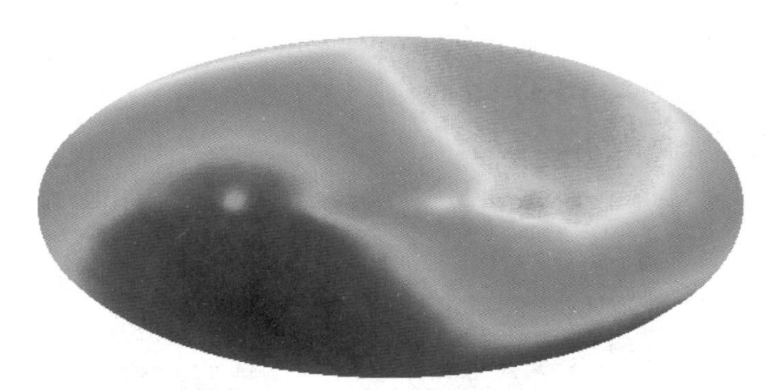

图 11–15　微波背景辐射的各向异性

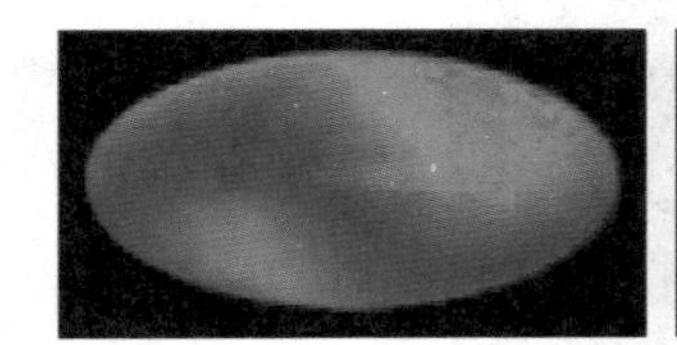
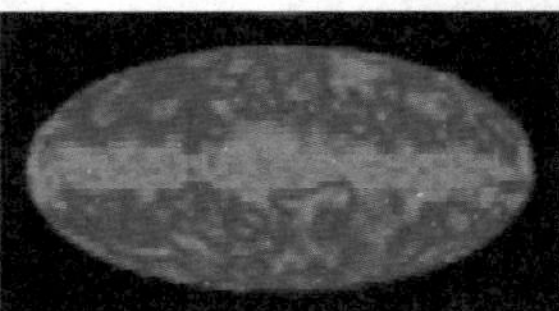
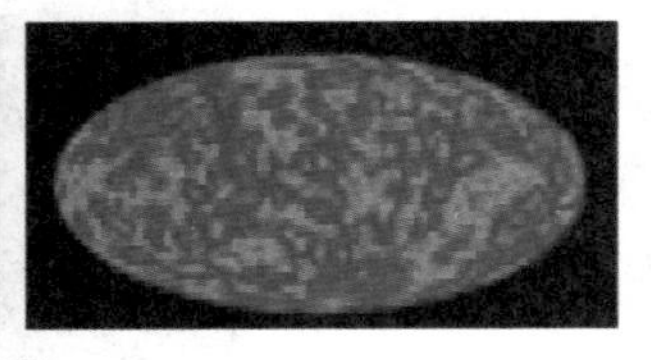

图 11–16　微波背景辐射的涨落

在图 11-15 中，微波背景辐射显示出各向异性，朝向太阳运动的方向与背向的温度分别变化 $10^{-3}$。图中蓝色表示 2.724K，红色表示 2.732K。1964 年人们初次探测到微波背景辐射时，认为辐射是各向同性的，原因是当时探测的精度不够。现在的探测精度大大提高，才有这种幅度很小的各向异性的发现。

所谓微波背景辐射的偶极不对称，来自于太阳运动多普勒效应对背景辐射的影响。由此效应可以测定太阳以 400 km/s 速度向狮子座（Leo）方向运动。图 11-16 显示，扣除微波背景辐射的偶极不对称和银河系尘埃辐射的影响后，微波背景辐射表现出大小为十万分之一的温度变化，这种细微的温度变化表明宇宙早期存在微小的不均匀性，正是这种不均匀性导致了星系的形成。COBE 的这些测量结果使得大爆炸模型再也没有人怀疑了。马瑟和斯穆特等人实现了对微波背景辐射的精确测量，标志着宇宙学进入了"精确研究"时代。著名科学家霍金评论说，"COBE 项目的研究成果堪称 20 世纪最重要的科学成就"。

在 COBE 项目的基础上，耗资 1.45 亿美元的美国"威尔金森微波各向异性探测器"于 2001 年进入太空，对宇宙微波背景辐射进行了更精确的观测。而欧洲"普朗克"卫星不久也发射升空，继续提高研究的精确度。

威尔金森微波各向异性探测器（Wilkinson Microwave Anisotropy Probe，简称 WMAP，图 11-17）是 NASA 的人造卫星，它的目标是找出宇宙微波背景辐射的温度之间的微小差异，以帮助测试有关宇宙产生的各种理论。它是 COBE 的继承者，是中级探索者卫星系列之一。WMAP 以宇宙背景辐射的先驱研究者大卫 · 威尔金森命名。

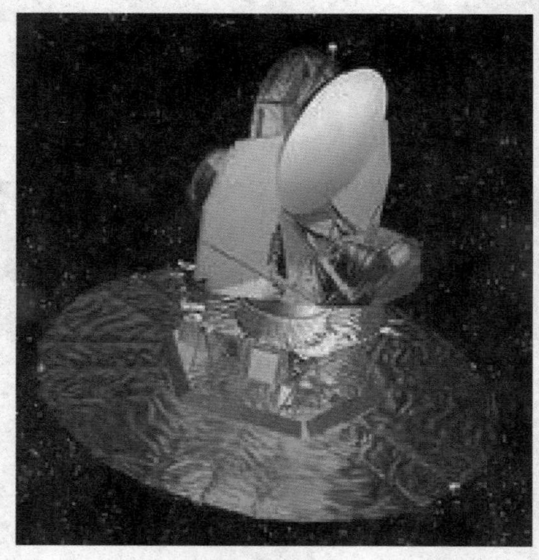

图 11–17　威尔金森微波各向异性探测器

NASA 的 COBE 卫星观测表明微波背景辐射（CMB）是我们可以在自然界测到的最完美的黑体辐射谱，并且第一次给出了 CMB 各向异性的证据。但由于当时技术的限制，COBE 的角分辨率只为 7 度，WMAP 的角分辨率为 13 分，因而 WMAP 将能精确地回答上述许多基本问题。通过精确地测量宽角度范围的 CMB 功率谱，可以确定出各种宇宙模型的基本参数，判断哪些宇宙的模型能更好地描述着我们的宇宙，而通过这些基本参数，我们可以知道许多宇宙学中的基本问题，比如空间的几何、宇宙中的物质组分、大尺度结构的形成和宇宙的电离历史等。

重 840kg 的 WMAP 于 2001 年 6 月 30 日升空，经过三阶段绕地—月系统的飞行后，被弹射到日—地系统的第二拉格朗日点 L2，该点在月球轨道之外，距地球约 150 万千米，其周围区域是引力的鞍点，在这里卫星可以近似保持距地球的距离，需要很少的维护工作，WMAP 的维护工作约一年四次。在与地—月系统绕太阳转动的同时，WMAP 在 L2 轨道上还做着 0.464 转/分的自转和 1 转/时的运动。为了降低系统误差，WMAP 精确测量的是天空上分隔 180 度至 0.25 度的任意两个方向的温度差。为了获得全天的信息，WMAP 采用了复杂的全天扫描方式，做一次完整的全天扫描要六个月的时间。第一次公布的数据（2003 年）包含了两组全天扫描的结果。

图 11-18 中的下图就是 WMAP 观测的微波背景辐射全景图。图 11-18 的上图是 1965 年彭齐斯等人的观测结果，可以看到当时的数据非常零碎，中图是 COBE 的观测结果，但是角分辨率只为 7 度，不够精确。下图中 WMAP 观测的角分辨率为 13 分，就精密多了。WMAP 给出的资料更为完备，更为可靠。实际上，WMAP 共给出五个波段的全天图：W-band（~94GHz），V-band（~61GHz），Q-band（~41GHz），Ka-band（~33GHz）和 K-band（~23GHz）。其选取的目的是为降低前景辐射（如银河系的辐射）对 CMB 的污染，在这些频率上 CMB 各向异性与前景辐射污染的比率最大。其中，K-band 和 Ka-band 不用做 CMB 的分析，因为它们有着最大的前景污染，而且它们所观测的空间的区域具有受限于其他频段测量所带来的不确定性（cosmic variance）。

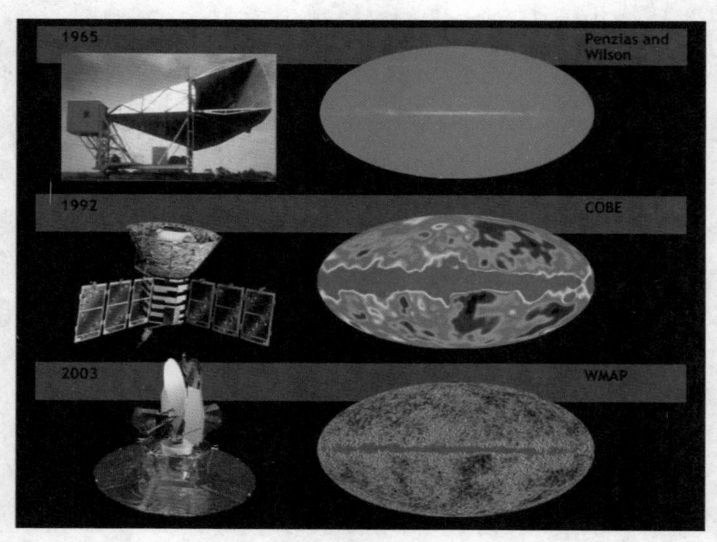


图 11–18　微波背景辐射三次观测结果

分析 WMAP 观测结果，2003 年 7 月 23 日，美国匹兹堡大学斯克兰顿(Scranton)博士领导的一个多国科学家小组宣布发现了暗能量存在的直接证据。同时，他们宣布，观测表明宇宙的年龄是(137 亿 ± 2)亿岁；宇宙的组成为：4%为一般的重子物质；22%为种类未知的暗物质，不辐射也不吸收光线；74%为神秘的暗能量，造成宇宙膨胀的加速。这几年宇宙论观测的资料，虽然在大角度的测量上仍然有无法解释的四极矩异常现象，但对宇宙膨胀的说明已经有更好的改进。哈勃常数为(74.2 ± 3.6)km/(s · Mpc)，数据显示宇宙是平坦的。宇宙微波背景辐射偏极化的结果，提供了宇宙膨胀在理论上倾向简单化的实验论证。

WMAP 研究的结果是大爆炸宇宙学又一次里程碑式的进步，并且还是物质探源漫漫征途中的一次跃进。它表明宇宙大爆炸的演化确实获得了实验验证，而且告诉我们物质探源远远未达到终结，对宇宙中 22%的暗物质和 74%的暗能量，我们不是不甚了解，就是完全陌生。暗能量作为宇宙中所占比例最多的东西反而是人类最迟也是最难了解的，至今仅知道它们存在着，但还不清楚它们的性质。

普朗克空间探测器(图 11-19)是 2009 年 3 月 14 日发射升空的，被放置在位于地球“背影”中的第二拉格朗日点。它是欧洲航天局发射的第一颗用于探测宇宙微波背景辐射的空间探测器。“普朗克”将是第一个携带辐射热测定器

——超灵敏的温度计的微波背景辐射探测器。“普朗克”的灵敏度和角分辨率分别是 WMAP 的 10 倍和 3 倍，这使得它可以间接地测量引力波。为了保证观测的精确，“普朗克”也在极力地“降温”，它可达到的最低工作温度仅比绝对零度高出 0.1 摄氏度。

图 11-19　普朗克（Planck）空间探测器

2009 年 9 月 17 日，欧洲航天局（European Space Agency，简写为 ESA）的普朗克空间探测器获得了早期宇宙的第一批观测数据，高质量的数据令人称奇，为接下来的巡天观测开了个好头。图 11-20 中绿颜色的带子为此次普朗克探测器探测的图像，背景为我们看到的宇宙图景，中心的亮带为银河。有关的观测资料正在紧张地分析中，我们相信普朗克探测器必将为我们带来振奋人心的好消息。

图 11-20　普朗克探测器观测图像

哈勃天文望远镜(Hubble Space Telescope,缩写为HST)于1990年4月24日升空,至今已有20余年,它给我们带来的天文观测资料和宇宙学信息是史无前例的。哈勃天文望远镜(图11-21),是以天文学家埃德温·哈勃(Edwin Powell Hubble)命名,在地球轨道的望远镜。哈勃望远镜接收地面控制中心(美国马里兰州的霍普金斯大学内)的指令并将各种观测数据通过无线电传输回地球。由于它位于地球大气层之上,因此获得了地基望远镜所没有的好处——影像不受大气湍流的扰动、视相度绝佳,且无大气散射造成的背景光,还能观测会被臭氧层吸收的紫外线。

(a)

(b)

图11–21　哈勃天文望远镜的雄姿

哈勃天文望远镜的重要发现很多，我们下面仅介绍与宇宙学有关的12大发现。

天文学家基于哈勃天文望远镜的观测数据研究土星与星系群碰撞时，找到了暗物质存在的有力证据。他们对星系群1E0657-56进行了观测，该星系群也被称为“子弹星系群”。他们发现两组星系在重力拉伸作用下暗物质和正常宇宙物质被分离开了,这项研究首次证实了暗物质的存在,这种无形物质是无法通过望远镜进行探测的(图11-22)。暗物质构成了宇宙的主要质量,并构成了宇宙的底层结构。暗物质能与宇宙正常物质(比如气体和灰尘)发生重力交互作用,促进宇宙正常物质形成恒星和星系。

哈勃天文望远镜观测到的遥远爆炸恒星释放出的光束，将有助于科学家发现暗能量。几年之中,哈勃天文望远镜的观测结果显示,宇宙暗能量在数十亿年里与重力展开着拔河竞争,暗能量起到了重力的反作用力,促进宇宙以更快的速度进行膨胀。

图 11–22　首次证实暗物质的存在

哈勃天文望远镜的观测结果使我们能够通过两种方法精确地计算出宇宙的年龄，第一种方法是依赖测量宇宙膨胀的比率，结果显示宇宙的年龄大概是130 亿年；第二种方法是测量叫做白矮星的年老昏暗恒星所释放出的光线，该方法证实宇宙存在至少 120 亿~130 亿年（图 11-23，图 11-24）。

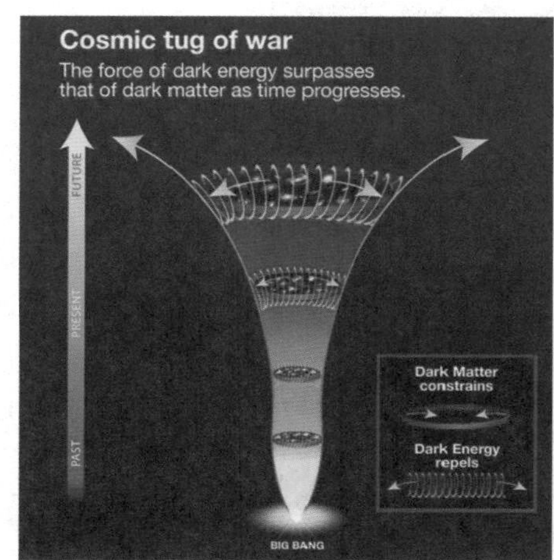


图 11–23　观测到加速宇宙

图 11–24　宇宙的年龄

哈勃天文望远镜对我们太阳系的外围区域进行了勘测,进一步研究冥王星和其他冰冷的天体。它发现了环绕冥王星的两颗新卫星——冥卫二(Nix)和冥卫三(Hydra),这两颗卫星的颜色与冥卫一相同(图 11-25)。这三颗卫星具有相同的颜色,暗示着它们可能同时诞生于数十亿年前某颗星体与冥王星的碰撞中。

图 11-25　探测到冥王星的卫星

类星体(图 11-26)令人难以捉摸并且非常神秘,自从 1963 年发现类星体之后,天文学家就一直致力于探测类星体是如何紧密地结合光线和其他放射

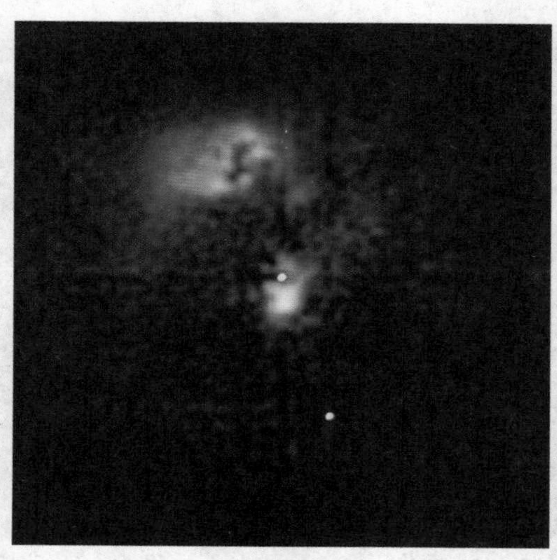

图 11-26　类星体明亮的光线

性物质的。类星体位于宇宙外沿区域，能够产生大量的能量。类星体并不比太阳系大，但是其亮度却与拥有数千亿颗恒星的星系相当。

哈勃天文望远镜拍摄到数十颗彗星碰撞木星的情景（图 11-27），图片显示可观的爆炸发送强烈的蘑菇状热气体火球进入木星上空。此次碰撞木星的彗星群叫做"Shoemaker-Levy 9"，它两年前就被木星分裂成许多小彗星。当小彗星落在木星表面上时，它们在木星行星云中留下了临时性的熏黑斑点。

哈勃天文望远镜提供了星系随着时间的流逝如何形成现今所观测到的巨大星系的证据（图 11-28）。它拍摄到遥远宇宙星系一系列独特的观测照片，就是说，它们离我们有 130 亿光年之遥，许多星系存在仅 7 亿年，这项观测提供了宇宙在可见光、紫外线和近红外线视角下的景象。

图 11–27　彗星碰撞木星

图 11–28　完整的星系形成过程

天文学家使用哈勃天文望远镜拍摄到可见光视角下的第一颗地外行星，并探测到该行星具有大气层（图 11-29）。这颗行星的学名为"北落师门 b"，是环绕明亮的北落师门恒星运行的一颗小行星，距离地球 25 光年，位于南鱼座（Piscis Australis）之中。一个直径为 346 亿千米的巨大残骸圆盘包围着这颗恒星,这颗行星就位于残骸圆盘内部。

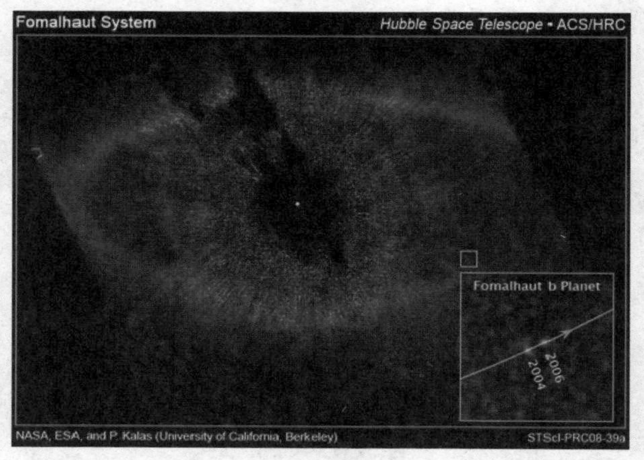


图 11–29 可见光视角下探测到第一颗地外行星

哈勃天文望远镜探测到星系的浓密中心区域，并强有力地证实超大质量黑洞位于星系中心位置。超大质量黑洞紧裹着数百万至数十亿颗太阳的质量(图 11-30)。这里拥有许多重力,使其吞并任何周围物质。这种复杂的“吞并机制”并不能直接观测到,因为光线也难逃重力的束缚。但是哈勃天文望远镜能够直接进行探测，它帮助天文学家通过测量黑洞周边物质旋转速度测量出几个超大质量黑洞的质量。

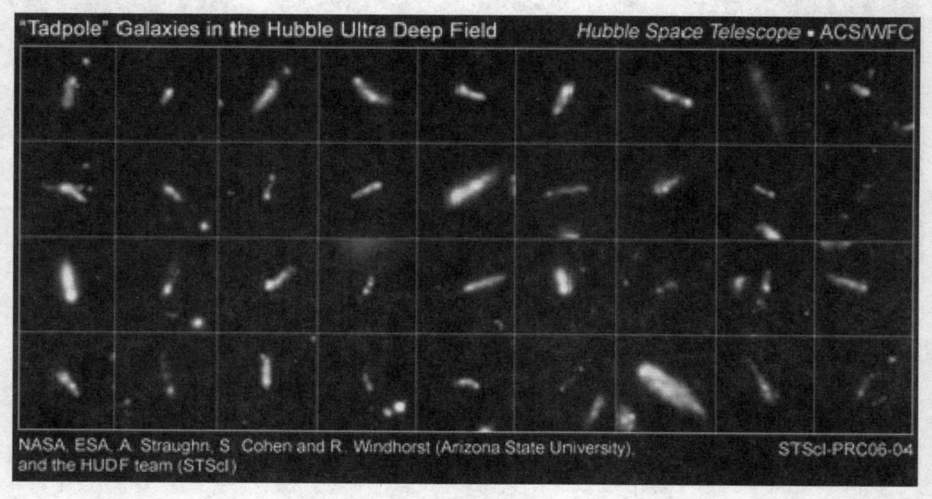


图 11–30 超大质量黑洞“称重”

科学家曾猜测地球大气层臭氧层中存在可燃烧的强大的光线束和其他放射物质，但幸运的是他们的推测是错误的，这种强烈放射性只存在较遥远的宇宙区域。如图 11-31 所示，这种强烈的爆炸称为γ射线爆，它可能是自宇宙大爆炸之后最强烈的爆炸事件。哈勃天文望远镜显示放射物质在遥远星系中短暂的闪光，这里的恒星形成概率非常高，该望远镜的观测结果证实强大的光线束源自超大质量恒星的崩溃。

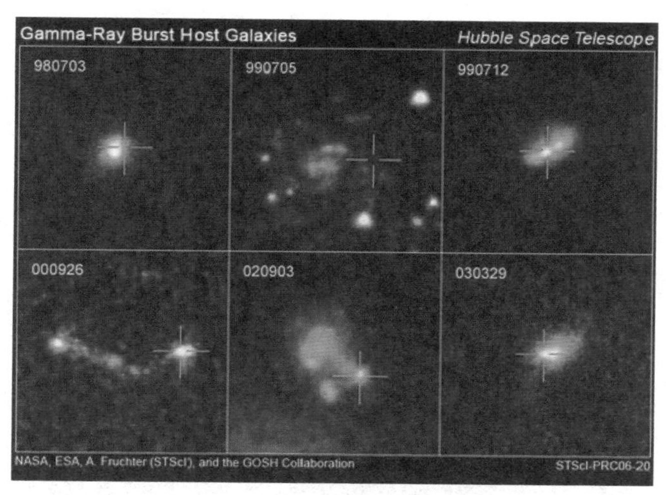


图 11–31　宇宙中最强烈的爆炸

天文学家通过哈勃天文望远镜证明了行星可形成于恒星周围的灰尘盘（图 11-32）。它的观测结果显示之前已探测到一颗行星位于恒星天苑四（Epsilon Er-

图 11–32　行星诞生于恒星灰尘盘

idani）旁，并以地球视角的 30 度进行环绕，同样恒星的灰尘盘也有相同的倾斜角度。虽然天文学家长期推断行星形成于这样的灰尘盘，但这是经观测而证实的研究。

图 11-33 显示，这颗类似太阳的恒星在生命的最后历程中，向太空喷射最外层的气态层，这一气态层开始燃烧，释放出红色、蓝色和绿色，它被称为“行星状星云”。

图 11–33　恒星绚丽的死亡

# 第十二章　风休住，蓬舟吹取三山去

——终曲

## 千秋功罪，谁人曾与评说——暴胀宇宙论评述

宇宙学作为一门学科，远远未达到终结，最多不过锋刃初试罢了。自1964年发现微波背景辐射以来，潮流确实改变了。原来视“宇宙学”鄙不足道的学界人士，现在对它刮目相待了。但是，宇宙学虽然大体做到自圆其说，不作“妄语”，然而，它的许多论点还显得粗糙，许多结论还显得勉强，许多论据还显得理由不充足。

与其说以暴胀宇宙论为主要内容的现代宇宙学解决了许多问题，倒不如说，借助暴胀论，我们得以发现更多问题，学会更恰当地提出问题。航向虽已指明，但坚冰尚未打破。

我们已经看到，新暴胀模型虽然解释了正、反物质不对称的起源，但还难以得到与今日观测相符的定量结果。

1982年末到1983年初，居斯、霍金、斯塔诺宾斯基和巴丁等人，对于相变后的密度扰动谱进行认真分析，发现新、旧暴胀论都有严重问题。

暴胀论确实可以解释观测宇宙的结构在大范围是均匀的。但对小范围宇宙的团块结构，如星系团、星系和恒星等，它却无能为力。我们曾经说过，泽尔多维奇在1972年通过唯象分析，认为要得到观测宇宙目前这种团块结构，要

求一个与尺度无关的物质密度的微小涨落，即相对涨落为

$$\frac{\Delta\rho}{\rho}=10^{-4},$$

式中，$\rho$为宇宙物质的平均密度，$\Delta\rho$为密度的涨落。

在暴胀论中，这种原始的物质密度微扰，在极早期宇宙的德西特相时期产生（暴胀时期），而且导出的扰动谱（涨落规律）对空间尺度的依赖关系是对数型的，亦即与尺度关系不大。这可以算作暴胀论的一个胜利。

遗憾的是，在旧暴胀论中，以 $10^6$ 光年为尺度平均，得到的密度相对涨落是

$$\frac{\Delta\rho}{\rho}\approx 49,$$

在新暴胀论中，以 $10^{10}$ 光年为尺度平均，则为

$$\frac{\Delta\rho}{\rho}\approx 64,$$

即比应有的数值大十万倍左右。这个问题现在以扰动问题著称。

扰动问题是暴胀论中新冒出的问题。

1983—1984 年，古普达（S.Gupta）、奎恩（H.Quinn）和斯忒哈特、特纳对新暴胀论相变的具体机制，采用了柯勒曼—温伯格位势进行认真分析，发现建立一个更合理的慢滑相变机制是可能的。

原来的相变机制，看来更可能导向一个陌生的宇宙，而不是通向我们生活的这个现实宇宙。用术语说，原来的相变机制在动力学上是不稳定的。

古普达等人找到一个兼顾各种要求，同时在动力学上是稳定的希格斯位势。但对位势的参数要求极为苛刻，甚至对十几位有效数字都一一作了具体选择，丝毫不能含糊。这一个结果太富于戏剧性了，但太不自然。

照我们看来，这个结果与其说是新暴胀论的成功，倒不如说是这个理论应该受到严重质疑的地方。这一点，我们称为相变的动力学不稳定问题。

尤其是作为暴胀论的重要组成部分，简单的 SU（5）大统一理论近年来已发生动摇，这几乎要动摇暴胀论的根本了。

简单的大统一理论的最重要的预言是：质子会衰变，但其寿命很长，约为

$$\tau\leqslant 1.4\times 10^{32}\text{年}。$$

1981 年夏天，日本—印度的实验小组宣称，他们发现三起质子衰变的事

例。这件事使人欢喜一场，但由于这些事例均发生在探测器的边缘区，当时人们便半信半疑。

其后，全世界几十个实验小组投入紧张的工作，搜索质子衰变的事例。实验很难做。他们都在地下深处放了一个巨大水箱，最大的实验装置盛满 8000 吨水，周围放了很多探测仪器，最多的有 2048 个光电倍增管，以探测水中质子衰变的产物。

光阴荏苒，几年过去了，一个质子衰变事例也没有检查到。1985 年整理出来的一个数据是，质子的寿命至少大于 $3.3 \times 10^{32}$ 年，与大统一理论的预言相抵触。SU(5)理论看来靠不住了。

还有一种 SO(10)的简单大统一理论预言质子寿命长一点，即

$$\tau > 4.0 \times 10^{32} \text{年},$$

这种理论似乎与上述实验值不矛盾。但直到今日，依然未发现一起质子衰变事例。看来，SO(10)也靠不住。

皮之不存，毛将焉附？无论如何，暴胀论至少还得修改，原封不动是不行了。但其精华所在，暴胀的概念看来应在新的更合理更严密的理论中占据一席之地。我们看到，正是暴胀的概念为早期宇宙的演化提供一个简单优美的图景。因此，问题在于如何为暴胀的概念提供一个简单优美的理论。

一个有希望的研究途径是利用超对称大统一理论建立起超对称宇宙学。在这方面辛勤耕耘的有斯雷里基(M. Sredniki)、金斯巴(P. Ginsparg)、兰诺坡诺斯、塔伐基斯(K. Tamvakis)和奥列弗(K. A. Olive)等。林德等在 1983 年提出超对称暴胀宇宙论，其中以超过对称破缺相变诱发暴胀为主。

超对称性是人们在 20 世纪 70 年代发现的一种新的对称性。超对称变换把玻色子场(自旋为整数)变为费米子场(自旋为半整数)，把费米子场变为玻色子场。在超对称变换下具有不变性的理论叫做超对称性理论。

利用超对称性理论，挽救大统一理论不失为一个出路。超对称性大统一理论预言的质子寿命，比大统一理论预言的要大得多，这与目前实验资料不矛盾。超对称暴胀模型的一个显著优点是无需调节相变机制的参数，很容易得到“慢滚动”相变图景，即暴胀图景。

但超对称或超引力理论不能解决物质密度的扰动问题。尤其是超对称理论本身预言的许多粒子，如引力微子，夸克和轻子的玻色子伙伴，以及光子、中间玻色子和胶子等的费米子伙伴，迄今为止一个也没有发现。它所展示的图景与小宇宙的现实相差太大。因为这一点，尽管超对称理论形式优美，但总给人一个色彩斑斓的瓷花瓶的感觉，恐怕落地就碎呢！

1983 年，林德提出所谓“混沌暴胀”(chaotic inflation)的新模型。他认为，我们的“宇宙是在混沌中产生，混沌中膨胀起来”。这种理论的主要特点是，宇宙的暴胀与具体模型，如SU(5)大统一模型、超对称SU(5)大统一模型完全没有关系。这个理论放弃了高温相变为早期宇宙的暴胀提供动力的观点。

混沌暴胀论认为，原始宇宙遍布许多类型的希格斯场，每类希格斯场的性质取决于其势能的最小值的数值。乾坤初开之际，每类希格斯场都来不及达到其最小值，都不是均一的。因而，宇宙的各个部分，希格斯场都取不同的数值。就是说，希格斯场是完全无序(混沌)分布的。

随着宇宙的膨胀和冷却，希格斯场非常缓慢地下降，直到达到最小值为止。这种情况极其相似于暴胀论中的慢滚动相变机制。当原始宇宙的某一部分中普通物质的能量等于希格斯场的能量(真空能)时，这一部分的指数型暴胀开始，直到希格斯场达到最小值时为止。

显然，如果某一区域的标量(希格斯)场当初离其最小值处越远，暴胀过程就越长，该区域的范围便膨胀得越大，反之则越小。用简单的标量场理论——$\varphi^4$ 理论估算，原始宇宙的体积会膨胀 $e^{1000000}$ 倍！我们观测宇宙只不过僻处其中一个区域的小角度，它只是从普朗克长度约为 $10^{-33}$ 厘米那样大小的一个点膨胀起来的。

当希格斯场下降到最小值时，区域达到真实真空态，希格斯场围绕最小值来回振荡，就好像玻璃珠子在半圆形的碗底来回振荡一样。这种情况，可以当作一个希格斯粒子的高密度状态。

希格斯粒子不稳定，会迅速衰变为更轻的粒子，同时辐射大量热量。当振荡停止时，宇宙(或区域)便充满热基本粒子。自此以后，演化便按照标准模型描述的样子进行。

混沌模型看来比原来的暴胀模型要简单、自然得多。暴胀模型所有吸引人的地方，混沌模型全部继承下来，而且能够避免物质密度涨落困难。按照康（R. Kahn）和布朗登伯格（R. Brandenberger）1984 年的工作，可以得到扰动谱

$$\frac{\Delta\rho}{\rho}\approx 10^{-6}\sim 10^{-4},$$

这个结果相当令人满意。混沌模型尽管还有许多不明确的地方。总的来看，这个模型是颇有生命力的。

20 世纪 90 年代暗物质的发现，为解决扰动谱的问题提供了新的视角。

2007 年 1 月，暗物质分布图终于诞生了。经过 4 年的努力，70 位研究人员绘制出这幅三维的“蓝图”，勾勒出相当于从地球上看，8 个月亮并排所覆盖的天空范围中暗物质的轮廓。他们使出了什么技术化隐形为有形的呢？那可全亏了一项了不起的技术：引力透镜。

更妙的是这张分布图带给我们的信息。首先我们看到，暗物质并不是无所不在，它们只在某些地方聚集成团状，而对另一些地方却不屑一顾。其次，将星系的图片与之重叠，我们看到星系与暗物质的位置基本吻合。有暗物质的地方，就有恒星和星系，没有暗物质的地方，就什么都没有。暗物质似乎相当于一个隐形的、但必不可少的背景，星系（包括银河系）在其中移动。分布图还为我们提供了一次真正的时光旅行的机会……分布图中越远的地方，离我们也越远。不过，背景中恒星所发出的光，不是我们瞬间就能看到的，即使光速（每秒 30 万千米）堪称极致，那也需要一定的时间。因为这段距离得用光年来计算，1 光年相当于 10 万亿千米。

因此，如果你往远处看，比如距离我们 20 亿光年的地方，那你所看到的东西是 20 亿年前的样子，而不是现在的样子。就好像是回到了过去！明白了吗？好，现在回到分布图上，我们看到的是暗物质在 25 亿~75 亿年前的样子。

那么在这个异常遥远的年代，暗物质看上去是什么样子的呢？好像一碗面糊。而离我们越近，暗物质就越是聚集在一起，像一个个的面包丁。这张神奇的分布图显示，暗物质的形态随着时间而发生着变化。更重要的是，这一分布图为我们了解暗物质的现状提供了一条线索。马赛天文物理实验室的让-保罗·克乃伯（Jean-Paul Kneib）参加了这张分布图的绘制工作，他认为，这种“面包丁”的形

状自25亿年以来就没有很大改变。所以,我们看到的也就是暗物质现在的形状。

那我们也在其中吗?把所有的数据综合起来,再加上研究人员的推测,就可以在这锅宇宙浓汤中找到我们自己的历史。是的,是的……你可以把初生的宇宙设想成一个盛汤的大碗,汤里含有暗物质和普通物质……在这个碗里出现了两种相抗的现象:一方面是膨胀,试图把碗撑大;另一方面是引力,促使物质凝聚成块。结果,宇宙中的某些地方没有任何暗物质和可见物质,而它们在另外一些地方却异常密集:暗物质聚集在一起,星系则挂靠在暗物质上,就像挂在钩子上的画。

有的科学家认为,在宇宙进入以物质为主的时代以前,暗物质就是以网络状的形式存在于宇宙之中。普通物质在尔后的成团化趋势就是依附暗物质的网络逐渐形成我们现在的星系。暗物质颇像人体的骨骼一样,构成了今日宇宙之框架。

总之,暗物质的密度涨落应该在宇宙大尺度结构的形成中起主要作用。暗物质只有弱作用和引力作用。由于暗物质与辐射场之间没有耦合,因此暗物质的凝聚可以在辐射与正常物质脱耦前发生,暗物质的密度涨落也不会影响微波背景辐射的各向同性。

科学家推测,宇宙大尺度结构(自上而下)中,冷暗物质(CDM)起主要作用,原因是相应的粒子质量较大、速度较慢;而宇宙小尺度结构(自下而上)中,两种暗物质都起作用。

宇宙开始包含均匀分布的暗物质和正常物质。大爆炸后数千年暗物质开始成团。暗物质确定宇宙中物质的总体分布和大尺度结构。正常物质在引力作用下向高密度区域聚集,形成星系和星系团。如图12-1所示,图中Mpc表示百万秒差距,1秒差距≈3.3光年,HDM表示普通物质,CDM表示暗物质,$\Omega_0$为平坦度。

暗物质的存在是早在40年前科学家就预言了的,因为包括太阳系、银河系在内的许多天体结构在动力学上是不稳定的,除非还有许多我们看不见的物质在其中起到维系稳定的作用。我们已经讲过目前暗物质主要分两大类,即重子型和非重子型。一般认为黑洞、白矮星等等不发光的天体也是暗物质,但是其质量占暗物质总量很少的比例。暗物质的"发现",哈勃天文望远镜等新近发射的观测仪器功不可没，如图 12-2 所示。

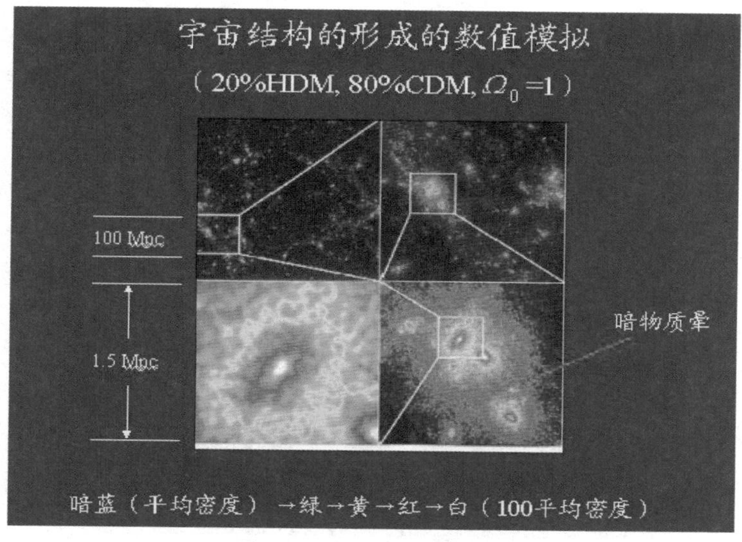


图 12-1 宇宙结构模拟图

图 12-2 哈勃太空望远镜的图片显示的是，天文学家认为可能是在很多年前两个星系簇发生大规模碰撞时形成的“暗物质环”

关于暗物质的分布模拟结果如图 12-3 所示。模拟是根据 COBE 观测的微波背景辐射的微小起伏，正好反映暗物质在宇宙中的不均匀分布。

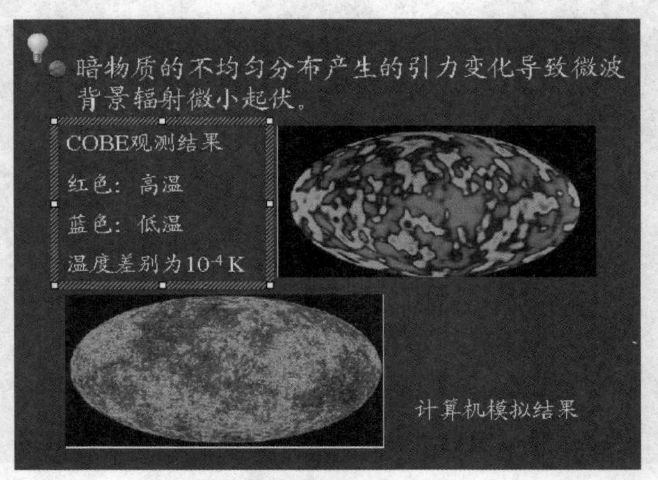


图 12-3 暗物质分布模拟图

现在，我们恐怕不得不谈谈“奇点问题”了。恐怕在所有的问题中，从大爆炸直到暴胀论，人们提出质疑最多的就是这个问题。现代宇宙学的一个基本出发点：我们的宇宙产生于 100 亿~200 亿年前，宇宙年龄 $t$ 为零的那个时刻的一次大爆炸，其时宇宙处于无限高温和无限大能量密度状态。在数学上，这称为奇点。

1970 年，霍金证明，只要广义相对论正确，奇点是不可避免的。不仅宇宙必然始于一个“奇点”——一个能量密度无限大（曲率无穷大）的奇点（原始火球），而且宇宙中所有的恒星的最后归宿也是一个“奇点”，它们都会坍塌为奇怪的黑洞。

很难想象，物质的一个客观存在的状态会是一个奇点。从理论上说，在普朗克时间的宇宙状态，应该用完整的引力量子理论描述。在那个时期，广义相对论自然失效了。因此，霍金定理是否适用，也许值得研究了。

也许“奇点”只不过是物质某种奇异状态的简化和近似地描写罢了。如同温伯格所说：“一种可能是，宇宙从来就没有真正达到无限大密度的状态。宇宙现在的膨胀可能开始于从前一次收缩的末尾，当时的宇宙达到了一个非常高的、但仍然是有限的密度。”

人们沿着这个思路，对宇宙的真实起源进行大胆探索。在这些探索中，奇点问题避免了，但却给人们留下更多的思索。

由 1973 年蒂龙（E. Tryon）首先提出的、1982 年塔夫兹大学的维伦金（A. Vilenkin）根据暴胀论的观点进一步完善的宇宙起源于“虚无”的理论，乍听起来，确实骇人听闻。

暴胀论认为，我们观测的宇宙来自相当普朗克长度的一“点”。维伦金等设想，此时量子理论的一个基本原理——海森堡（W. K. Heisenberg）测不准关系依然有效，从时空结构中的一个量子起伏（或涨落）产生我们的宇宙。

由测不准关系：

$$\Delta E \cdot \Delta t \approx h,$$

式中，$E$ 为能量测不准量，$\Delta t$ 为时间的测不准量，$h$ 为普朗克常数，约为 $1.05 \times 10^{-27}$ 尔格 · 秒，令 $\Delta t$ = 普朗克时间、约 $10^{-45}$ 秒代入，得到其时宇宙的物质总量为 $10^{-4}$ 克。这样一来，当然就无所谓“奇点困难”了。

不过此时的“虚无”，系指没有时间，没有空间和没有物质的状态。现在宇宙的总物质约为 $10^{56}$ 千克。从“虚无”中产生这样多物质，除了少数理论家外，确实无人相信。

但信不信由你，他们确实可以自圆其说。设宇宙的总能量可以分为引力部分与非引力部分。在暴胀时期，区域急剧膨胀，假真空急剧膨胀，宇宙中的非引力能随之产生，并不断增长。一旦相变发生，这部分能量被释放出来，最终演化为热粒子气体、恒星、行星、人类等。

与此同时，我们可以粗略定义引力能，其值为负数，总是精确与非引力能抵消，总能量始终为零。所谓宇宙从“虚无”中诞生，大致是这么一回事。

由于量子引力理论尚未成熟，上述想法并无多大根据，只是一个科学猜测而已，但在这方面进行大胆、审慎探讨无疑是有意义的。近年来，霍金、胡比乐等人都做了一些极有启示意义的工作。

印度科学家纳里卡对大爆炸理论是坚决反对的。其主要原因之一，就是奇点困难。他说：“奇点时刻也就是宇宙的奇点。此时物质和能量守恒定律不再成立,因为宇宙中所有物质(以及辐射)都必须在这一时刻创生。”

奇点困难避免了,代之而起的是“宇宙从绝对虚无中产生”,这个在科学上和哲学上都极难以接受的假设。这一切给我们留下更多的问题。

首先,问题是大爆炸本身,到底是否为“宇宙的开端”?抑或是“在此以前”一系列演化的结果呢?有人说,无所谓“在此以前”,无所谓“此前的空间和时间”。但是有没有“演化的序列”呢?有没有因果关系?如果什么都没有,混混沌沌,迷学蒙蒙,岂非陷入“神创论”的泥坑?或者向“不可知论”挂起白旗?

对于开放型宇宙,大爆炸就是宇宙“真正的开端”了。对此如何理解,如何解释?看来绝非一件轻而易举的小事情,我们必须谨慎。

科学与神学之间并没有一条不可逾越的鸿沟。前车之鉴,发人深省。

1619年,开普勒发表了他发现的太阳系中行星运动的三大规律。他找不到行星何以如此运动的原因,百思不得其解。开普勒只得求助神祇。他幻想是身长双翼的安琪儿在不停地推动行星,使行星在太空中做规则的运动。可怜的小天使,你们的工作是何等辛劳和不苟!

现在我们知道,安琪儿是没有的,主宰这一切的只是万有引力。任何一个理工科大学生都能够轻松自如地从万有引力定律,推导出开普勒三大定律。

科学巨人牛顿面对神秘的宇宙,对于“秩序井然”的太阳系的起源,无法解释,只得诉诸上帝:“我认为这不是靠纯粹的自然原因所能解释的,我不得不把它归之于一个有自由意志的主宰的意图和安排。”

这个“主宰”就是超自然的“神”,就是上帝。晚年的牛顿,沉迷于“约翰启示录”之类宗教信条,绝非偶然。

太阳系的起源之谜,虽然尚未全部揭晓,但它是一系列天体物理过程的必然结果。从康德、拉普拉斯以后,没有一个严肃的天文学家怀疑这一点。

神秘的大爆炸,大概目前已为多数人所承认。我们听到的亿万斯年前这次大爆炸的回声,捕捉到的爆炸后的残骸化石,使我们大多数人都不怀疑曾经有过一场大爆炸。

但是,大爆炸的神秘感并未减少。我们进行的工作已解决了不少问题,但是更多的问题出来了。对于宇宙的认识越深入,未知的事件和事物就越多。

我们还没有“参透”大爆炸的谜底，然而，我们可以肯定的是：

大爆炸学说，是我们观测宇宙“起源”的最佳描述，但决非“宇宙学”的终结。

大爆炸，既是我们观察宇宙演化的起点，也是一系列“演化序列”的必然结果。

没有神明，没有上帝，有的只是大自然本身。我们还需要探索，还需前进！

## 暮云收尽溢清寒，银汉无声转玉盘
## ——大、小宇宙和谐的统一图景

我们已经相当详尽地描述了我们观测的宇宙的“创世记”，多少有些把握地介绍了开天辟地的大爆炸的场面。虽然只不过 $10^{-4}$ 秒，却变化如此纷繁，场面如此宏大，给人留下难以磨灭的印象（图 12-4）。

**图 12-4　宇宙大爆炸之后的演化过程**

我们在考察宇宙极早期历史时，处处领略到整个物质世界，大至浩瀚无际的太空，小到极微世界的粒子，所表现的和谐的统一图景，这一点确实使人惊讶万分！

我们看到，小宇宙中物质世界层次，由分子，而原子，而原子核、原子碎片，而基本粒子，而夸克，而亚夸克……真是“庭院深深深几许，杨柳堆烟，帘幕无重数”，至小无内。

后来我们又看到，大宇宙中物质世界的梯级层次，由行星，而恒星，而星系，而星系团，而超星系团，而观测宇宙。

大爆炸学说受人责难的一点，就是它认为观测宇宙是有限的，其尺度不过100亿~200亿光年，似乎“至大不是无外”。宇宙有限呢！

人们的直觉，一直相信宇宙是无限的。古罗马诗人卢克莱斯在其脍炙人口的名著《物性论》中洋洋洒洒地写道：

在整个宇宙之外没有别物，
所以也没有一个终点，
因此也没有任何开端，
不管你把自己放在什么地方，
放在宇宙的任何地区，都没有关系；
一个人不论站在什么地方，
在他的周围总会有那无限的宇宙向各方伸展……

哲人们更是言简意赅，表达他们对无限宇宙的信念。我们战国时代的大哲学家管子说：“至大无外。”元代邓牧则说：“谓天地之外无复天地，岂通论哉！”西方的康德、拉普拉斯更是系统、详尽地阐述他们关于无限宇宙的观点。

我们不要忘记，意大利科学家布鲁诺正是由于勇敢捍卫“无限宇宙”的观点，才被罗马宗教裁判所判决死刑，于1600年3月17日在罗马的鲜花广场被残忍烧死。

主张“有限宇宙论”者，不乏其人。认为地球是宇宙中心的柏拉图、亚里士多德和托勒密，都主张宇宙是一个有限大小的天球。作为一种人类认识宇宙的假说，我们应该公允地承认，他们的学说并非毫无价值。不幸的是，宗教则利用他们的理论以售其私货，很长一段时间内，有限宇宙论成了神学的奴仆。

从19世纪开始，人们开始从科学观测和实验资料中来研究宇宙，宇宙学逐渐由哲人的禁地转移到科学家的手中。有限宇宙论的拥护者，对无限宇宙论提出两点著名的诘难。

其一，是德国天文学家奥勃斯(H. W. M. Olbers)在1826年提出的光度佯谬（图12-5）。奥勃斯提出，如果宇宙是无限的，天空中的星星必然也是无限多。每个星星都发光(恒星)，容易算出，宇宙间的星光能量密度应为无限大。

图12–5　奥勃斯光度佯谬

这就是说，射到地球上的星光的光强应为无限大。对于我们，无论是白天，还是黑夜，天空都应像太阳一样耀眼。可是黑夜为什么这样黑呢?

奥勃斯本人认为，由于星际介质吸收了星光，所以没有发生这样的事。现在看来，奥勃斯的解释是错误的。星际介质吸收星光后，温度会上升，直到与星光处于热平衡。以后，它们吸收多少星光，就会辐射多少“星光”。

实际上，这个诘难，早在1744年，瑞士天文学家契斯考克斯(J. P. L. de Chescaux)就提出来了。

其二，是德国天文学家西利格(Seeliger)在1894年提出的引力佯谬。他指出，如果宇宙为无限大，则在宇宙空间的任何一个地方，其引力位势都会为无限大。任何物质都应受到一个无限大的引力作用。可是，我们并未观察到这种情况。这是为什么?

或许有人会反驳说，如果宇宙物质的分布是均匀的，则各个方向的物质在某一点处产生的引力会相互抵消。但是，我们知道，观测宇宙并非处处绝对均匀，就不会“抵消完”所有引力。对于无限宇宙，抵消是“无穷大减无穷大”，结果很可能还是无限大呢(图 12-6)!

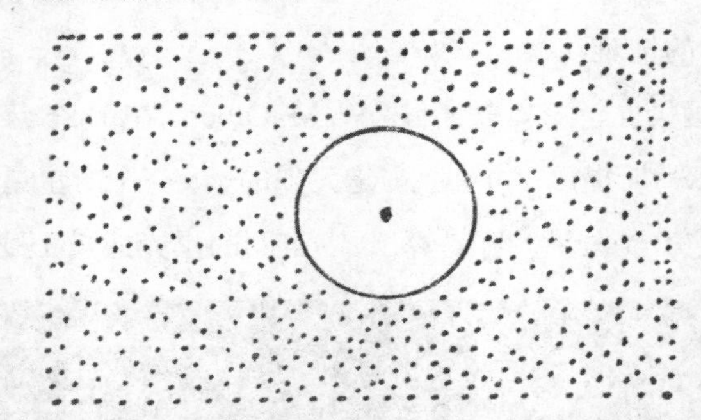

图 12-6　绝对均匀分布的宇宙中，在球形洞穴中没有引力场

1917 年，爱因斯坦的无边有限的宇宙模型的建立，使有限宇宙论与无限宇宙论的争论出现新的局面。尤其是大爆炸学说问世、微波背景辐射发现以后，有限宇宙论的主张，至少在天文学界占了上风。

无论是光度佯谬，还是引力佯谬，都是由于承认宇宙的无限性引起的。这些问题，在一个范围有限的宇宙中自然得到解决。在大爆炸学说中，这两个问题不成为问题。

然而对于有限宇宙论，尤其是在大爆炸瞬间，一个量子起伏，在尺度小于 $10^{-33}$ 厘米的区域产生 $10^{-5}$ 克的物质，以后又暴胀为我们的硕大无朋的宇宙，创生 $10^{51}$ 千克物质的动人故事，固然令人折服，一唱而三叹。但是，整个宇宙在时间上有一个起点，在空间上局限一定范围，毕竟使人难以置信。

暴胀宇宙论中存在多个宇宙的新观点，似乎使有限宇宙论与无限宇宙论的争论有了“和解”的可能。它们都有道理，都有不足，关键在于哲学和逻辑上的同一律。

就我们观测宇宙，与我们有因果联系的范围，确实是有限的。无论时间、空间都有限。但就宇宙的本来意义来说，或者如暴胀中的原始宇宙（整个宇宙）来说，是无限的。从我们认识的水平看，原始宇宙就是本意上的宇宙了，观测宇宙与原始宇宙是完全不同的两码事。

原始宇宙由许多区域组成。各个区域之间彼此相连，同时又被所谓区域壁所隔开。各个区域中，具有不同类型的希格斯场。或者说，希格斯场取不同的最小值，因而相应的物理规律完全不同。

我们观察宇宙所在的区域，现在的范围可能有 $10^{35}$ 光年之遥，比观测宇宙的尺度大 $10^{25}$ 倍。相形之下，我们的宇宙在区域中的地位，还不过沧海一粟吧。

幸运的是，在我们所在的区域中，相互作用恰好分裂为强相互作用力、电磁相互作用力、弱相互作用力和万有引力。这一点决定我们的宇宙的演化进程、星系的形成等等，同时也导致生命的出现和繁衍，直到人类本身。

在其他区域，物理规律就全然不同了，我们这种类型的生命是不会存在的。与我们同一区域，但观测宇宙之外的地方，物理规律是相同的，但我们不可能与之取得任何联系。这些地方在我们的视界之外。

"整个"宇宙的无限性依然是"神圣不可侵犯"。正如恩格斯所说："时间上的永恒性，空间上的无限性，本来就是，不论向前或向后，向上或向下，向左或向右。"如果不拘泥于"前、后、上、下"的具体的狭义物理含义，这段话依然熠熠生辉，闪烁着真知灼见的光辉。

我这样说，不知争论的双方会不会满意？读者们满不满意？

这样一来，确实又恢复"至大无外"的梯极宇宙的序列……观测宇宙，区域，原始宇宙……真是"天外有天，何处是尽头"？

存在多个宇宙，即所谓平行宇宙论，一直使人产生无尽的遐想。至少在数学上是可以构建这样的理论，例如：在超弦论中便允许平行宇宙的存在。

平行宇宙论（Parallel universes），或者叫多重宇宙论（Multiverse），指的是一种在物理学里尚未被证实的理论，根据这种理论，在我们的宇宙之外，很可能还存在着其他的宇宙，而这些宇宙是宇宙的可能状态的一种反映，这些宇宙的基本物理常数可能和我们所认知的宇宙相同，也可能不同。平行宇宙这个名词是由美国哲学家与心理学家威廉·詹姆士在 1895 年所发明的。

平行宇宙经常被用以说明：一个事件不同的过程或一个不同的决定的后续发展是存在于不同的平行宇宙中的，这个理论也常被用于解释其他的一些诡论，像关于时间旅行的一些诡论，像"一颗球落入时光隧道，回到了过去撞上了自己因而使得自己无法进入时光隧道"。解决此诡论，除了假设时间旅行是不可能的以外，另外也可以以平行宇宙作解释。根据平行宇宙理论的解释：这颗球撞上自己和没有撞上自己是两个不同的平行宇宙。在近代这个理论已经激起了大量科学、哲学和神学的问题，而科幻小说亦喜欢将平行宇宙的概念用于其中。例如量子宇宙就是平行宇宙论的现在版本。但是由于平行宇宙目前基本上属于思辨性的产物，我们不予深究。一般来说，一个多维的宇宙论都允许此类模型的存在。

我们观测的宇宙如果存在额外的维度，原则上是允许有所谓时光隧道现象。例如，在图 12-7 中地球与远在 32 万亿公里的α-半人马座的星际旅行，如果采用通常的飞船，即使以光速运行（这是不可能的）也需要许多万年。但是如果宇宙的拓扑结构有额外的维度，在宇宙的任意两个地方存在所谓虫洞的话，则完全可以通过虫洞穿梭，大大缩短旅行时间。

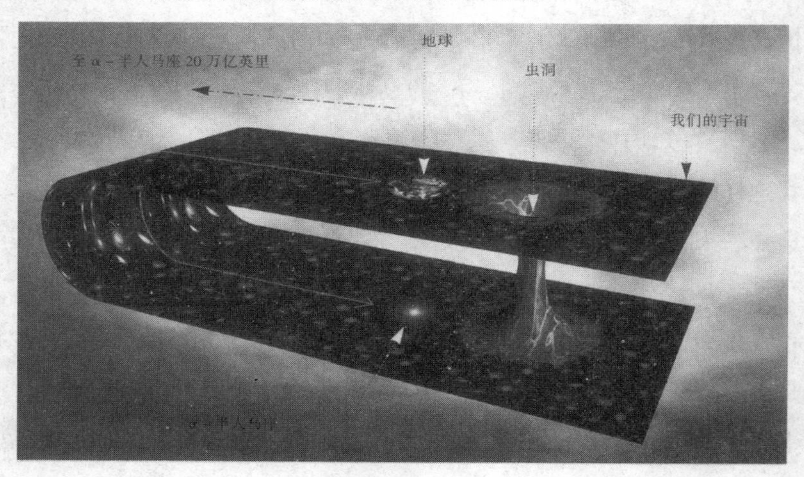


图 12–7 虫洞

2011 年 9 月 23 日，欧洲核子研究中心（图 12-8）科学家宣布，他们发现中微子可能以快于光速的速度飞行。此次研究的中微子束源自位于日内瓦的欧洲核子研究中心，接收方则是意大利罗马附近的意大利国立核物理研究所。粒子束的发射方和接收方之间有着 730 千米的距离，研究者让粒子束以近光速运行，并通过其最后运行的时间和距离来判断中微子的速度。中微子束在两地之间的地下管道中穿梭，科研人员在让中微子进行近光速运动时，其到达时间比预计的早了 60 纳秒（1 纳秒等于十亿分之一秒）。对此，研究者认为，这可能意味着这些中微子是以比光速快 60 纳秒的速度运行。这一发现轰动世界。一旦这一发现被验证为真，有可能颠覆支撑现代物理学的爱因斯坦相对论。

图 12-8 欧洲核子研究中心外景

科学界的反应议论纷纷。大部分人认为有关实验还需认真复核。他们指出 2007 年欧洲核子中心也进行过类似实验，但是与相对论完全吻合。换言之，他们实质上不相信实验结果。我们姑且认为实验的结果是可信的，也未必颠覆爱因斯坦相对论。实际上，还有一种可能，就是真实物理空间不是四维，而是还存在额外的维度。此时，中微子完全可以通过额外的维度"抄近路"，超弦论等都预言有额外维度的存在，为什么我们不能把它看做是额外维度的证明呢？大体而论，我们的观点就是这个实验的结果值得怀疑，即令复核无误，我们宁肯相信有空间额外维度的存在，而爱因斯坦狭义相对论错误的可能性最小。毕竟相对论经过 100 年反复的实验证明是正确的。

在这样一个"至大无外，至小无内"的物理世界——大宇宙与小宇宙中，我们看到了统一和谐的交响乐，首先是结构上的统一，其次是规律的统一。自发破缺机制，原来是在粒子物理中，为了使规范粒子获得质量的一种机制。我们怎么不会想到，暴胀宇宙的关系关键的"暴胀"全靠所谓希格斯机制。

实际上，现代宇宙学的演化基础，就是基本粒子相互作用的理论，即量子场论。

超新星是一种罕见的天体物理现象。我们已经介绍过，当恒星演化到晚期时，其中心的核能用尽以后，没有力量维持恒星的平衡，结果发生大坍塌。坍塌以后，形成致密的中子星。恒星在坍塌时放出大量引力能，其中一部分变成光辐射，引起恒星的外壳向外爆发。

这种观点早在1934年,就由巴德和兹维基在《超新星与宇宙线》一文中提出来了。经过50余年的完善和发展,看来已成定论。其中主要运用的是原子核和粒子物理的规律和知识。

超新星爆发是极为罕见的现象,百年难遇一次。所以巴德等人的理论并未经受直接的实验检验。1987年2月24日,加拿大的几位天文学家发现,在南半球的天空中,大麦哲伦星云中的一颗暗星,突然亮度增强,变为一颗四等星,一颗超新星爆发了。这是1604年观察到开普勒超新星爆发以后,第一颗可以用肉眼观察的超新星。

这颗超新星被命名为SN1987a,离我们约15万光年。根据观测到的来自这颗超新星的中微子平均能量来看,约为4MeV,相应的温度为100万度以上。

日本神冈观测站(Kamioko)、美国IMB实验小组(美国Irvine大学、Michigan大学和Brookaven国立实验室联合观测组)同时观测到来自SN1987a的中微子。神冈小组在11秒钟内观测到11个中微子,IMB小组则在6秒内观测到8个。观测到的是电子型反中微子$\bar{\nu}_e$。

欧洲勃朗峰观测站宣称,他们在神冈之前四五个小时发现SN1987a的爆发,而且尔后又宣布他们的许多分析、议论,曾轰动一时。十分遗憾的是,在历次国际学术会议上,学者们仔细推敲,发现这些观测结果被认为靠不住,大家认为神冈的结果甚为可信。

这些观测站的接收器颇为庞大。接收器的工作物质主要是水。神冈的接收器中盛水2140吨,在水箱周围布满上千个光电倍增管,用以记录高能电子在水中引起的一种特殊辐射,即所谓契连科夫辐射。

按照超新星形成的引力坍塌理论,如果质量与体积均与太阳相当,星体核若坍塌到10公里大小时,要释放$10^{48}$焦耳的引力能。其中大约只有1%以光能和爆发动能的形式释放出来,而99%的能量则为辐射的高能中微子所携带。

引力坍塌过程中,星体会大量辐射中微子。一个来源是质子转变为中子时,大量放出电子型反中微子$\bar{\nu}_e$:

$$p + e^- \rightarrow n + \bar{\nu}_e,$$

在此过程中,星体核演化为中子星。

辐射中微子的另一个来源是，坍塌到后来，星体核心质量密度极大，达到 $10^{11}$ 克/厘米 $^3$。中微子与电子会发生反应，许多过程会产生中微子对，如

$$e^+ + e^- \rightleftharpoons \begin{cases} \nu_e + \bar{\nu}_e, \\ \nu_\mu + \bar{\nu}_\mu, \\ \nu_\tau + \bar{\nu}_\tau。 \end{cases}$$

在这些反应中，会有大量高能中微子发射出来。理论推算，相当温度为100 亿~1000 亿度！令人惊异的是，这与神冈的观测完全吻合。

美国普林斯顿的巴柯尔（J. N. Bahcall）、格拉肖，我国的陆埮和方励之等人，对神冈、IMB 等人的观测资料进行了详尽的分析，从中提取丰富的信息。例如陆埮小组在 1988 年的“天文学与空间科学”杂志上撰文宣称，他们根据神冈的资料推算出中微子 $\bar{\nu}_e$ 的静止质量为 3~4eV，很可能就是 3.6eV。他们得到 SN1987a 的光度变化谱，并由此断言，这颗超新星的星体核质量约为太阳质量的 12~25 倍。

人类观察到这 19 个中微子，意义非同凡响。这证实超新星理论完全正确，也雄辩地证明，大、小宇宙，天上人间，遵循同一自然法则。

大宇宙与小宇宙的统一性还表现在运动的统一，或者说相互作用的统一。我们看到，极早期宇宙与粒子物理确实结下难解之缘，这绝非偶然。现代宇宙学告诉我们，越趋近大爆炸瞬间，宇宙介质的有效温度越高，相应的能量也越高。现代粒子物理学告诉我们，进入到更深的物质层次，意味着研究的空间范围（$\Delta l$）越窄，由测不准关系

$$\Delta p \cdot \Delta l \approx h$$

可知，这表明需要更高的能量。一句话，对于大宇宙，“越早”相应的能量越高，对于小宇宙，“越小”相应的能量越高。

十分清楚，在宇宙年龄 $10^2$~$10^{12}$ 秒，相当于原子核理论的规律起主要作用的时期。我们从大爆炸的基本假设出发，根据贝特等的原子核理论，比较准确地预言宇宙中氢等轻元素的丰度，是十分顺理成章的事。

从 $10^{-5}$ 秒到 $10^2$ 秒这一段时期，是传统的粒子物理理论起支配作用的时期。

在 $10^{-5}$ 秒附近，夸克禁闭失效，自由夸克到处都是。回溯到 $10^{-9}$ 秒，弱、电

两作用已统一为一种力，叫弱电力。此后，早期宇宙或小于 $10^{-15}$ 厘米的小宇宙的运动规律应由弱电模型描述。此时相应的能量已在目前人类加速器所达到的能量之上了。

继续回溯，从 $10^{-9}$ 秒到 $10^{-35}$ 秒，相应的能量从 $10^{3}$GeV 到 $10^{19}$GeV。这样高的能量，人类在实验室无法达到。$10^{-35}$ 秒，弱、强、电磁三种力已并合为一种大统一力了。目前我们对这个能域的物理现象几乎毫无所知，所以物理学家称它为大沙漠。

从 $10^{-43}$ 秒到 $10^{-35}$ 秒，这是大统一理论起作用的时间。$10^{-43}$ 秒以前，则是量子引力，或超引力时代。对于这段时间的大宇宙，或对于相应的 $10^{-33}$~$10^{-28}$ 厘米，或小于 $10^{-33}$ 厘米的小宇宙，应该说，我们几乎什么都不知道。至多只凭猜测，隐隐约约捉摸出一点十分不可靠的信息。

原来大宇宙的甚早期研究，与小宇宙的“不解缘”“难了情”是这样结下的。支配它们的完全是相同的理论和相同的研究手段。因此，在大、小宇宙的研究中，相互促进、相互渗透就是意料中的事。

一般说来，人类在探索大、小宇宙的奥秘中，往往是小宇宙的理论，无法或难于实验室检验，只得求助于“太空实验室”，求助于大宇宙赐予我们的无与伦比的极端实验条件：超高温、超高压、超高密度、超强磁场等等；而在大宇宙的研究中，又往往乞灵于小宇宙研究中精妙无比的理论和模型。在本书中，两方面的例子都很多。

我们谈谈中微子的“代”数问题。这实际上是问小宇宙中，基本粒子的种类有多少这个基本问题。因为我们在前面已经讲过，现在公认的基本粒子是夸克和轻子，轻子和夸克呈现“代结构”。因而，有多少代中微子，就有多少代轻子和夸克。每一代，如果连同反粒子，加上夸克的颜色，意味着有 8 种基本粒子。

现在人们一般认为，有三代中微子 $\nu_e$、$\nu_\mu$、$\nu_\tau$。人们自然会想，天知道这个“幽灵家庭”有多少“兄弟”呀！如果发现更多的中微子，基本粒子就得成 8 倍的增加。

1974 年，普林斯顿大学的格罗斯（D. J. Gross）等人利用量子色动力学的重正化群的方法证明，“代”数不会超过 16，否则在实验室测查到的，在高能下（或很短距离内）夸克的渐近自由现象就不会出现了。所谓渐近自由就是，两夸克如相距很近，约 $10^{-13}$ 厘米处，它们之间的相互作用几乎消失了，夸克跟自由粒子差不多了。

16 种！这意味有 96 种基本粒子。这么多基本粒子，还能算“基本”吗？

1978 年，斯拉姆在国际中微子物理学讨论会上宣称，如果氦 $He^4$ 的原始丰度为 0.25，由大爆炸模型，可以推断出中微子的“代”数至多为 4。在第七章中，我们已从最近的实验推断出中微子与夸克都只能有三代。

轴子（Axion）是温伯格和维泽克（F. Wiczek）在 1978 年为了解释在量子色动力学中的一部分守恒规律而预言的一种粒子。这种粒子质量很小，自旋为零。它是在 U（1）对称性自发破缺时所出现的一种玻色粒子，其质量得自于所谓瞬子的相互作用。估计这种粒子的质量在 10keV 与 1MeV 之间。人们认为轴子可能是弱相互作用粒子的最可能的候选者之一。

维勃斯基（M. I. Vysotsky）等分析太阳的发光资料得出，其质量应大于 25keV。轴子的存在，目前持否定者居多数。

在大宇宙的研究中，许多难以理解的新现象，科学家往往能在小宇宙的理论武器库中寻找攻坚破城的武器。

1972 年以来，人们在天际多次观察到神秘的γ射线爆发。爆发持续的时间很短，但辐射的γ射线的总能量却异常巨大，表明发射源是体积很小的天体，其来历迄今为止还是个谜。

近来发射的多颗天文卫星（HEAO）主要就是从事γ射线波段和X射线波段的观测。1979 年 3 月 5 日，一组国际性太阳系不同位置上运行的人造卫星，探测到大麦哲伦星云中发生的一次特大γ射线爆发。这次爆发持续时间为 0.15 秒，辐射能量 $10^{37}$ 焦耳，即十万亿亿亿亿吨焦耳，相当于太阳一千年内向太空辐射的总能量，约为地球上煤和石油储量的能量的十亿亿倍！

是什么机制会在这样短的时间辐射这样巨大的能量呢？有人想起奥姆勒斯、克莱因、阿尔文关于反物质世界的假说。有人估算，如果此次γ射线爆发是由正、反物质湮灭所引起，则湮灭物质的质量约为 $10^{20}$ 千克，比月亮质量稍小一点。

但是，正如我们知道的，瑞典科学家克莱因等人的假说十分靠不住。会不会是某种未知的特殊坍塌现象？比如说，中子星坍塌为夸克星的过程，如此等等。

茫茫太空，渺渺寰宇，蕴含极微世界的奥秘，微型宇宙的疑云怪雾，处处透露大千世界的骀荡春光。宇观之巨，微观之细，纷繁多样，无奇不有。然而，纷繁而有序，多样而和谐，变化而有致，其故安在？

巨、细之间具有统一性：结构统一，规律统一，运动统一，最根本的统一性在于它们的物质性。大、小宇宙都是物质的基本形态。

对于宇宙和谐的追求，自古以来就是驱使人们探求自然、奋斗不息的强大动力。古希腊的毕达哥拉斯学派认为，宇宙是按照数学来设计的，“万物皆数也”，由此证明宇宙是一个和谐的系统。恩格斯对此评价极高：“于是宇宙的规律性第一次被说出来了。”

哥白尼在其不朽名著《天体运行论》中说，“一切行星的次序和大小，乃至上天本身，均表现秩序和谐和”。近代天文学的先驱开普勒在1590年发表的第一部天文学著作名为《天体谐和论》，1609年发表的另一部著作名为《宇宙谐和论》。这一切，难道不正反映了人类对于宇宙谐和的真谛的追求吗？

现代宇宙学的问世，从爱因斯坦的宇宙论，到大爆炸学说，到暴胀宇宙论，人类终于真正得以用方程式和数字，谱写宇宙演化的和声，探求大千世界和无处不在的韵律。我们确实感到，正如德国大物理学家玻尔兹曼（L. Boltzmann）所说：“自然界的统一性显示在关于各种现象的微分方程式的‘惊人的相似’中。”

这句被列宁极力称赞的话，对于至大无边的观测宇宙与至小无极的粒子王国之间，我们所看到的千丝万缕的内在联系，是一个何等贴切真实的描写啊！

追溯宇宙的历史，越是趋近于极早期，其中物质状态越是简单，最终不可避免地会将其中的演化规律归结于同一起因，或是基本组分，或是基本作用。无怪乎，极早期宇宙的历史，与相互作用的统一理论，与夸克、亚夸克模型如此紧密地联系在一起。

读者在这本小册子中会发现，对于宇宙早期历史的探索，近年来已取得长足进步。“宇宙起源之谜”虽然尚未完全揭开，但是我们隐隐约约看到了揭晓前的曙光。除了一些必要的背景材料外，我们尽可能选取有关研究前沿的最新资料。在材料的选取上，自然反映作者的倾向性。然而，我们一般在篇幅许可的条件下，尽可能做到兼收并蓄，以便使读者“窥全豹”。

因此，读者不会奇怪，为什么有这样多的歧见异说，这样多不确定或模棱两可的地方。其实，激烈的争论，活跃的思想，正是一门学科诞生的最好洗礼，是现代宇宙学强大生命力的反映。什么时候，什么地方，如果有什么“终极真理”在炫耀，有什么“定于一尊”的大一统在肆虐，其时其地，科学之花必然萎缩，真理之光必然黯淡。这种教训，这样的例子，难道不是处处可见，所在皆是吗？

万幸的是，现代宇宙学正面临的是一个百花齐放的春天，到处生机盎然，风和日丽。大千世界，繁星闪烁，河汉璀璨，正在召唤着我们！

## 雄关漫道真如铁，而今迈步从头越<br>——雅典娜交响乐终曲

我们从极微世界——小宇宙开始了我们奇妙的物质探索之旅，直到遨游九天，浏览了灿烂星空，一路上无数引人入胜的绝妙风光，感受到人类智慧思想的灵泉活水，处处陶醉在科学奇葩的淡淡幽香中，时时沐浴在人类在探索大、小宇宙中所表现的无所畏惧、百折不挠的大无畏精神的光辉中。一路上，正如山水之旅不免劳顿一样，我们有时也需要费力，付出艰辛，但是，却获得了无限的愉悦和幸福。我们的旅行、探索是智者的智慧之旅，是勇敢勇士的探索之旅，仿佛雅典娜女神在鸣奏着交响乐，引导我们向前，鼓励我们攀登。

图 12–9　雅典娜女神

雅典娜（Athena，图 12-9），希腊神话中的智慧与工艺女神，女战神，执掌正义的战争。传说她是宙斯与聪慧女神墨提斯（Metis）所生，因盖亚有预言说墨提斯所生的儿女会推翻宙斯，宙斯遂将她整个吞入腹中，因此宙斯得了严重的头痛症。包括阿波罗在内的所有神都试图对他实施有效的治疗，但结果都是徒劳。众

神与人类之父宙斯只好要求火神赫菲斯托斯打开他的头颅。火神那样做了后,令奥林匹斯山诸神惊讶的是:一位体态婀娜、披坚执锐的美丽女神从裂开的头颅中跳了出来,光彩照人,仪态万方。据说她有宙斯一般的力量,如果加上与生俱来的神盾埃吉斯的力量,她的实力就超过了奥林匹斯的所有神。她是最聪明的女神,是智慧与力量的完美结合。她就是女战神与智慧女神雅典娜,也是雅典的守护神。

我们旅行的目的在于探索宇宙中物质的奥秘。在 20 世纪 90 年代以前,人类在探索物质本源上似乎取得了极大的成果,基本粒子的标准模型似乎能够说明物质微观世界结构和运动规律,并且我们利用标准模型去探索宇宙的结构也是成果斐然。然而不然,首先是在研究星系结构的时候,人们发现这种结构具有动力学的极大不稳定性,由此,人们提出可能在宇宙中存在大量我们看不到的物质,现在我们知道,这就是所谓暗物质。暗物质只参与引力相互作用,我们难以利用光学望远镜和射电望远镜观察它们。其中有少量的暗物质,例如中微子和黑洞、白矮星、中子星等等,我们对其性质和运动规律有所了解。这里我们稍微详细地介绍黑洞。

黑洞(图 12-10)是一种引力极强的天体,说它“黑”,是指它就像宇宙中的无底洞,任何物质一旦掉进去,“似乎”就再不能逃出。由于黑洞中的光无法逃逸,所以我们无法直接观测到黑洞。然而,我们可以通过测量它对周围天体的作用和影响来间接观测或推测到它的存在。黑洞引申义为无法摆脱的境遇。

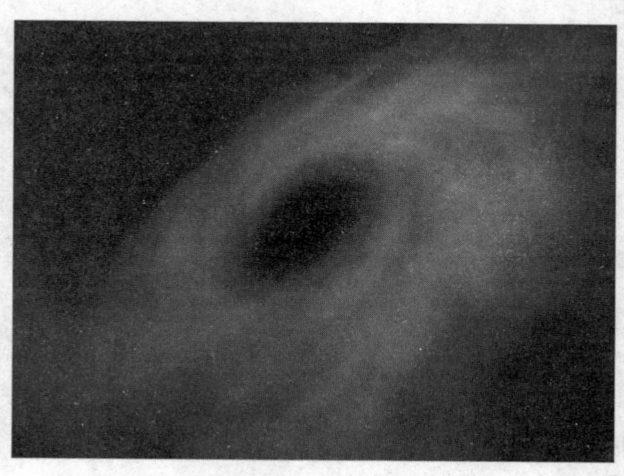

图 12-10　黑洞示意图

黑洞的产生过程类似于中子星的产生过程。恒星的核心在自身重量的作用下迅速地收缩，发生强力爆炸。当核心中所有的物质都变成中子时收缩过程立即停止，核心被压缩成一个密实的星体，同时内部的空间和时间也被压缩。但在黑洞情况下，由于恒星核心的质量大到使收缩过程无休止地进行下去，中子本身在挤压引力自身的作用下被碾为粉末，剩下来的是一个密度高到难以想象的物质。由于高质量而产生的力量，使得任何靠近它的物体都会被它吸进去。黑洞开始吞噬恒星的外壳，但黑洞并不能吞噬如此多的物质，黑洞会释放一部分物质，射出两束γ射线爆。因此，在地球上接受到γ射线爆往往是黑洞吞噬星体的标志(图 12-11)。

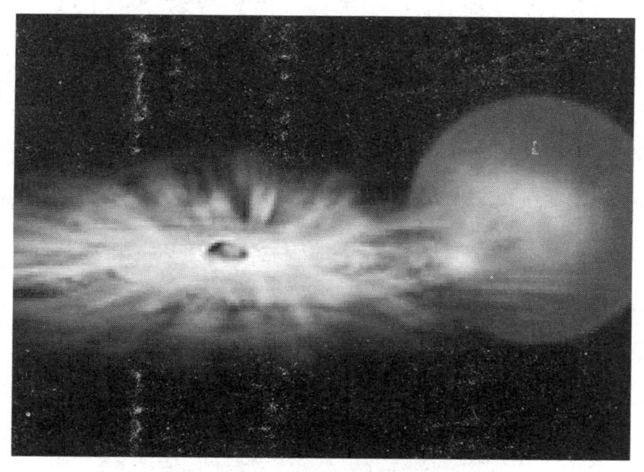

**图 12–11　黑洞吞噬周围物体**

当一颗恒星衰老时，它的热核反应已经耗尽了中心的燃料——氢，由中心产生的能量已经不多了。这样，它再也没有足够的力量来承担起外壳巨大的重量。所以在外壳的重压之下，核心开始坍缩，直到最后形成体积无限小、密度无限大的星体。跟白矮星和中子星一样，黑洞可能也是由质量大于太阳质量好几倍的恒星演化而来的。

物质将不可阻挡地向着中心点进军。它的半径一旦收缩到一定程度(一定小于史瓦西半径)，质量导致的时空扭曲就使得即使光也无法向外射出——"黑洞"诞生了。黑洞没有内部结构，其物理性质只有总质量、总的转动惯量，如果带电，则具有总电荷。这就是所谓黑洞的无毛定理，又称三毛定理。

所谓黑洞系指存在一个事件的集合或时空区域，光或任何东西都不可能从该区域逃逸而到达远处的观察者，这样的区域称作黑洞，其边界称作事件视界(图 12-12)。

图 12-12　黑洞的视界和γ爆

在黑洞周围，由于引力极大，时空的变形非常大。这样，即使是被黑洞挡着的恒星发出的光，虽然有一部分会落入黑洞中消失，可另一部分光线会通过弯曲的空间中绕过黑洞而到达地球。观察到黑洞背面的星空，就像黑洞不存在一样，这就是黑洞的隐身术(图 12-13)。

图 12-13　银心区存在超大质量黑洞

更有趣的是，有些恒星不仅是朝着地球发出的光能直接到达地球，它朝其他方向发射的光也可能被附近的黑洞的强引力折射而能到达地球。这样我们不仅能看见这颗恒星的“脸”，还同时看到它的“侧面”、甚至“后背”，这是宇宙中的“引力透镜”效应。

黑洞的存在现在已为众多的天文观察所证实，图 12-13 就是近期用红外波段图像拍摄的位于银河系的中心部位的超大质量的黑洞。似乎所有银河系的恒星可能都围绕这个超大质量黑洞公转。最新研究表明，宇宙中最大质量黑洞的首次快速成长期出现在宇宙年龄约为 12 亿年时，而非之前认为的 20 亿~40 亿年。

人们通过位于美国夏威夷莫纳克亚山顶、海拔 4000 多米处的北双子座望远镜，位于智利帕拉那山的南双子座望远镜，以及位于美国新墨西哥州圣阿古斯丁平原上的甚大阵射电望远镜，观察发现宇宙中大部分星系（包括银河系）的中心都隐藏着一个超大质量黑洞。这些黑洞质量大小不一，从 100 万个太阳质量到 100 亿个太阳质量。

天文学家们通过探测黑洞周围吸积盘发出的强烈辐射推断这些黑洞的存在。物质在受到强烈黑洞引力下落时，会在其周围形成吸积盘盘旋下降，在这一过程中势能迅速释放，将物质加热到极高的温度，从而发出强烈辐射。黑洞通过吸积方式吞噬周围物质，这可能就是它的成长方式。

观测结果显示，出现在宇宙年龄仅为 12 亿年时的活跃黑洞，开始其质量要比稍后出现的大部分大质量黑洞质量小 10 倍。但是它们的成长速度非常快，因而现在它们的质量要比后者大得多。那些最古老的黑洞，即那些在宇宙年龄仅为数亿年时便开始进入全面成长期的黑洞，它们的质量仅为太阳的 100~1000 倍。研究人员认为这些黑洞的形成与演化可能和宇宙中最早的恒星有关。在最初的 12 亿年后，这些被观测的黑洞天体的成长期仅仅持续了一亿到两亿年。

科学家预言存在多种形式的黑洞，例如在宇宙诞生不久，可能产生质量不大的原始黑洞。最新的研究指出，原始黑洞可能存在实验检测途径。由于太初黑洞比目前宇宙巨型黑洞要小很多，其体积甚至比原子核还要小，因此不会将整个恒星吞噬掉，自然也不会把光也湮没了。与此相反，由于太初黑洞体积太小，与恒星发生碰撞等接触时，会导致恒星表面上出现明显的振动现象。然而，暗物质与恒星发生接触是一种怎样的场景呢？你可以想象一个巨大的水球，然后尝试着将其戳出一个小洞，这时候里面流出的水形成的波状流动就类似于恒星表面出现的情况。

纽约大学的研究人员最近模拟研究表明，早期宇宙中太初黑洞在穿过一颗恒星时，会产生各种时空效应，从而可对暗物质的组成进行理论上的假设。不同颜色的区域对应太初黑洞的密度分布以及其所产生振动效应的强弱程度。在银河系中大约存在着千亿颗恒星，如此大的样本前提下，科学家认为可观察到相当数量的振动现象。相关的研究结果已经发表在 2011 年 9 月初的《物理评论快报》上。

这项新的研究是通过观察发生于恒星表面的波状涟漪，来间接发现惊人难以捉摸的暗物质存在的证据。参与该项研究的科学家称：当在实验模型中设定一个太初黑洞穿过一颗恒星的中央核结构时，其所产生的振动就可以反映出关于暗物质的信息。这些振动不仅携带了暗物质的信息，同时也会在恒星表面上产生涟漪效应，观察发生于恒星表面的异常活动正是本项研究的关键之处。对于宇宙学家而言，暗物质被认为构成了宇宙中超过 80%的物质，而至今在天体物理学界从未直接探测到暗物质的存在。

研究人员模拟试验一个太初黑洞具有多大体积，才可以使得其与恒星发生接触时造成恒星表面出现明显振动波纹。结果发现，当质量达到一个典型的小行星水平时，才可符合这个要求。如果仅仅是一个真正意义上的太初黑洞，科学家认为能够在一些离散分布的点上发现异常情况。

研究人员迈克尔科斯登同时也指出：我们已经知道太初黑洞可以在恒星表面产生可检测到的振动现象，现在尝试着观察在比太阳更大的恒星上会出现何种情况。仅仅是银河系中的恒星就有 1000 亿颗的数量级，在这么大的基础样本前提下，如果我们知道银河系中哪儿会发生这类现象，每年估计可以看到 1 万个左右此类的事件。

至于其他暗物质我们已经指出在理论上几种可能的候选者，例如冷暗物质中的轴子、弱相互作用重粒子（WIMP）、超对称中微子等。目前有许多实验室正在紧张地寻找暗物质存在的直接证据。人们认为哈勃天文望远镜 2006 年观察 Bullet 星团时，测量到了两个在 1.5 亿年前发生相撞的星团，用引力透镜确定了其质量分布。它发现一部分产生了通常物质相撞的效应，而另一部分与物质相撞时并不发生任何相互作用，给出了暗物质存在的证据。总量占宇宙物质的 22% 的暗物质的探索应该说刚刚开始。

更为令人惊奇的是在 20 世纪 90 年代人们发现了更为奇特的一种物质形态——暗能量，其总量竟然达到宇宙物质的 74%，至于这种暗能量是什么，目前人们还是一头雾水。我们所知道的仅仅是它产生负压强，或者更通俗地说产生斥力。还有一点我们清楚的是，暗能量在宇宙中是均匀分布的。人们是怎样觉察到暗能量的存在呢？

2011 年 10 月 4 日诺贝尔委员会宣布，美国科学家佩尔马特、美国—澳大利亚科学家施密特和美国科学家里斯获得今年诺贝尔物理学奖(图 12-14)，以表彰他们通过对超新星的观测而给出了宇宙在"大爆炸"中诞生，但会往何处去的答案：宇宙膨胀不断加速，而且逐渐变冷。这个发现，被瑞典皇家科学院称为"震动了宇宙学的基础"。他们的工作被认为是暗能量发现的标志。

亚当·里斯（Adam Riess）　莱恩·施密特（Brian Schmidt）　索尔·佩尔马特（Saul Perlmutter）

**图 12-14　2011 年诺贝尔物理学奖获得者**

自从哈勃发现宇宙在膨胀，天体物理学界多年来一直认为宇宙是在以一个恒定的速度膨胀，直到这三位科学家开始了对超新星的观测。此次获奖的佩尔马特和施密特分别领导两个研究小组，用最先进的天文观测工具对准了一种“Ia 型超新星”。这种超新星是由密度极高而体积很小的白矮星爆炸而成。由于每颗“Ia 型超新星”爆发时质量都一致，它们爆炸发出的能量和射线强度也一致，因此在地球上观测“Ia 型超新星”亮度的变化，可以准确推算出它们和地球距离的变化，并据此计算出宇宙膨胀的速度。两个研究小组总共观测了约 50 颗遥远的“Ia 型超新星”，并于 1998 年得到了一致的结论：宇宙的膨胀速度不是恒定的，也不是越来越慢，而是不断加快。

“Ia 型超新星”是他们测量宇宙膨胀新的标准烛光。地面和太空中越来越先进的望远镜，以及越来越强大的计算机，在 20 世纪 90 年代开启了全新的可能性，让天文学家有能力为宇宙学拼图填上更多空缺的内容。其中最关键的技术进步，则是光敏数码成像传感器 CCD 的发明。发明者威廉·波义耳（Willard Boyle）和乔治·史密斯（George Smith）因为这项发明获得了 2009 年诺贝尔物理学奖。正是这一发明，使得相关的测量成为可能。

天文学家工具箱中的最新工具，是一类特殊的恒星爆炸——Ia 型超新星。在短短几星期之内，单单一颗这样的超新星发出的光足以与整个星系相抗衡。这类超新星是白矮星（white dwarf）爆炸的结果——这种超致密老年恒星像太阳一样重，却只有地球这么大。这种爆炸是白矮星生命循环中的最后一步。

白矮星是一颗恒星核心处无法提供更多能量时形成的，因为所有的氢和氦都已经在核反应中耗尽了，只剩下了碳和氧。通过同样的方式，在久远的未来，我们的太阳也会变成一颗白矮星，最终变得越来越暗，越来越冷。

如果一颗白矮星处在一个双星系统之中（这是相当常见的），那么就会有更令人激动的结局在等待着它。在这种情况下，白矮星强大的引力会从它的伴星身上抢夺气体。然而，一旦白矮星超过 1.4 倍太阳质量，它就再也无法维持下去了。此时，白矮星内部会变得足够炽热，一场失控的核聚变反应被启动，整个恒星会在几秒钟内被炸得粉身碎骨。

这些核聚变产物会释放出强烈的辐射，在爆炸之后的最初几星期内迅速增亮，直到随后的几个月才逐渐变暗。因此，发现这些超新星必须要快，因为它们的剧烈爆发相当短暂。在整个可观测宇宙之中，平均每分钟大约爆发 10

颗 Ia 型超新星。但宇宙实在太过巨大。一个典型的星系平均每 1000 年才会出现一到两颗超新星爆发。2011 年 9 月，我们很幸运地在北斗七星附近的一个星系中观测到了这样一颗超新星爆发，通过一副普通的双筒望远镜就能够看到。但大多数超新星离我们要遥远得多，因而也暗淡得多。那么，面对这么大一片天空，我们究竟应该在什么时间往哪里看呢？

两个相互竞争的研究团队都知道，他们必须彻查整个天空，来寻找遥远的超新星。诀窍就在于，比较同样的一小块天空拍摄于不同时间的两张照片。这一小块天空的大小，就相当于你伸直手臂时看到的指甲盖大小。第一张照片必须在新月之后拍摄，第二张照片则要在 3 个星期之后，抢在月光把星光淹没之前拍摄。接下来，两张照片就可以拿来比对，希望能够从中发现一个小小光点，即 CCD 图像中的一个像素——这有可能就是遥远星系中爆发了一颗超新星的标志。只有距离超过可观测宇宙半径 1/3 的超新星才是可用于观测的，原因是为了消除近距离星系自身运动而带来的干扰。

研究人员还有许多其他难题需要应对。Ia 型超新星似乎并不像人们一开始认为的那样可靠——最明亮的超新星爆发亮度衰减的速度要更慢一些。此外，超新星的亮度还必须扣除它们所在星系的背景亮度。另一个重要任务是获得修正亮度。我们和那些恒星之间的星系际尘埃会改变星光。在计算超新星最大亮度时，这些因素对结果都会有影响。

这条研究道路上存在太多潜在的陷阱，但令人欣慰的是，观察得出了惊人但却相同的结果：总的来说，他们发现了大约 50 颗遥远的超新星，它们的星光似乎比预期的要暗。这一结果与科学家事先的预期完全相反。如果宇宙膨胀越来越慢的话，超新星应该显得更亮才对。然而，随着超新星被所在星系裹挟着，以越来越快的速度相互远离，它们的亮度也会越来越暗。由此得出的结论出人意料：宇宙膨胀非但没有越来越慢，反而恰恰相反——宇宙膨胀在加速。有人比喻这一现象好像向上抛一只铅球，铅球非但没有坠落下地，而是继续不断向上。人们认为正是由于奇怪的物质——暗能量驱使宇宙加速膨胀。

研究表明，最初宇宙膨胀是不断减速的，此时，普通物质和暗物质的引力起支配作用。但是五六十亿年前，随着物质在宇宙几十亿年来的膨胀过程中逐渐被稀释，物质的引力也会越来越弱，暗能量就会逐渐占据上风，暗能量的影响超过前者，促使宇宙的膨胀不断加速。那么什么是暗能量呢？一种最朴素、最原始的想法就是当年爱因斯坦加入宇宙学常数。当年的目的，是为了引入一种能够与物质之间的引力相抗衡的斥力，从而创造出一个静态的宇宙。如今，暗能量——宇宙学常数却似乎在加速宇宙的膨胀。这可以解释为什么宇宙学常数直到宇宙历史中相当晚的一个时期，才逐渐开始发挥主导作用。大约在某一时期，物质的引力减到了与宇宙学常数相当的地步。而在那一时期之前，宇宙的膨胀确实是一直在减速。

宇宙学常数可能源自于真空，按照量子物理学的观点，真空从来就不是空无一物。相反，真空是一锅不断翻滚的量子汤，正反物质的虚粒子不断产生又不断消失，从而产生出能量。真空能的性质跟暗能量完全一致，具有负压力，并且处处均匀。

然而，对真空能数量级最简单的估算，与宇宙中测量到的暗能量数量却完全不符，足足大了大约 $10^{120}$ 倍。这成了横亘在理论与观测之间的一条至今无解的巨大鸿沟——要知道，地球上所有海滩上的沙粒加在一起，也不过只有 $10^{20}$。因此定性地用真空能说明负能量是可以的，但是要定量描述是完全不允许的。

目前有许多理论、模型来解释暗能量，如精质（Quintessence）模型、幽灵（Phantom）模型、精灵（Quantom）模型和快子模型等。但是都缺乏强有力的实验支持。看来暗能量的探索征途还刚刚开始。所谓雄关漫道真如铁，而今迈步从头越。

按照目前公认的观点，宇宙大约有 3/4 由暗能量构成，剩余的是物质。但普通物质，也就是构成星系、恒星、人类和花花草草的东西，只占宇宙成分的 5%。其他物质被称为暗物质，至今仍在跟我们“躲猫猫”。暗物质是我们大都未知的宇宙中另一个迄今未解的谜题。与暗能量一样，暗物质也是不可见的。对于这两样东西，我们只知道它们发挥的作用——一个是推，另一个是拉。名字前面那个“暗”字，是它们唯一的共同点。

一言以蔽之，通过对小宇宙和大宇宙的奇妙之旅，我们得到的结论是什么呢？我们对于物质本源的探索才刚刚开始。难道不是吗？我们只对于占 5%

的普通物质有比较清楚的认识，对于占 23%的暗物质刚刚有所接触，而对于占宇宙物质总质量 72%的暗能量几乎一无所知。这个结论正好印证了一句古老格言，“我们知识面越宽广，我们面临的未知就更多”。无论如何在雅典娜交响乐的伴奏下，我们对于物质本源的探索必将继续进行，必将揭示更加绚丽夺目的新的画面。

至此，在结束本章之前，我们必须告诉读者一个奇怪的现象。从 20 世纪开始直到 90 年代，对于物质本源的认识主战场在微观世界——小宇宙，由分子而原子、而亚原子、而基本粒子、夸克和轻子，层层剥笋。特别是 20 世纪 60 年代到 90 年代，高能物理实验室、美国和欧洲的加速器不断给我们传来探索物质的捷报，其成果的结晶就是基本粒子的标准模型。现在宇宙学的研究发轫于 20 世纪 20 年代，真正引起人们重视是 1965 年微波背景辐射发现以后。因此，无足奇怪，在 20 世纪诺贝尔物理学奖获得最多的领域就是高能物理（包括物质结构探索），总共 93 次，天体物理不过 11 次。需要说明的是，获奖项目在各专门学科的划分只是相对的，因为同一内容完全可以归入到两个甚至三个不同学科中，同一年的奖项也可因人而分在多个不同的学科中。例如：1978 年物理学奖，是关于低温 He-4 超流研究，发现宇宙 3K 背景辐射，就应该分属天体物理、凝聚态物理和低温物理与超导三个门类。但是以 21 世纪的 11 次诺贝尔物理学奖的颁奖领域为例，4 次天体物理，3 次高能物理。换言之，在物质探源的主战场，逐渐由加速器转移到天体观测。这是为什么？

最重要的原因是加速器限于资金、技术的限制，建造更大的加速器越来越困难。美国在 1999 年将已经完工三分之一的超导对撞机下马，就是一个典型的例子。巨型加速器耗资巨大，越来越为人们承受不起。正在运行的美国最大的加速器布鲁海文加速器也于 2011 年 10 月停止运行。同时即使我们能建造更大的加速器，也许还不能有更多的发现，因为从现在来看，物质形态复杂性远远超过人们原来的预想。因为从太阳系模型类似的层状物质结构看来加速器是有效的。实际上，此类层状物质结构也许只是普通物质的特点。暗物质特别是暗能量的物质结构如何？我们不得而知，但是至少从暗能量的均匀分布来看，此类物质是呈连续分布的。

实际上，著名的科学家玻姆曾证明一个量子多体系统不能简单地分解为独立的部分，各部分都处于相互联系之中，其动力学关系取决于系统的整体状态。可以设想这种整体的关联性将从子系统到系统到超系统，最终扩展到整个宇宙。试想仅仅通过传统的分析和演绎的方法怎么可能完全正确地认识客观世界呢？在此，我们不能不把我们审视的目光投向古老的东方。以太阳系模型为代表的现代物质结构模型，实质上是古希腊原子论的继续和发展。但在古老的东方，特别是以道家哲学为代表的物质观则往往是连续形态。作者曾经论述《道德经》中的道或无，将道作为最高的范畴，即具有宇宙普遍规律和法则的普遍含义。同时，也是作为我们宇宙的总源起，具有物质属性。道从其物质属性的主要特征来看，非常类似于现在量子场论中的真空场，或暗能量。我们在此不想重复有关论述，只给出主要结论。道家从来都紧紧地把握事物的整体联系。

现代量子论的新范式中的第二个要点：物质概念的泛化和动态化。科学家普遍认为不仅仅将具有类点状的基本粒子视为实体，而且，场和能量都同属于物质范畴。西方经典的物质概念一直统治着哲学界，如黑格尔等。人们只熟悉物质常态的实物粒子，如质子、中子构成的物质。此类物质的特点是看得见、摸得着，可以用仪器直接观察到。就其结构而言它们具有明显的分离性。

我们必须强调，从19世纪法拉第、麦克斯韦提出电磁场的概念以来，现代科学家早已清楚在自然界还存在着一类连续形态的物质——场，如电磁场、胶子场、中子场、质子场等等。我们更不应该忘记量子论告诉我们，在自然界还存在着一种特殊的场——真空场。实际上，所谓实物粒子从本质上来说，也是与场物质分不开的。我们完全有理由认为，以暗能量、暗物质为代表的新的物质形态实质上是以道家为代表的物质观范式。

如果说希腊哲学开启了现代原子论的先河，开启了普通物质研究的广阔道路，我们完全有理由认为，老子的《道德经》是现代场论的先驱，是现代暗能量、暗物质探索的启迪者。在结束本书时，我们不由想起现代量子论奠基人玻尔的话："作为原子论教材的对比……在我们协调在人生壮剧中既是观众又是演员身份时，我们必须指向释迦和老子这样一些思想家已经遇到的那些认识上的问题。"

# 第十三章　日出江花红似火，春来江水绿如蓝
## ——奇旅新篇

我们在前十二章大致上概括了2011年前科学家在有关领域的研究成果，引领读者对小宇宙和大宇宙进行了一次美妙的旅行，领略了大自然给我们呈现的壮丽迷人的景象，称得上日出江花红似火，令人神往不已。如今，光阴如箭，时光已过去几年，又有众多高技术观察设备投入使用，包括空间红外望远镜、空间干涉望远镜、地外行星搜寻者、斯皮策太空望远镜、康普顿伽马射线太空望远镜、钱德拉X射线太空望远镜、费米伽马射线太空望远镜、COBE卫星、WMAP探测器、普朗克空间探测器、开普勒探测器等，这些望远镜和探测器宛如火树银花般辉耀在星空上，为人类提供了越来越多、越来越精密的天文观测资料。同时，欧洲核子中心、美国费米实验室和我国、日本、加拿大等国的粒子探测设备也在不断提供微观粒子研究的新成果和资料。因此，小宇宙和大宇宙领域的探索并未停止，相反更多、更激动人心的发现不断映入我们眼帘，大有春来江水绿如蓝的韵味。让我们开始大、小宇宙的最新征程吧！



## 彩凤蓦然来天际，玉宇舒展引力波——引力波的发现

2016年2月11日（农历正月初四）新春伊始，我国老百姓还沉浸在春节的节日欢乐中，一声春雷，美国科学家宣布：人类首次直接探测到了引力波！

引力波是爱因斯坦广义相对论实验验证中最后一块缺失的“拼图”，至今已有百年历史（广义相对论发表于1915年）。这是人类第一次能够“领略”到“浩瀚宇宙的涟漪”。实施此次引力波研究的是美国激光干涉引力波天文台（LIGO）的国际科学合作组织（LSC）。该组织包含来自美国和其他14个国家的1000多名科学家，LSC中的90多所大学和科研机构参与研发了探测器所使用的技术，并分析其产生的数据。我国清华大学也在其中（图13-1）。

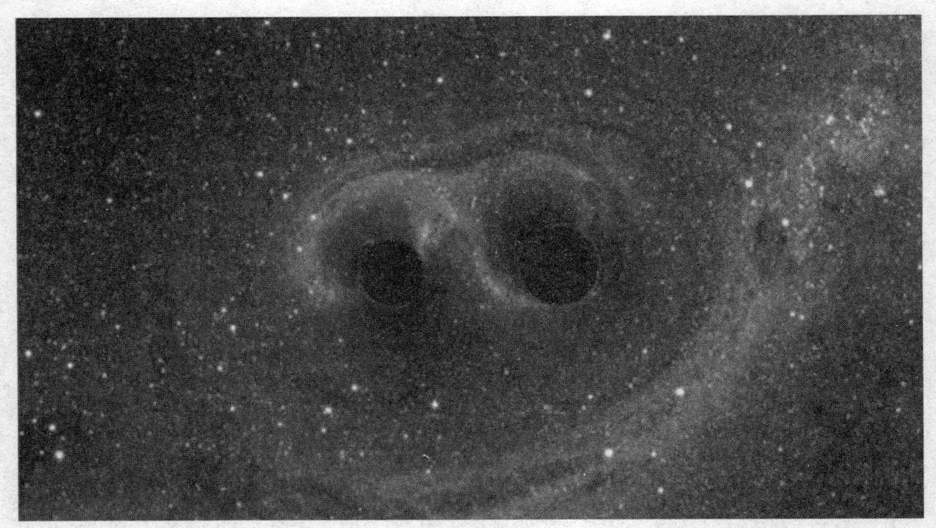

图13–1 LIGO探测到双黑洞碰撞产生的引力波，打开了一扇观察宇宙的新窗口（示意图）

引力波信号于世界协调时间2015年9月14日9:51（北京时间当天下午5：51），分别由彼此相距3000千米的路易斯安娜州列文斯顿（Livingston, Louisiana）和华盛顿州汉福德（Hanford,Washington）的一对激光干涉引力波观测台（LIGO）的探测器探测得到（图13-2）。经由LIGO科学合作组织（包含GEO600组织和澳大利亚干涉引力天文协会）以及Virgo科学组织对数据进行分析后做出发现并公诸于世。

LIGO天文台是由美国国家科学基金资助，由加州理工和麻省理工构思、建造并运行的。而室女座引力波探测器（Virgo）的研究工作包含250多名物理学家和工程师，分别隶属于18个不同的欧洲实验室，包括法国国家科学研究中心（CNRS）的6家研究所、意大利国立天体物理研究所（INFN）的8家研究所、荷兰国家核物理及高能物理研究所、匈牙利维格纳研究所、波兰引力研究组和安置室女座引力波探测器的欧洲引力天文台。

图 13–2　LIGO 观测器由美国路易斯安娜州的 Livingston 探测器和华盛顿州的 Hanford 探测器构成

由观测到的信号，LIGO 的科学家们估算出两个并合黑洞的质量大约分别是太阳质量的 29 倍和 36 倍，并合发生于 13 亿年前。根据爱因斯坦的广义相对论，这一对黑洞在相互绕转的过程中通过引力波辐射而损失能量，这一过程持续数十亿年，两者逐渐靠近，过程的最后几分钟快速演化。大约三倍于太阳质量的物质在短短 1 秒之内被转化成引力波，以超强爆发的形式辐射出去。相应的转化能量根据著名爱因斯坦的质能公式$E=mc^2$容易估算出来。而两个黑洞以几乎是以一半光速的超高速度碰撞在一起，并形成了一个质量更大的黑洞。辐射的引力波经过漫长 13 亿年的旅行，首先到达 Livingston 探测器，7 毫秒之后到达 Hanford 探测器。LIGO 观测到的引力波信号就是这样来的。

这一发现立刻轰动了世界，不仅全世界的科学家激动不已，而且兴奋的情绪波及普通的民众。从科学上来说，这是一次里程碑式的重大成果。有史以来，科学家第一次观测到了时空中的涟漪——引力波——来自遥远宇宙的灾变性事件所产生的信号。这一探测证实了爱因斯坦在 1915 年的广义相对论中的一个重要预言，并打开了一扇前所未有的探索宇宙的新窗口。不难想象，宇宙大爆炸所遗留的回响——引力波背景辐射（即原初引力波）的发现也是指日可待的事了。从技术上说，无论从测量的精度和复杂性来说，这一发现都是无与伦比的。一门新兴的探测技术——引力子探测术由此诞生。由于引力波(由引力子所构成)在传播中不会引起损耗,而通常物体,如固体、液体、气体或地球、星体、星系等对引力波几乎完全没有阻碍,因此对于未来的天体物理、宇宙学的发展,这门新技术的诞生具有无可估量的价值。

首先引力波携带着波源的信息,而波源往往伴随剧烈的天体现象,暗藏许多难解的宇宙之谜:如超新星爆发、黑洞碰撞、大星系的并合,甚至宇宙大爆炸甚早期阶段的种种波澜壮阔的剧烈现象(如暴胀现象)。而引力波不会受到障碍而衰减,因此不会产生信息的衰减和畸变。这样一来,我们将拥有极为敏感、保真度极高的探测宇宙深处,因而也是宇宙早期的强大工具。

对于一般读者来说,引力波和引力波的探测并非容易理解的事。主要的原因是它涉及极其玄奥的高科技前沿,极为抽象,涉及领域极为广阔。但是从科学图像出发,我们通俗浅显的介绍有关科学概念还是有可能的。发人深思的是,此次 LIGO 项目的主要发起人基普·索恩(Kip Stephen Thorne)不仅是著名的美国理论物理学家,而且也是国际知名的科普专家。他曾指导热门科幻电影《星际穿越》与《超时空接触》,其科普著作《黑洞与时间弯曲——爱因斯坦的幽灵》名满天下。索恩和科学怪杰——英国物理学家斯蒂芬·霍金(著名的科普著作《时间简史》的作者),以及美国天文学家、科普作家、科幻小说作家卡尔·萨根保持了长期的好友和同事关系。

那么,什么是引力波呢?

## 时空涟漪饶诗意,天才预测引力波
## ——大宇宙理论基础的夯实

什么是引力波呢?简言之,是宇宙时空曲率的扰动以行进波的形式向外传递。目前流行的一种简单的解释就是:宇宙时空类似于床垫,黑洞或恒星等巨大的天体类似于重重的铅球,行星则类似于小小的乒乓球。当铅球放置在床垫上时,会压出一个凹坑,从而迫使铅球周围的乒乓球向着它靠拢,看起来似乎是铅球和乒乓球相互吸引。因此时空“床垫”的弯曲，等价于物体之间的引力。当天体质量发生变化（例如旋转或运动）时，相当于铅球在床垫上滚动，导致的床垫变形以震动（波）的方式向外扩散，就形成了“引力波”（图 13-3）。因此，有人把引力波诗意地称之为“时空的涟漪”。

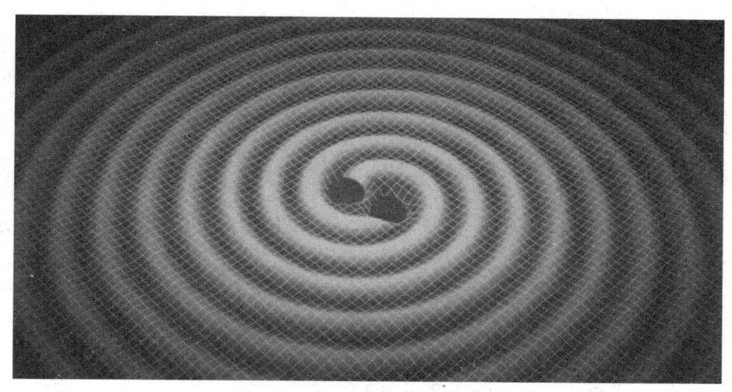

**图 13–3　引力波示意图**

关键是，什么是宇宙时空呢？实际上我们在此不能不为我国古人的智慧折服。在中国古代就有“上下四方曰宇，往古来今曰宙”的说法（即宇的意思是无限空间，宙的意思是无限时间）。爱因斯坦说宇宙就是时空。两者意思完全一样。爱因斯坦在 1905 年提出的狭义相对论中论证了空间和时间实际上是密切相关的，而且彼此之间由洛伦兹变换公式联系。从爱因斯坦的观点来看，我们人类生活的物理空间，不是通常直觉认为的三维空间，而是四维空间，物理学家称为闵可夫斯基（Minkowski）四维时空。这是为了纪念德国数学家闵可夫斯基在广义相对论的数学表述工作中的重要贡献。他在 1919 年召开的第八十届德国自然科学家会议上有一段精辟的论述。他说，在广义相对论中，“时间和空间本身，各自都像影子般消失，只留下时间和空间的一个融合体作为独立不变的客观的实体存在”。用术语表示融合体就是连续统，用现代数学术语就是流形（manifold）。按广义相对论来看，引力越强本质上就是四维物理空间弯曲程度越大罢了。用微分几何的术语来说，就是曲率越大。如图 9-8 所示。

请读者参阅图 9-10，它表示的是二维时空。因为四维时空的弯曲，我们无法直观地在纸面上显示出来。我们直观表示的是二维时空(即一维空间一维时间)的弯曲状况。至于四维时空的弯曲只有靠读者的想象了。

在二维时空中,质量越大的物体,周围引力场越强,实际上相应的二维时空弯曲程度越大,可以直观地表示出来,像一个凹下去的"洞"。我们通常说,周围物体受到引力场的吸引,实际上是周围物体慢慢"滑进"凹洞。在图 9-10 中:(a)平直空间,曲率为 0;(b)凸曲面,其曲率为正;(c)凹曲面,其曲率为负。

爱因斯坦的引力理论是建立在四维弯曲空间的几何学,就是广义相对论。爱因斯坦的相对论最重要的贡献之一,就是确认所有的相互作用都是以有限的速度传递的。例如电磁波就是以光速传播的,因此引力的传播也是以光速或者略低于光速传播。如果组成引力波的引力子的静止质量与光子一样为零,则传播速度为光速。但是引力子的静止质量迄今尚未测量,不能完全排除其具有极微小的质量的可能,故它的传播速度也可能稍低于光速。在爱因斯坦的理论中,引力不是别的就是宇宙时空的弯曲,所谓引力波的传播,实质上就是宇宙时空弯曲的传播。因此形象地说引力波就是时空的涟漪是很恰当的。1915 年爱因斯坦正式提出广义相对论,在精度不高的情况下,这个理论与牛顿的万有引力定律的结果是一致的。但是在精度更高的情况下,广义相对论有很多新的结果,新的预言。奇妙的是这些预言在其后的 100 年中都得到了实验的证实。

广义相对论最重要、最奇妙的预言应该是引力波的存在。而这个预言的证实居然要花费百年的时间却是出乎人的意料。但是正如我们后面所要谈到的,即使是在极为猛烈的天体现象中产生的引力源,引力波通常强度也极其微弱,在人类技术现有的条件下,非常难以测量。爱因斯坦预言引力波的原始论文现收藏在以色列的耶路撒冷。如图 13-4 所示。

在引力波发现以前,关于广义相对论的实验验证已经有可靠的实验。他们是水星近日点进动实验(1919 年),光线偏折和引力透镜效应的观测(20 世纪 90 年代),引力钟延缓实验(1971 年),引力红移(20 世纪 60 年代),黑洞的观测(1971 年),引力拖曳效应(2004 年)。这些实验的详情,读者可以参考有关文献。但是唯独广义相对论最重要的预言——引力波却一直没有发现,尽

图 13-4 耶路撒冷希伯来大学的相关人员，展示爱因斯坦预言引力波存在的历史文件

管一百年来科学家进行了艰苦漫长的探索努力。我们知道，我们观测宇宙的演化的动力学基础，我们宇宙学的标准模型的理论基础就是广义相对论。美国科学家发现了引力波，从宇宙学的意义来说，就是夯实了宇宙演化学说的理论基础。

## 踏破铁鞋无觅处——引力波发现的曲折

爱因斯坦在 1916 年的论文中预言，自然界存在引力波，1918 年他还订正了论文中的个别计算错误。但是对强度极其微弱的引力波的测量，长时间的探索劳而无功，以致于爱因斯坦生前多次谈过，也许引力波永远也发现不了。那么引力波到底有多么微弱呢？

物质由原子而分子，由分子而构成宏观物体，都是借助于电磁相互作用而结合起来的，所以通常的精密测量仪器大多是利用电磁相互作用的。请回顾第三章中的图 3-1 和表 3-1，它们表示自然界存在四种基本相互作用力。科学家估算过，其相对强度的比例，如果以强相互作用作为 1 的话，则电磁相互作用的强度为 1%左右，弱相互作用的强度为 $10^{-13}$~$10^{-9}$，引力相互作用的相对强度则为 $10^{-39}$，因而引力波的穿透力极强。形象地说，我们可观测宇宙的尺度大致是 1000

亿光年，即便在宇宙中堆满番茄酱，想要吸收掉1%的引力波能量，则番茄酱墙需要大概400万亿光年那么厚。换言之，这个过程需要花上400万亿年。顺便说说，我们的宇宙年龄仅在138亿年左右。

无论引力或者引力波引起的效应多么微弱，但是既然引力波就是空间弯曲或者变形的传播，在它的作用下，任何物体会不断发生拉伸和压缩。不难想象如果一串引力波迎面通过我们自身，我们多多少少会变高变瘦，或者变矮变胖。必须注意，此次发现的引力波造成尺度为地球大小的空间真实的变形相对幅度为$10^{-21}$，绝对形变大约为$10^{-14}$米，刚好比质子大10倍。一个氢原子的直径大概是$10^{-15}$米。这在技术上要求，引力波探测器要能够检测到约$10^{-21}$量级的长度变化。这是极高极难的技术标准。

长度测量最精密的仪器是迈克尔逊干涉仪。这种仪器的图在高中和大学生的物理教科书上都有。所谓干涉仪就是利用波的干涉现象测量物体长度变化的仪器。在水面扔掷两块石头，产生两列向外传播的水波，它们彼此叠加（术语称为干涉），很快在水面上就会出现有规则的凹凸相间的水纹。美国物理学家迈克尔逊利用光波的干涉现象制成了迈克尔逊干涉仪用以测量长度变化。如果用单色性更好的激光代替普通光源，测量的精度会更高。如图13-5所示，就是测量引力波所使用的激光干涉仪。

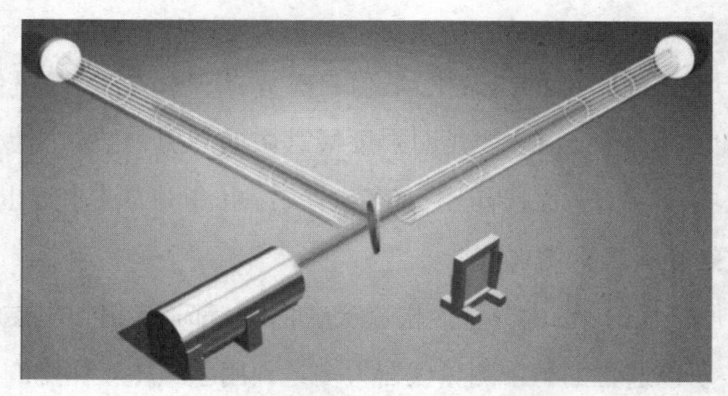

图13–5 激光干涉仪示意图

20世纪70年代基普·索恩作为加州理工学院的费曼理论物理教授，他和来自麻省理工学院的物理学教授雷纳·韦斯（Rainer Weiss）以及加州理工学院的物理学教授罗纳德·德雷弗（Ronald Drever）共同提出用激光干涉来探测引力波。这个点子是韦斯首先提出的，而后索恩加以合理改进。20 世纪 70 年代末，索恩招募实验物理学家罗纳德·德雷弗来帮助他们设计新型的探测器（德雷弗有建造被称作迈克尔逊干涉仪 L 型装置的经验）。

1985 年，他们向美国国家科学基金会（NSF）递交了 LIGO 计划（激光干涉引力波天文台的建造计划），要求建造一对干涉仪。他们认为这些探测器能够探测激光光路上大约 $10^{-19}$米的扰动。1990 年 LIGO 计划获得批准，并在 1992 年确定了两座探测器的选址——美国路易斯安娜州的 Livingston（利文斯顿）和华盛顿州的 Hanford（汉德福），彼此相距 3000 千米。于是，加州理工学院和麻省理工学院开展合作，主导了两个激光干涉引力波观测台（LIGO）的建设。探测器于 1999 年完工，并于 2001 年开始收集数据。LIGO 呈现巨大的 L 形，每一边都有 4000 米长。如图 13-2 所示。

在正常情况下没有引力波经过时，LIGO 发出的激光相互抵消，将接收不到光信号；但如果引力波经过，情况就有所区别了。由于光速是不变的，引力波将导致激光跑过的路程被拉长或压缩，从而激光通过该边的时长就会发生变化。如果发现这种变化就意味着测量到了引力波。

问题的复杂性还在于环境的影响：环境轻微震动或人为的信号漂移都会成为影响引力波测量的噪音。事实上 2010 年就闹过一次乌龙。当年 9 月 16 日 LIGO 和 VIRGO 似乎同时探测到一个信号，方向大概来自大犬座。当时这个消息使得 LIGO 科学合作组织的一众成员大为振奋。论文有待发表，新闻稿箭在弦上。后来知道这个事件是项目组的一个所谓三人特别小组特意发出的假信号数据。因此要得到可靠的观察结果，必须首先排除这种环境干扰和虚假信号的干扰。

2014 年还闹了另外一次乌龙。据报道当年 3 月位于南极的 BICEP2 设备似乎观测到了引力波存在的证据。研究者称，这是一种微弱的微波信号，可能来自于宇宙大爆炸时产生的原初引力波。但是相关分析随后被证明是错误的——该信号是太阳系星际尘埃粒子形成的产物。

此次观察是将 2010 年观察天文台的设备经过升级换代，变得更为可靠，更为灵敏。经过改良更新的引力波天文台，称为高新激光干涉引力波天文台

(advance LIGO),在2015年早些时候试运行,并且经过数个月的工作,证实技术可靠。仪器的精度比5年前提高了10倍。2015年9月正式投入运行,而且加上好运气,终于在2015年9月14日探测到了引力波信号,两个探测器几乎同时探测到相同的信号,彼此相差7毫秒,最终将它命名为GW150914。科学家经过5个月的复核和检查,才予以发表。

图13-6中显示两个 LIGO 探测器中都观测到的由该事件产生的引力波强度如何随时间和频率变化。两个图均显示了GW150914的频率在0.2秒的时间里"横扫"35~250Hz。信号接收前后相差7毫秒——该时间差与引力波在两个探测器之间传播的时间一致。之所以说运气好,因为LIGO探测到真正的引力波的机会并不多。由于LIGO的设置所满足的测量要求仅能用于测量邻近星系里中子星或黑洞并合产生的引力波,专家估计它每年能遇见的引力波事件概率在1/10000到1之间。这次发现引力波是人类第一次直接捕捉到引力波的效应。实质上,1974年马萨诸塞大学阿默斯特分校的罗素·胡尔斯(Russell Hulse)和约瑟夫·泰勒(Joseph Taylor)就发现了脉冲双星,它包含两个中子星,在互相绕转的同时逐渐向内接近。人们认为在这种相互靠近的过程中能量的损耗会以引力波的形式辐射出去。这个发现虽荣获1993年诺贝尔物理学奖,但是只能算引力波的间接证实。

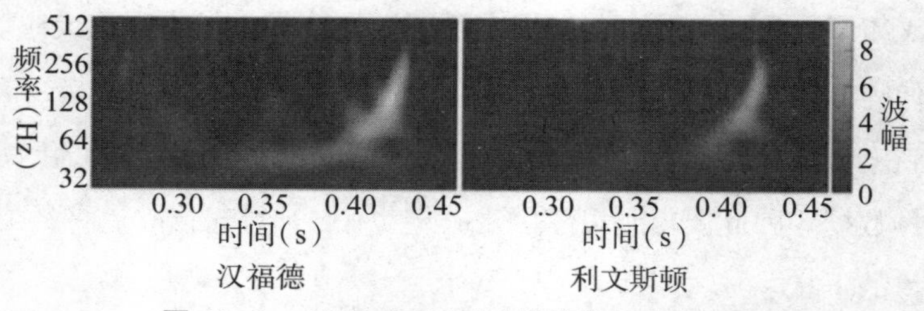


**图13-6 GW150914引力波事件的实验记录**

爱因斯坦生前由于技术条件的限制,对于引力波的探测仅限于理论上的探索。关于引力波的实验探测最早始于20世纪60年代。1969年6月波马里兰大学帕克分校的物理学家约瑟夫·韦伯(J. Weber)宣称利用自制的仪器——引力波共振测量棒发现了引力波。当引力波穿过这个测量棒的大铝块时,铝块就会产生振动,从而被探测到。这个宣布曾经轰动一时。我国中山大学和高能物理所在20世纪70年代都曾利用类似的共振棒设备探索引力波。但是经过科学家的仔细分析和检查证明韦伯的这个发现是不可靠的，利用类似的共振棒方法探测，其精度远远达不到发现引力波的要求。

## 嘈嘈切切错杂弹，大珠小珠落玉盘——第二次发现引力波

2016年6月16日凌晨1：15，在美国圣迭戈参加第228届美国天文学会的LIGO科学合作组（LSC）和Virgo合作组的科学家举行新闻发布会，报告他们再次探测到引力波信号的消息（图13-7）。这是14亿年前两个遥远的黑洞相互并合过程所产生的时空扰动，该事件的涟漪穿越宇宙，被地球上的人们探测到。此番再次探测到引力波信号证明引力波信号的探测并非罕见事件，有理由预期未来还将有更多探测案例的出现，从而真正开启一个崭新的引力波天文学时代。

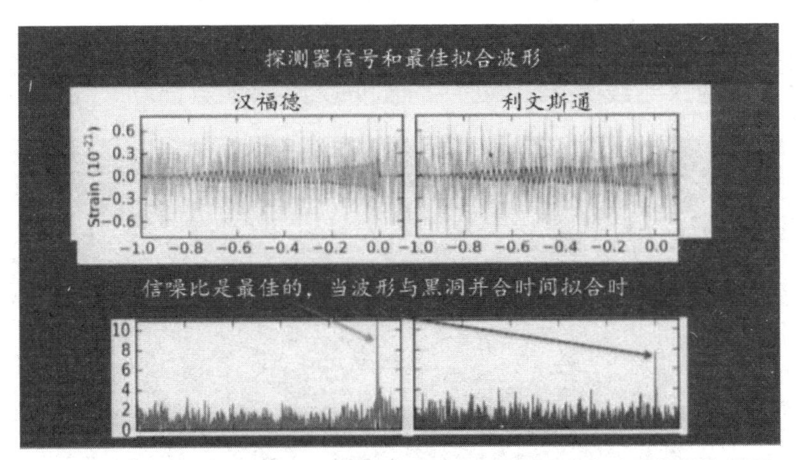


图13–7　2016年6月16日凌晨发布会现场发布的引力波事件的信号图

再次探测到的引力波信号编号为GW151226，它是在2015年12月26日国际标准时间03:38:53被探测到的。信号显示，两个质量分别为大约14倍和8倍太阳质量的黑洞在并合之后形成了一个质量约为21倍太阳质量的黑洞，显示有大约1倍太阳质量的物质被以引力波的形式释放出去，项目研究人

员称这次的信号是"来自爱因斯坦的圣诞礼物"。如图 13-8 所示。

图 13–8　LIGO 探测到两个正在并合过程中的黑洞的示意图

在发布会一开始就由美国路易斯安娜州立大学的 LIGO 科学合作组发言人加布艾拉・冈萨雷斯女士（Gabriela Gonzáez）开门见山地宣布了再次探测到引力波的消息。这是他们自从今年 2 月份宣布首次探测到引力波信号以来再次宣布探测到引力波信号。

LIGO 的 X-射线研究大大扩展了已知质量的黑洞数量，如图 13-9 所示。

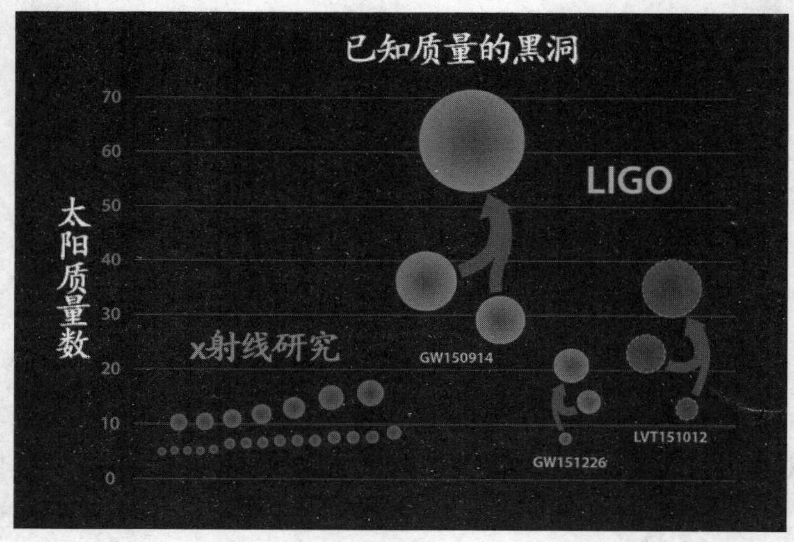


图 13–9　LIGO 的研究大大扩展了质量为已知的黑洞数量

LIGO探测器已经确凿无疑地探测到了两次引力波事件，均对应两次独立的黑洞并合事件。在每一次事件中，LIGO都精确测定了参与事件黑洞各自的质量以及并合后黑洞的质量。

LIGO科学合作组发言人加布艾拉·冈萨雷斯女士表示："我们的计划并非仅仅是探测到首次引力波信号，也并非想要去证明爱因斯坦是正确的还是错误的，我们想要做的是创建一个天文台。"她说："此时此刻，我们才可以说，LIGO的目标已经真正达成了。"

实际上，LIGO测量到三次引力波事件，如图13-10所示，其中有两次确认探测结果以及一次疑似结果，后者（图中虚线所示）由于信号太过微弱而未能得到确认。这三次事件编号和具体日期为：GW150914（Sept. 14，2015），LVT151012（Oct.12，2015）以及GW151226（Dec.26，2015）。所有三次事件都是在为期4个月的"先进LIGO"设施首次试运行阶段探测到的。引力波探测将让我们得以窥探宇宙的黑暗一面。引力波天文学将成为21世纪的天文学。

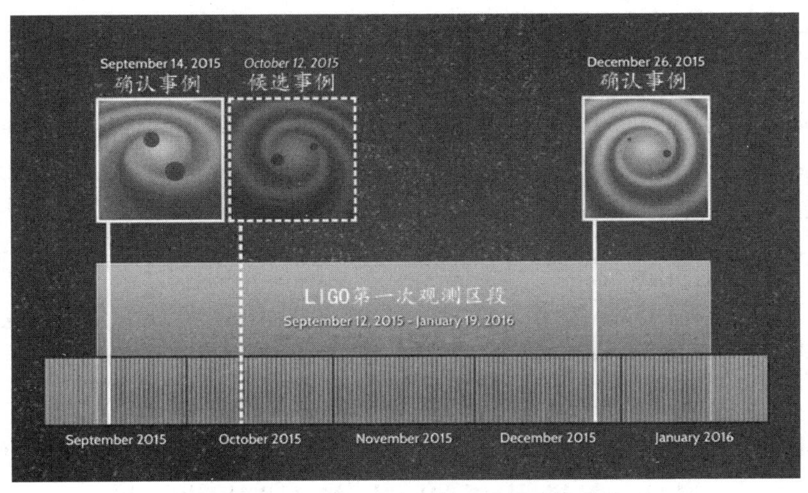


**图13–10 LIGO观察到的三次引力波事件**

与LIGO的第一次探测相比（当时探测到的信号来自两个大约30倍太阳质量的黑洞），此次探测到的信号频率更高并且持续的时间也更长。在首次引力波探测信号中，科学家们只观测到两个黑洞碰撞并合之前的最后一圈或是两圈绕转过程，而此次科学家们一共追踪到两个黑洞并合之前的最后27圈相互绕转的过程。

此次，研究组同样有机会对参与并合黑洞的自旋情况进行观测，结果显示至少那个质量较大的黑洞存在自旋，这属于新发现。如果仅从首次引力波探测信号来看，参与并合的两个黑洞似乎是不存在自旋的。

随着 LIGO 发现越来越多的引力波事件案例，科学家们也将拥有更多样本，用于对爱因斯坦的广义相对论中所包含的相关预言进行更加精确的检验。尽管绝大多数科学家相信广义相对论肯定将能够顺利通过任何检测——毕竟此前已经有那么多的检验都证明了它的正确性，但是科学家们还是非常希望能够发现与理论预言的任何偏离，因为这可能就意味着发现更深层次科学原理的机会，也或许将能够帮助科学家们最终实现引力与量子力学之间的统一。

科学家希望LIGO已经取得的这两次发现只不过是高产科学实验设施的“小试身手”。正如项目组成员玛卡所说的那样：“为这个项目，科学家们已经奋斗了三代人，未来还将至少有三代科学家继续开展这项工作。我们正身处在这中间位置，真是美妙极了！”

最后要提一句，除了意大利和法国的 VIRGO，日本的 KAGRA，还有计划在印度修建的第三个 LIGO 探测器外，中国也提出了空间太极计划以及天琴计划探测引力波。在本书付梓之标，传来消息，2017 年诺贝尔物理学奖授予雷纳·韦斯、巴里·巴瑞斯(Barry C.Barish)和吉普·索恩，以表彰他们在引力波研究方面的贡献。

我们再把眼光投向小宇宙研究中两项靓丽的成果——发现上帝粒子(希格斯粒子)和中微子研究的突破性进展。

## 东风夜放花千树，高奏人间团圆曲
## ——上帝粒子终于被发现

在最近的小宇宙探测中，也是捷报频传。最重要的发现是，科学家确认上帝粒子——希格斯粒子的存在。关于这个粒子我们在第七章已有介绍，在 2011

年欧洲和美国的科学家的研究中，它已娇容初现，但是对于要求严谨的科学家来说，其存在性还嫌证据不足。

基本粒子的质量从何而来？按照粒子物理的标准模型认为，是由于希格斯粒子（Higgs）产生所谓对称性自发破缺，使得所有的基本粒子中的费米子（夸克、轻子）获得质量。按照这种机制，希格斯玻色子是物质的质量之源，是电子和夸克等形成质量的基础。其他粒子在希格斯玻色子构成的“海洋”中游弋，受其作用而产生惯性，最终才有了质量。这就是1993年有科学家戏称希格斯粒子为“上帝粒子”的缘由，但是希格斯本人并不赞成这种说法，认为这有损于宗教徒的感情，尽管希格斯并不是教徒。

目前，标准模型预言的所有粒子都顺利被发现，唯独发现希格斯粒子最迟。所幸的是，在2012年这个粒子终于被发现。

当时美国和欧洲的科学家都在努力寻找希格斯粒子。费米实验室力图再维持Tevatron加速器运行3年，以便抢在欧洲同行之前找到希格斯玻色子，但美梦终成泡影。美国能源部于2011年1月11日正式宣布不再为其提供资金，Tevatron面临即将关闭的命运。欧洲的大型强子对撞机（LHC）成为了寻找希格斯玻色子的唯一希望。然而，不幸中万幸的是，费米实验室探索的结果，再结合斯坦福直线加速器中心的类似测量，得到了希格斯粒子存在的间接证据：最轻的希格斯粒子质量小于200倍的质子质量。这一结论的前提是仅仅考虑粒子与最轻的希格斯粒子的相互作用。换言之，他们预言了希格斯粒子质量的上限为200倍质子，大致确定了：如果希格斯粒子存在，最轻的希格斯粒子质量为120~200倍质子质量（1GeV）。

好消息终于传来，欧洲核子研究中心2012年7月4日在瑞士日内瓦和澳大利亚墨尔本召开高能物理跨洲视频会议，欧洲核子研究中心主管罗尔夫·豪雅在会议上表示，他们发现了一种新的粒子，而这种粒子很可能就是寻找多年的“上帝粒子”——希格斯玻色子。“上帝粒子”将是人类认识宇宙的一面最直接的镜子：因为如果作为质量之源的它确实存在，物理学家就可能因此推测出宇宙大爆炸时的情景以及占宇宙质量95%的暗物质（包括暗能量）的情况。

这种粒子存在时间极短，无法被直接观测到，物理学界一直利用其最后衰变的光子等其他粒子的运行规律，反推它们是什么粒子衰变而成的。

作为两大欧洲大型强子对撞机之一的 CMS 发言人乔·因坎德拉在会议上演示了观测数据（图 13-11），并给出了根据该数据进行运算的最终结果。根据双光子事件、双 Z 玻色子和 4 轻子事件的观测结果证明，CMS 已经观测到了一种新的粒子。“虽然是初步的结果，但数据很给力！”乔表示，该玻色子质量在 125.3 ± 0.6 吉电子伏（GeV），置信区间为 5 个标准差，即有 99.99994% 的可信度表明该粒子存在。根据此前顶夸克发现的前例，发现该粒子时，置信区间也是 5 个标准差，可以宣布发现了新粒子。

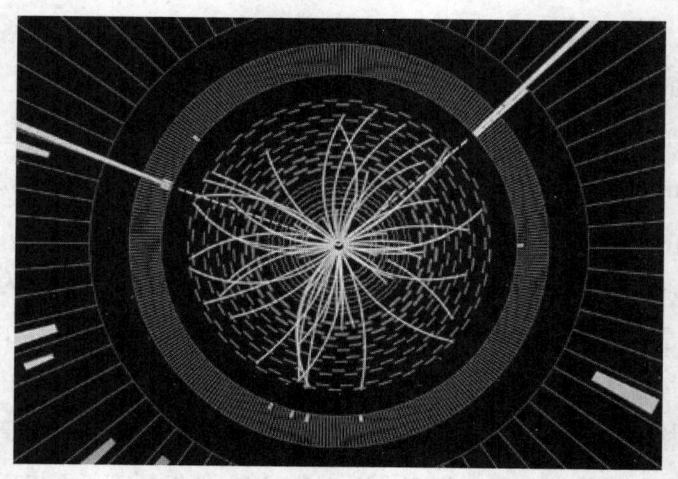

图 13–11　2012 年 7 月 4 日由欧洲核子研究中心发布的质子对撞后形成的运动轨迹效果图

LHC 另一个课题组 ATLAS 主管费碧欧拉女士表示，他们也发现了新的玻色子，质量为 126.5GeV，置信度为 5 个标准差。但她表示，这只能证明 ATLAS 观测到了新的粒子，究竟是不是希格斯玻色子还有待确认。但是给出的数据表明，ATLAS 观测的新粒子与标准模型里的希格斯玻色子相符的置信度已经达到了 4.6 个标准差——相当接近可以宣称为发现的 5 个标准差了！

希格斯玻色子理论的创始人彼得·希格斯教授也应邀出席了这次会议。这位 83 岁的英国老人兴奋得像个孩子，他向欧洲核子中心表示祝贺，他说：“很高兴我能活着看到这一天的到来。”理论物理学家霍金曾认为，人类在很长一段时间内不可能发现希格斯玻色子。不过,他为此打赌的100美元暂时还没有输掉,因为当天的会议依然无法最后证实人们发现的粒子无疑就是希格斯玻色子。

乔和费碧欧拉在会后的新闻发布会上反复向媒体表示,当前的结果只能证明我们发现了符合标准模型的新玻色子,这种玻色子究竟是什么还无法确认。但罗尔夫·豪雅表示:“我们发现的是一种新粒子,这才是让我们激动的地方。”CMS小组也在其网站上表示,虽然我们发现了符合希格斯玻色子基本模型的粒子,但并没有确认发现希格斯玻色子,因为我们仅仅关注了该粒子的质量本身,它可能是其他具有该质量的粒子。为了确认所发现的就是希格斯玻色子,我们还需要确认它的自旋为0,正确的耦合比,等等。这些将是我们今后的工作,但这个发现依然让人激动。正如欧洲核子研究中心官方宣称的那样:“希格斯玻色子触手可及。”“我们对宇宙的理解,将要改变!”2013年欧洲核子中心的科学家正式宣布发现希格斯粒子,同年10月8日,瑞典科学院宣布该年度的诺贝尔物理学奖授予恩格勒和希格斯。这一下霍金终于输掉了他的赌注100美元。

作为科学佳话,霍金的“好赌”是出了名的,而且每赌必输。他在20世纪90年代,因为黑洞信息佯谬打赌的故事最为著名。霍金主张信息在黑洞蒸发中消失,持有相反主张的则是加州理工学院的另一位教授普雷斯基尔,后者认为黑洞可以释放隐藏在其内部的信息。他们在1997年立据打赌,赌注是一本《棒球百科全书》。研究和天文观察表明,霍金是错误的。1997年7月21日,霍金正式认输,但是赌注改变了,霍金说:“我在英国很难找到一本《棒球百科全书》,只能用《板球百科全书》代替了。”我们不要忘记,参与这次打赌的还有美国加州大学教授——大胡子索恩,而他就是2016年发现引力波的LIGO项目的主要发起人基普·索恩。

霍金除了上面提到的“豪赌”以外,还有过三回“豪赌”:第一回,赌天鹅座X-1双星是否包含黑洞;第二回,赌宇宙中有没有裸奇点;第三回,赌的则是黑洞会不会彻底抹杀信息。三赌皆输。最近一回是他与美国密歇根大学的物理学家戈登·凯恩打赌,认为所谓“上帝粒子”——希格斯粒子不会被发现。2012年当欧洲核子研究中心宣布基本上(2013年3月他们取消了“基本上”三个字)

发现了这种粒子。霍金在接受英国广播公司采访时表示："这是一个重要的发现，应该能带给希格斯一个诺贝尔奖。"同时他也风趣地提到了自己的小小"失落"："我曾经和美国密歇根大学的凯恩教授打赌，认为希格斯玻色子不会被找到，看来我刚刚输掉了100美元。"我们不得不承认，霍金具有从善如流的美德。

总之，标准模型（图13-12）王冠上的钻石，希格斯粒子，这位漂流在外的"游子"终于返归基本粒子大家族之中了。标准模型预言的62种基本粒子，看来终于可以大团圆了。

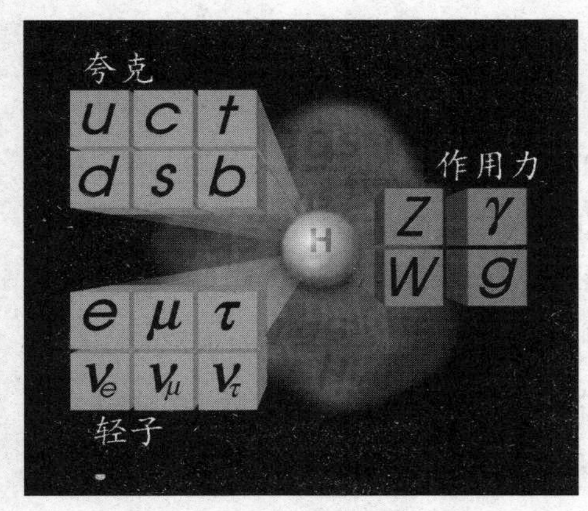


图13-12 标准模型示意图

瑞典皇家科学院于2013年的诺贝尔物理学奖，毫无悬念地授予弗朗索瓦·恩格勒（François Englert）和彼得·希格斯，授奖原因是他们预测了希格斯机制。

早在1964年，比利时理论学家弗朗索瓦·恩格勒和罗伯特·布绕特（Robert Brout）提出了一种标量场的量子场方程，这种场能够弥漫于整个宇宙，其后的研究表明这种场在符合相对论的前提下产生弱电对称性破缺。同年，英国物理学家彼得·希格斯提出了同样的方程，并且指出这个场中的涟漪会表现为一种新的粒子，即希格斯粒子。按理来说，这三个人都应该获得诺贝尔物理学奖，但罗伯特·布绕特其时已经去世，按诺贝尔奖的颁发规定，不能获奖。恩格勒和希格斯获奖时均为80多岁的高龄了。看来获得诺贝尔奖除了高超的学术水平、重大的科学贡献以外，长寿也是重要的因素。

## 雨过天晴余波平——中微子超光速乌龙记落幕

第八章结尾，我们谈到欧洲OPERA小组中微子超光速的实验结果，一下子使世界科学界沸腾了。尽管99%的物理学家持怀疑态度，但是考虑到OPERA

确实是世界顶级实验室，相关研究人员都是著名科学家，其结果为几年来反复精密测量的结果，言之凿凿，不由得人不认真思考这个结果。

欧洲核子中心和格兰萨索国家实验室都是世界著名的研究机构。其中，欧洲核子中心是国际高能物理领域最大的研究中心，也几乎是最权威的机构，其实验成果获得过两次诺贝尔奖。这次实验中的中微子也正是由欧洲核子中心发射的。这个实验本身的科学性和严谨性应该都是可以相信的。而格兰萨索国家实验室是意大利国家核物理研究院所属的四大国家实验室之一，是世界上对物质稳定性、太阳中微子和原始磁单极研究的重要实验室。格兰萨索国家实验室的这个OPERA实验(图13-13)是一个非常著名的实验计划，由200多名出色的科学家完成。这些科学家都是甚有经验和严谨的科学家。按高能物理的传统，正式发表的结果肯定经过了反复推敲验证，在内部进行了多次独立分析、评审环节。从他们的文章中也可以看到，基本上对每个重要的数据都采用不同方法进行检验，他们的数据是经得起推敲的。凭空猜测他们哪里做错了，肯定是更不靠谱的。大多数科学家想有可能什么地方他们没有想到，更有可能碰巧仪器的系统误差就是这样的。这样出错的概率要比相对论出错的概率小。

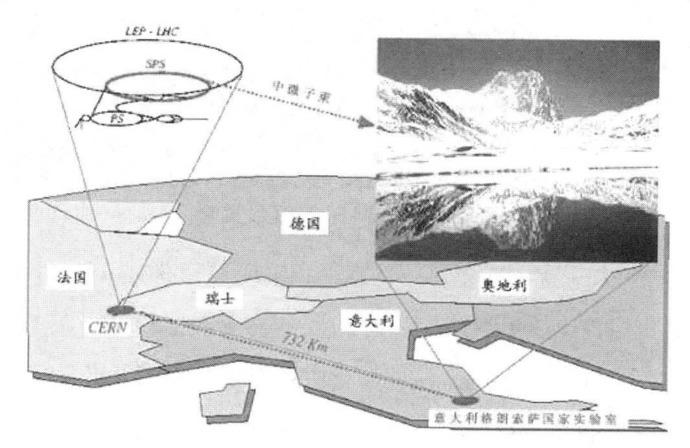


图13–13　OPERA“中微子超光速”实验示意图

要论证OPERA实验发现超光速中微子这个结果，最重要的是要对OPERA实验进行重复实验，必须换实验、换人来进行。不同实验的系统误差不一样，再碰巧一次完全重复的可能性就比较低。开展重复实验的难度也不小。

这个实验需要大的质子加速器，而产生中微子的代价是非常昂贵的。探测器本身的造价就在 1 亿美元量级，而加速器装置要在几十亿美元以上。尽管如此，科学界毅然决然接受了挑战。OPERA 的结果发表后，日本的 T2K 实验室和美国芝加哥的费米实验室的研究团队马上开始验证这一实验。

然而，人们尚未等到这"最佳检验"的结果，与 OPERA 只有咫尺之遥的另一个团队——一个名为ICARUS的项目组就已经给出了验证结果(图 13-14)。该实验组同样位于意大利的大萨索山，在 2011 年 10 月和 11 月间探测到了来自欧洲核子研究中心的中微子，而且精度更高。诺贝尔物理奖获得者、ICARUS 项目发言人卡罗·鲁比亚说："我们的结果与爱因斯坦如果活着会给出的结果是一致的。"在他们的实验中，中微子的速度与光速接近，但并没有超过光速。

图 13-14 ICARUS 项目实验

英国《自然》杂志称："对于一些物理学家来说，新的测量对这件事起了一锤定音的作用。" 但鲁比亚仍然等待看到 2012 年春天包括 OPERA 和 ICARUS 在内的几个项目所做的新的结果。这些项目中还包括欧洲核子研究中心的另一个叫做"大体积探测器"(LVD)的中微子观测站的实验。但是，人们仍关心 OPERA 实验的结果。经过科学家认真思考和仔细探寻，其疏失终于找到了。换言之，问题出在 OPERA 实验的本身，爱因斯坦似乎没有错。

在 2012 年 2 月，对于 OPERA 实验的质疑声出现一次高潮。科学家们宣称找到了该实验设备的技术故障，因而导致了实验结果的错误。与此同时，

《科学》杂志爆料称，欧洲核子研究中心 OPERA 项目组内部人士透露，中微子速度的误差可能是由于连接 GPS 接收器和电脑之间的光缆松了造成的。这可能导致其中一个用于计算中微子运行时间的原子钟产生了具有欺骗性的结果，让中微子比光早 60 纳秒到达目的地。欧洲核子研究中心随后证实了这一说法，但同时表示还有另外一个因素，即用于将 OPERA 的探测器时间与 GPS 进行同步的一个振荡器可能存在误差。据 OPERA 的内部人士说，关于 GPS 误差可能造成："一是 GPS 同步可能没有纠正好；二是将外部 GPS 信号带到 OPERA 主原子钟的光纤连接可能出现了问题。"这两个误差可能会从不同方向改变中微子的"旅行"时间，从而产生错误的结果。然而，后者的误差效果是与前面那个因素恰恰相反的——它会造成中微子速度被低估。而科学家们暂时无法确定一个高估的因素和一个低估的因素究竟谁占了上风。

安东尼奥·艾里迪塔托（Antonio Ereditato）是 OPERA 小组的成员，也是位于瑞士伯尔尼的爱因斯坦基础物理研究中心主任。他表示自己对最新的实验结果表示欢迎，他说："这一（否定的）结果在我们预期之内，也证实了我们之前有关设备可能存在故障的说法。"当被问及自己是否对此次并没有出现超光速现象的结果感到失望时，安东尼奥说："这就是科学进步的方式。重要的是全球的科学事业确实取得了进展。"

在整个事件中，一些编排出来的笑话流传很广，其中一个出自 Twitter：在一家酒吧门口，酒保说："我们不允许比光速还快的中微子进到这儿。"话刚落，他看到一颗中微子来到了酒吧门口。就是说酒保先对中微子说话，后看到中微子。

甚至是欧洲核子研究中心的物理学家也加入到编排笑话的行列，研究主管、来自意大利的物理学家赛吉尔·波特鲁西（Sergio Bertolucci）就说，OPERA 的实验结果不可能是正确的，因为它打破了自然界的一条基本法则：在意大利，没有任何事情是准时的。笑话的含义是调侃意大利人不守时的不良习惯。

ICARUS 小组于 2014 年 4 月份或 5 月份正式启动的一项延续时间更长的实验。而 OPERA 实验组本身也在排除所有技术故障之后再次进行验证性实验。欧洲核子中心（CERN）研究主管赛吉尔·波特鲁西（Sergio Bertolucci）在一份声明中表示："现有证据开始表明 OPERA 的实验结果是不正确的。然而不管结果如何，该小组完成了一次完美的科学实验，并将他们的实验结果公诸于众，接受最严苛的审查，并欢迎其他科学家对此进行独立测量。”正如我们前面说过的，经过ICARUS小组确认，正如爱因斯坦在100多年前预言的那样，中微子的运行速度并未超过光速。鲁宾说：“爱因斯坦仍然是正确的，对此我并没有什么不快。2012年6月欧洲核子中心宣布格兰萨索的4个实验组（OPERA、ICARUS、Borexino和LVD）的测试结果一致表明，光速和中微子的速度是相等的。最终否定了OPERA原来的结果。

就这样意大利的OPERA科学家关于中微子超光速的“新发现”变成了一场科学笑话、科学的“乌龙记”。2012年3月末，历时半年之久的“超光速中微子”事件接近了尾声。作为“尾声”的一个标志性事件是，OPERA研究团队两位领导人引咎辞职。

超光速乌龙记终于落幕了，科学界一时掀起的惊天巨浪，终于平息了。乌龙记的喜剧结尾，标志现代物理学的基石是十分牢固的。相对论是正确的，我们可爱的爱因斯坦先生可以笑了（图13-15）。

图13-15　爱因斯坦笑了

在整个事件中，人们绝没有想到连接在原子钟的光缆松动这样一个简单的、低级的错误，居然撼动着整个科学大厦。我们被耍了吗？理论学家们对这则消息可能只会付之一笑，但是人们无论如何应该从中吸取一些教训：无论是提出新理论或者对原有理论提出挑战必须抱有严肃认真的科学态度。特别是像对狭义相对论这样经过实验检验的现代科学基本原理提出挑战，必须慎之又慎。实验工作必须严谨可靠，反复检查，不轻易发表结果。

2012 年对于中微子的研究来说，真是高潮迭起。如果说超光速中微子事件是一个“悲剧”的话，那么我国大亚湾科研组发现中微子的第三种振荡就是一个大大的喜剧。这种人们早已预料并且一直在期待中的振荡终于被中国人发现了。

## 一生系得几安危
## ——大亚湾实验发现新的中微子振荡模式

北京时间 2012 年 3 月 8 日 14 时，大亚湾中微子实验国际合作组发言人、中科院高能物理研究所所长王贻芳在北京宣布，大亚湾中微子实验发现了一种新的中微子振荡，并测量到其振荡频率（图 13-16）。介绍该结果的论文已于 3 月 7 日送交美国《物理评论快报》（*Physical Review Letters*）发表，其预印本也已在网上发表。8 日 16 时，王贻芳在高能所作学术报告，并通过网络直播，向全世界的粒子物理学家报告了他们的研究结果。

这一重要发现揭开了中微子研究的灿烂一页。什么是新的中微子振荡呢？这一发现具有什么科学意义呢？

**图 13–16　中微子实验地——大亚湾核电站**

大亚湾中微子实验位于深圳市区以东约 50 千米的大亚湾核电站群附近的山洞内，地理位置优越，紧邻世界上最大的核反应堆群之一的大亚湾核电站与岭澳核电站，并且紧邻高山，有天然的宇宙线屏蔽，可以通过 8 个全同的探测器来获取数据。探测器放置在附近山底下的 3 个地下实验大厅的水池中，以屏蔽周围岩石层的放射性。尽管有这些屏蔽，一些高能量的宇宙线依然可以穿山而入。这时，装在水池墙上的光电倍增管和水池顶上的μ子探测器会记录下这些宇宙线的轨迹，并将其排除出中微子数据。因此这里非常适合对第三种中微子振荡参数$\theta_{13}$进行精确测量。

我们回顾关于中微子振荡的基本原理。中微子振荡的原因是 3 种中微子的质量本征态与弱相互作用本征态不相同，每一种弱相互作用的本征态都是 3 种同样本征态的混合（弱相互作用的本征态就是现实物理世界中测量到的 3 种中微子），不过混合的比例不一样而已。中微子的产生和探测都是通过弱相互作用，就是说，测量的是弱相互作用本征态，也就是中微子的现实物理态。在传播的时候，3 种质量本征态还会以一定的振荡规律相互转换。简单地说，传播则由质量本征态决定。由于存在混合，产生时的弱相互作用本征态不是单一的质量本征态，而是 3 种质量本征态的叠加。3 种质量本征态按不同的物质波频率传播，因此在不同的距离上观察中微子，会呈现出不同的弱相互作用本征态成分。当用弱相互作用去探测中微子时，就会看到不同的中微子。这种现象叫做中微子振荡现象。

中微子振荡发生的前提是中微子必须有静止质量。换言之，如果能测出中微子振荡现象，即可由此确定相应的中微子静止质量。我们已经讲过，此次超级神岗协作组测量的实际上是$\nu_\mu \rightarrow \nu_\tau$的振荡现象，由此推得$m_{\nu_\mu}$大致为 0.03~0.1 电子伏，自然很小。

为帮助读者理解什么叫现实的物理态，我们用地球中的“地磁偏角”现象进行类比。

我们试看地球的地磁场的南北极与地球自转南北极以及公转南北极并不重合，前者的夹角叫做“地磁偏角”，后者的夹角叫做“赤道黄道夹角”。如图 13-17 所示。人类对方向的感知、测量和定义都和具体的测量手段密不可分。

如果夜观星象，那么很容易找到地理北极的方向，从而定义正北。如果在野外碰上下雨天，那么只能依靠指南针测量地磁北极的方向了。可是，你要寻找的是地理北极的正北，却只能测得地磁北极的正北，那怎么办呢？你会发现，只要相对于地磁北极的正北，再偏转一定的“地磁偏角”之后就搞定了。实际上，地球表面每一点“地磁偏角”的数值都不相同。你要是绕着地球一遍又一遍地走，就会发现一个奇怪的现象，地磁北极和地理北极的夹角发生了“振荡”，有时候偏东了，有时候偏西了。可实际上，地磁北极的经度纬度都是固定的。这种现象称为“地磁偏角”随着探测者的位置“振荡”（图 13-17）。

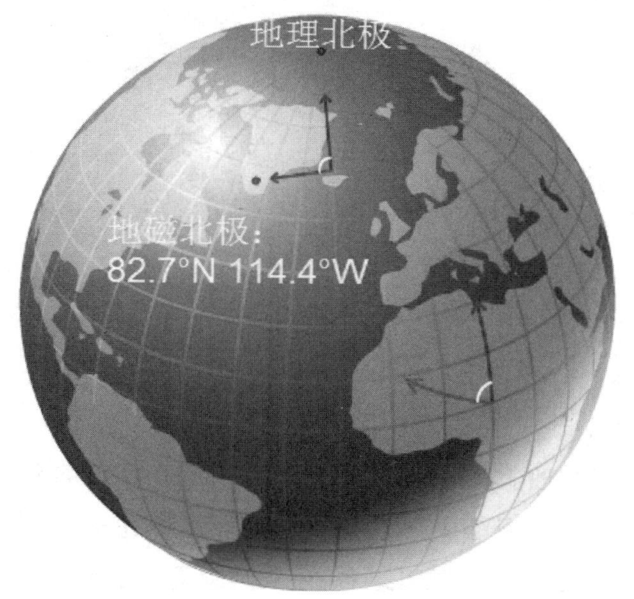


**图 13-17　地磁偏角随着探测者的位置“振荡”**

同样的道理，适用于所谓这个现实中的中微子。现实中的中微子，不过是量子场态空间的“地磁南北极”而已（叫做“味”本征态）。弱相互作用就是阴雨天的指南针，可以告诉我们探测到的中微子代表“哪个方向”（我们可以看出上下夸克的名字就是方向）。而我们无法直接测量中微子的质量本征态指向“哪个方向”，也就是对应的“地理南北极”。然而，当时间流逝时，中微子场态空间的“地磁南北极”和“地理南北极”之间的“地磁偏角”就会不断振荡。

于是，纯种的电子中微子从太阳中发射出来后，立刻就会成为一定比例的三种中微子的量子线性叠加。当它们到达地球上的探测器时，相互作用的测量会破坏量子线性叠加态，使它按照比例，以一定概率坍缩成电子中微子、μ子中微子和τ子中微子。就像“地磁偏角”的振荡跟你的位置和速度有关一样，中微子振荡也跟中微子流的位置和能量有关（图 13-18）。例如，在我国的大亚湾核电站附近建立几个不同位置的中微子探测器，我们就会发现不同探测器中得到的三种中微子的比例是不同的，由近及远会得到周期性振荡的结果。

**图 13–18　中微子组分随着飞行时间距离而“振荡”**

总之，理论物理学家一直认为存在三种不同的中微子振荡。一个电子中微子具有 3 种质量本征态成分，传播一段距离后变成电子中微子、μ中微子、τ中微子的叠加，它们之间相互混合转换，就是所谓振荡现象。中微子的混合规律由六个参数决定（另外还有两个与振荡无关的相位角）。这 6 个参数是 3 个混合角$\theta_{12}$、$\theta_{23}$、$\theta_{13}$，两个质量平方差$\Delta m^2_{21}$、$\Delta m^2_{32}$，以及一个电荷宇称相位角$\delta_{CP}$。这里$\theta_{12}$和$\theta_{23}$表示质量本征态 1 与 2，或 2 与 3 之间的混合参数（也称混合角）。

人们已经通过大气中微子振荡测得了$\theta_{23}$与$|\Delta m^2_{32}|$，通过太阳中微子振荡测得了$\theta_{12}$与$\Delta m^2_{21}$。在混合矩阵中，只有下面的两个参数还没有被测量到：最小的混合角$\theta_{13}$、CP 对称破缺的相位角$\delta_{CP}$（表 13-1）。在我国科学家之前，测得的$\theta_{13}$的实验上限是：$\sin^2 2\theta_{13}<0.17$（在$\Delta m^2_{31}=2.5\times10^{-3}\text{eV}^2$下），由法国的 Chooz 反应

堆中微子实验给出。其误差太大，以致难以判断这种振荡模式存在与否。

**表 13–1　中微子振荡的参数**

| | | |
|---|---|---|
| 大气中微子振荡 | $\lvert\Delta m^2_{32}\rvert=2.4\times10^{-3}\text{eV}^2$ | $\sin^2 2\theta_{23}=1.0$ |
| 太阳中微子振荡 | $\Delta m^2_{21}=7.9\times10^{-5}\text{eV}^2$ | $\tan^2\theta_{12}=0.4$ |
| 反应堆/长基线中微子振荡 | $\delta_{CP}$ 未知 | $\sin^2 2\theta_{13}<0.17$ |

$\theta_{13}$ 的数值大小决定了未来中微子物理的发展方向。在轻子部分，所有 CP 破缺的物理效应都含有因子$\theta_{13}$，故$\theta_{13}$ 的大小调控着 CP 对称性的破坏程度。如果它是如人们所预计的 $\sin^2 2\theta_{13}$ 等于 1%~3%的话，则中微子的电荷宇称相角$\delta_{CP}$可以通过长基线中微子实验来测量，宇宙中物质与反物质的不对称现象可能得以解释。如果它太小，则中微子的$\delta_{CP}$ 无法测量，目前用中微子来解释物质与反物质不对称的理论便无法证实。$\theta_{13}$ 接近于零也预示着新物理或一种新的对称性的存在。因此不论是测得$\theta_{13}$，或证明它极小（小于 0.01），对宇宙起源、粒子物理大统一理论，以及未来中微子物理的发展方向等均有极为重要的意义。

$\theta_{13}$ 可以通过反应堆中微子实验或长基线加速器中微子实验来测量。在长基线加速器中微子实验中，中微子振荡概率跟$\theta_{13}$、$\delta_{CP}$，物质效应，以及$\Delta m^2_{32}$ 的符号有关，仅由一个观测量实际上无法同时确定它们的大小。而反应堆中微子振荡只跟$\theta_{13}$ 相关，可以干净地确定它的大小，实验的周期与造价也远小于长基线加速器中微子实验。从第一次发现中微子到第一次在 KamLAND 观测到反应堆中微子振荡，在这 50 多年历史中，反应堆中微子实验一直扮演着重要角色。特别是最近的 Palo Verde、CHOOZ，以及 KamLAND 几个实验的成功，给未来的反应堆中微子实验提供了很好的技术基础，使$\theta_{13}$ 的精确测量成为可能。大亚湾中微子振荡的测量成功地使$\theta_{13}$ 的测量精度提高了一个数量级。从而最终确定了这种中微子振荡模式确实存在。

正如美国能源部劳伦斯伯克利国家实验室的大亚湾合作组发言人陆锦标所说："从大亚湾获取的第一批数据使我们可以开始测量这个未知混合角，并最终将振荡幅度测量至 1%的精度以内。这个精度比现在的测量结果高出一个数量级，而且远比正在进行的其他实验精确得多。实验结果将对解释中微子在宇宙大爆炸后最早的一段时期内基本物质的演化，以及为什么今天宇宙中物质比反物质更多，做出重大贡献。”

中国科学院数理学部主任、国家自然科学基金委员会副主任沈文庆院士表示：“大亚湾实验采用了一系列创新性的设计思想，其设计指标和精度在国际上是最高的，设计方案和研制工艺先进，在探测器模块化、可移动、采用反射板、掺钆液体闪烁体等多项设计与技术方面具有独创性，达到和超过了世界先进水平。”（图 13-19）

图 13–19　两个直径 5 米、高 5 米、重 110 吨的中微子探测器安装在巨型水池中

由于利用反应堆中微子测量$\theta_{13}$科学意义重大，国际上在 2003 年左右先后有 7 个国家提出了 8 个实验方案，最终进入建设阶段的共有 3 个，包括中国的大亚湾实验、法国的 Double Chooz 实验和韩国的 RENO 实验。在激烈的国际竞争中，中国科学家大亚湾实验组以无比的毅力和智慧，捷足先登，拔取头筹。实验 2012 年 2 月 17 日结束。结果表明，$\sin^2 2\theta_{13}$ 为 9.2%，误差为 1.7%，以超过 5 倍的标准偏差确定$\sin^2 2\theta_{13}$ 不为零，首次发现了这种新的中微子振荡模式。

我们已经知道，在地球 1 平方厘米表面上，也就是指甲盖大小，每秒就会落下约 600 亿个来自太阳的中微子。对于通常的物体，以及人、山甚至于星球，每秒都有无数中微子穿过，但不会发生作用。就是说，基本上是空的。

我们还知道，没有中微子，就不会有太阳内部的核聚变。就是说没有中微子，太阳不会发光，不会有比氢更复杂的原子，没有碳、氧、水、空气，没有地球，没有月亮，没有人类，也没有宇宙。可以说，中微子不仅在微观世界最基本的规律中起着重要作用，而且与宇宙的起源和演化有关，例如宇宙中物质与反物质的不对称很有可能是由中微子造成的。

中国科学家这个重大发现是小宇宙探索的重大成就，不仅比较完美地证实了中微子振荡理论的正确性，使人们更深刻地认识到中微子物理的本质，而且为解决基本粒子中CP破坏的难题，奠定了实验和理论的基础。在表 13-2 中我们给出了根据中微子振荡所得到的中微子静止质量的实验结果。

**表 13-2　中微子静止质量**

| 费米子 | 符号 | 质量 |
| --- | --- | --- |
| 第一代 | | |
| 电子型中微子 | $\nu_e$ | <2.2eV |
| 电子型反中微子 | $\nu_e^-$ | <2.2eV |
| 第二代 | | |
| μ子型中微子 | $\nu_\mu$ | <170keV |
| μ子型反中微子 | $\nu_\mu^-$ | <170keV |
| 第三代 | | |
| τ子型中微子 | $\nu_\tau$ | <15.5MeV |
| τ子型反中微子 | $\nu_\tau^-$ | <15.5MeV |

同时这个发现也是大宇宙探索的里程碑似的重要成果。它对于解决反物质问题意义重大。我们记得，科学家认为正反物质在我们宇宙中分布不平衡，原因在于微观世界中 CP 破坏。CP 破坏程度越大，正物质衰变率与反物质衰变率相差越大。在基本粒子物理学中，在夸克部分首先观察到了 CP 破坏现象。长时间的研究表明，观察到的 CP 破坏不足以解释为什么现在还有这么多正物质存在，测量结果与宇宙中物质的实际结果差了 100 亿倍。$\theta_{13}$ 这一参数的准确测量，为 CP 破坏问题的解决提供了物理前提，当然也就为反物质问题的解决展示了希望。

大亚湾中微子项目是以我国为主的国际合作项目，也是美国能源部基础研究领域对外投资第二大的国际合作项目（第一是与 CERN 的合作），希望大亚湾项目能进一步发展，成为下一代我国大型国际科学研究装置的候选项目之一。如图 13-20 所示。

图 13-20　大亚湾实验国际合作组组成（此图摘自王贻芳学术报告 PPT）

2017 年 1 月 9 日，人民大会堂主席台，聚光灯聚集到王贻芳（图 13-21）身上，这位年轻的中科院高能物理研究所所长、大亚湾中微子项目组负责人兴高采烈地领取了 2016 年度国家自然科学奖一等奖。去年，王贻芳获得了 2016 年基础物理学突破奖。此刻，他表示："物理学的基础研究并没有直接的应用价值，却引领我们进一步理解世界、认识宇宙。"

图 13-21　中微子项目负责人王贻芳教授

我们以引力波的发现、上帝粒子的发现，和中微子第三种振荡模式的发现作为本书的结束，也作为我们这一次美妙的大、小宇宙奇旅的终点站，具有特殊的含义。这不仅是由于这些发现在时间上是最新的，而且令人深思、意味深长的是这些发现都不仅仅限于大宇宙或者小宇宙领域内的事件，都在大、小宇宙研究中具有重大的科学意义。你看引力波的发现似乎仅仅关乎大宇宙领域，但是其远景却是量子引力研究新的起点。至于上帝粒子的发现和中微子第三种振荡模式的发现乍看似乎是小宇宙探索的新成果，但却紧密地与大宇宙的研究相关。这一切都告诉我们，大、小宇宙的研究是紧密联系在一起的，是协调同步发展的，其背后的深层物理根源，在于宇宙的物质统一性，宇宙规律的统一性。

# 后记

本书写作开始到现在，前前后后反反复复，大概有 34 年之久。其间由杂志的连载，到集腋成裘，汇成一本薄薄的约十万字的小册子，一直到 2017 年 3 月终于以系统的、丰满的面貌，再一次呈现在读者面前。

本书的缘起应追溯到 1984 年北京“纪念杨-Mills 理论三十周年”学术会议。会上，《高能物理》编辑部徐胜兰女士极力怂恿我写一点介绍现代宇宙论前沿的文章。以后便陆陆续续在《高能物理》杂志上发表了七八篇连载文章。没想到反响不错，在 1987 年全国高能物理学会理事会纪要中，提到读者对这些文章甚为欢迎，同时提到受欢迎的还有卞毓麟等几位大家的科普文章。学术界先进、同仁多方鼓励，希望成书。在湖北教育出版社的热忱支持下，我重新改写充实了原来的连载，于 1990 年草成约十万字十七节的《大宇宙与小宇宙》一书，由该社 1992 年 1 月正式出版。这是我写作科普著作的第一次尝试。

其后，受河北科学技术出版社、湖北教育出版社和华中科技大学出版社的盛情邀请，我陆陆续续出版了不少科普著作，也发表了很多科普文章。21 世纪初叶，我的科普作品几乎成了获奖的专业户。除了我的文章《梦幻般的新物质形态——玻色-爱因斯坦凝聚体 BEC》在 2003 年获得全国科普最高奖——第五届全国优秀科普作品一等奖(颁奖单位为中国共产党中央委员会宣传部、中国科学技术协会、中华人民共和国科学技术部、国家广播电影电视总局、中华人民共和国出版总署、国家自然科学基金委员会、中国作家协会)以外，我的科普著作《极微世界探极微》和《科学王国的宙斯——物理学与高新技术》也在

2002年获得了湖北省科普作品一等奖（颁奖单位为湖北省科学技术协会、湖北省科学技术厅、湖北省新闻出版局、湖北省广播电视局）。

这次出版的新书的书名《小宇宙与大宇宙》与34年前的旧名相似。当然，内容完全焕然一新，将原书扩充了4倍，大致涵盖了这30年来高能粒子物理和宇宙学的重要进展。这30年是高能粒子物理和宇宙学高速发展的时期，新的观测手段、新的发现、新的规律、新的理论层出不穷，不断涌现，原书内容不免有许多过时甚至谬误之处。经过修订改写，全书图文并茂，文字沿袭我一贯追求的生动流畅、俏丽多姿的风格，力求让读者在领略科学前沿引人入胜的内容的同时，能够享受优美的具有中国民族风格的文化大餐。

本人已年逾古稀，毕生从事物理前沿研究和物理教学工作，发表研究论文300余篇，科学专著在国内外出版社出版10余本之多，承担科研项目和荣获国家科研、教学和出版的奖励有几十项——国家级、省部级的都有。但在百忙之余，我从未放弃科普工作。我以为科普工作正如国家领导人所多次强调的，是关乎民族振兴、国家富强的千秋大业，是国民教育，尤其是青少年教育重要的一环。然而我国科普工作尽管有长足的进步和发展，但是在整个科学和教学事业中，科普工作是相对落后的。轻视科普工作，以为科普工作微不足道者还颇有市场。真正有水平有价值的优秀科普著作并不多见，真正有科学成就的科学家撰写科普著作的热情并不太高，与欧美发达国家相比，差距很大。对比想想，爱因斯坦、海森堡、薛定谔、泡利、杨振宁、李政道等世界级科学家都是何等热心科普工作。我热切希望我国有更多优秀的科学家投入到火热的科普工作中去，有更多脍炙人口的传世科普作品问世。我希望本书能为即将出现的我国科普事业繁荣景象添上一砖一瓦。

在本书的编辑、校对过程中，知识渊博、眼光锐利的责任编辑彭永东博士表现出极大的敬业精神。本书在初稿中的许多疏失和不足，都由他一一指正。正是由于他的鼓励和支持，我才敢于承担本书的选题。同时本书的体例、结构方面，也得益于他建设性的意见。全书在写作的过程中材料的收集和文稿录入工作主要落在何敏华博士的肩上，而此次版本新材料的选取和剪裁，则要感谢博士生费寝和硕士生成乐笑的协助。本书的出版，首先要感谢龚云贵教授和钟志成教授的鼎力支持,另外关丽博士、邹明清博士、杨凤霞博士后、李智华教授对于本书的选材、内容安排以及材料的校正等方面给予过具体的意见,对他们的大力帮助同样表示诚挚的谢意。最后我要特别感谢我的家人,本书的顺利出版如果没有他们的全力支持是不可想象的。在此向彭芳明老师、魏晓云老师、张彤先生、牟靖文先生等致以最衷心的谢意!

张端明

2017 年 3 月于喻园